大学计算机基础实用教程
（Windows 10 + WPS Office 2023）

主　编　魏娟丽　王秋茸
副主编　祝莉妮　王廷璇　魏　华　王　楠
　　　　王　璠　许　艳　王　谦

科学出版社

北　京

内 容 简 介

本书立足于通识教育，以培养学生计算机应用能力为目的，主要内容包括信息与社会、计算机系统、计算机操作系统、WPS 文字编辑、WPS 表格处理、WPS 演示文稿制作、计算机网络、多媒体信息处理技术、计算机新技术、问题求解与 Python 语言。本书体系完整，层次清晰，案例丰富。

本书内容涵盖了全国计算机等级考试一级 WPS Office 考试大纲所要求的基本知识点，适用于普通高等学校非计算机专业学生使用，也可作为计算机基础知识的培训和自学参考书。

图书在版编目（CIP）数据

大学计算机基础实用教程：Windows 10+WPS Office 2023 / 魏娟丽，王秋茸主编. —北京：科学出版社，2023.9

ISBN 978-7-03-076358-7

Ⅰ．①大… Ⅱ．①魏… ②王… Ⅲ．①Windows 操作系统–高等学校–教材 ②办公自动化–应用软件–高等学校–教材 Ⅳ．①TP316.7 ②TP317.1

中国国家版本馆 CIP 数据核字（2023）第 173398 号

责任编辑：滕 云 纪四稳 / 责任校对：樊雅琼
责任印制：赵 博 / 封面设计：无极书装

科 学 出 版 社 出版
北京东黄城根北街 16 号
邮政编码：100717
http://www.sciencep.com

保定市中画美凯印刷有限公司印刷
科学出版社发行 各地新华书店经销

*

2023 年 9 月第 一 版 开本：787×1092 1/16
2025 年 1 月第五次印刷 印张：17 1/2
字数：433 000

定价：55.00 元
（如有印装质量问题，我社负责调换）

前　言

　　党的二十大报告强调:"深化教育领域综合改革,加强教材建设和管理。"随着数字和信息智能处理时代的到来,社会信息化程度不断向纵深发展,教育信息化发展也驶入快车道。计算机技术与多专业、多学科融合已成为一种新的教育发展趋势,社会和经济发展对大学生的计算机应用能力提出了更高的要求。本书以教育部《关于进一步加强高等学校计算机基础教学的意见暨计算机基础课程教学基本要求》为指导,坚持"以学生为中心、教师为主导、面向应用、突出技能"的教学理念,采用"任务驱动、精讲多练"的组织模式,在知识传授过程中注重学生信息技术能力和思想政治素养的双重培养,让学生在社会主义核心价值观的精神指引下"润物细无声"地达到学习效果。

　　本书具有高等教育教学改革的新思想,体系完整,层次清晰,实例丰富,除了课程的教学目标和教学内容,还有系统、丰富的课程思政和拓展实训内容,所举实例均来自于经验丰富的一线教师多年的精选提炼,具有很强的实用性和可操作性。

　　本书由魏娟丽、王秋茸主编。全书共 10 章,具体分工如下:第 1 章由王璠编写,第 2 章由魏娟丽编写,第 3 章由魏华编写,第 4 章由祝莉妮编写,第 5 章由王秋茸编写,第 6 章由王廷璇编写,第 7 章由许艳编写,第 8 章由王楠编写,第 9 章由王秋茸、王廷璇编写,第 10 章由王谦、祝莉妮编写。全书由魏娟丽、王秋茸统稿。本书在编写过程中,参考了大量文献资料,虽未一一列出,但在此一并表示衷心的感谢。

　　由于编者水平有限,书中难免存在疏漏或不足之处,敬请读者批评指正。

编　者

2023 年 3 月

目　　录

第1章　信息与社会

20 世纪 90 年代，以电子计算机技术和通信技术为核心的现代信息技术蓬勃兴起，在全球掀起了信息化的浪潮。计算机的发明和广泛应用迅速改变着人们的生产活动和社会活动，是人类进入"信息社会"时代的重要标志。

本章以信息技术与社会的关系为依托，讨论信息技术对人们生活和体育事业的发展的影响，并重点介绍电子计算机的发展、信息在计算机中的表示，以及信息伦理与信息安全等内容。

本章学习目标

- ➤ 了解信息的概念与基本特征。
- ➤ 了解信息技术的概念与应用。
- ➤ 了解计算机的产生和发展史。
- ➤ 了解我国计算机的产生和发展史。
- ➤ 掌握计算机中常用数制的转换方法和信息的编码形式。
- ➤ 了解信息伦理的概念以及信息安全的保障。

1.1　信息与信息社会

计算机、移动互联网、人工智能等技术的兴起和广泛应用给人类社会带来了巨大的变革，也使人们前所未有地感受到信息化给生产活动和社会活动带来的冲击。新的技术推动着人类迈入了新型的信息社会。

1.1.1　信息与信息技术

1. 什么是信息

早在远古时代，人类的祖先就懂得运用"结绳记事""飞鸽传书""烽火狼烟"等方法传递、利用和表达信息，运用古兽、龟甲、竹简等保存文字信息，见证了中华五千年的文明史。可见，信息一直伴随着人类社会的发展，那么，到底什么是信息？"信息"的定义至今未达成共识，只有从不同角度的描述。

1948 年，信息论的创始人香农在《通信的数学理论》论文中指出："信息是用来消除随机不确定性的东西"。信息，指音讯、消息、通信系统传输和处理的对象，具有可感知、可存储、可加工、可传递和可再生等自然属性，泛指人类社会传播的一切内容。人通过获得、识别自然界和社会的不同信息来区别不同事物，得以认识和改造世界。

2. 信息的基本特征

1）传递性

信息传递可以是面对面的直接交流，也可以通过电报、电话、书信、传真来沟通，还可以通过报纸、杂志、广播、电视、网络等来实现。

2）共享性

信息可以被不同的个体或群体接收和利用，它并不会因为接收者的增加而损耗，也不会因为使用次数的增加而损耗。

3）时效性

信息作为对事物存在方式和运动状态的反映，具有生命周期，且不是一成不变的，会随着客观事物的变化而变化，一旦超出其生命周期，信息就会失去效用。例如，股市行情、气象信息、交通信息等瞬息万变，可谓机不可失，时不再来。

4）价值性

信息具有使用价值，能够满足人们某一方面的需要。但信息使用价值的大小取决于接收者的需求以及对信息的理解、认识和利用能力。

5）真伪性

由于人们在认知能力上存在差异，对于统一信息，不同的人可能会有不同的理解，形成"认知伪信息"；或者由于传递过程中的失误，产生"传递伪信息"。

6）可再生性

物质和能量资源只要使用就会减少，而信息在使用中却不断扩充、不断再生，永远不会耗尽。当今世界，一方面是"能源危机""水源危机"，而另一方面却是"信息膨胀"。

7）可加工性

人们对信息进行整理、归纳、去粗取精、去伪存真，从而获得更有价值的信息。例如，天气预报的产生一般要经过多个环节：首先对大气进行探测，获得第一手大气资料；然后进行一定范围内的探测资料交换、收集、汇总；最后由专家对各种气象资料进行综合分析、计算、研究得出结果。

8）依附性

信息的表示、传播和存储必须依附于某种载体，语言、文字、声音、图像和视频等都是信息的载体，而纸张、胶片、磁带、磁盘、光盘，甚至于人的大脑等，则是承载信息的媒介。

9）感知性

信息能够通过人的感觉器官被接收和识别，其感知的方式和识别的手段因信息载体不同而各异：物体、色彩、文字等信息由视觉器官感知；音响、声音中的信息由听觉器官识别；天气冷热的信息则由触觉器官感知。

3. 信息技术

信息技术也称为信息和通信技术（information and communication technology），是指用来扩展人们信息器官功能，协助人们更有效地进行信息处理的一门技术，是与信息的产生、获取、传递、识别和应用相关的科学技术。现代社会中，信息技术主要包括以下内容。

1）计算机技术

计算机技术是信息处理的核心。计算机从诞生至今一直不停地为人类处理着大量的信息，并随着计算机技术的发展，信息处理的能力也在不断增强。

2）通信技术

现代通信技术主要包括卫星通信、微波通信、光纤通信等。

3）微电子技术

现代微电子技术已经渗透到现代科学技术的各个领域，更是计算机技术的基础和核心，微电子技术的发展成就了微型计算机的开发。

4）传感技术

传感技术是人类感觉器官的延伸。运用传感技术可以制造出各种热敏、光敏、磁敏等传感元件，扩展了人类收集信息的能力。

1.1.2 信息社会

随着科学技术的发展，人们对信息获取、加工、存储、管理、发布和交流的方式也在逐渐改变。社会也从以物质生产、物质消费为基础，即创造实体物质价值的社会，向以精神生产、精神消费为基础，即创造无实体的信息价值的社会转化，这种转化，是人类社会进步发展到一定程度时，所必然产生的一个新阶段。

1. 信息社会的概念

信息社会又称信息化社会，是指脱离工业化社会以后，信息起主要作用的社会。信息社会是以电子信息技术为基础，以信息价值生产为中心，以信息为重要资源，以信息服务性产业为支柱，以信息产品为标识，以数字化和网络化为基本社会交往方式的新型社会。在信息社会中，信息技术在工业生产、电子商务、军事科技、通信系统、教育科研、医疗保健、政企管理等方面都有广泛的应用。

2. 信息社会的特征

信息社会是一种依托于信息技术发展的新型社会组织形式，它的出现代表着一种新的社会模式的诞生，与传统的工业社会相比，信息社会在经济社会发展的各个领域都呈现出一些新的特征，集中体现为知识型经济、网络化社会、数字化生活和服务型政府四个方面。

1）知识型经济

知识型经济是指在以知识和人才为依托的信息社会中，将创新作为主要驱动力的全面协调可持续发展的一种新型经济形态。知识型经济的基础是信息技术的充分发展，它促进了传统产业的升级改造、产业结构的调整、经济发展模式的转变等。例如，传统的机械化的生产方式已逐步被智能化的生产方式所取代；弹性的定制化产品，可以灵活地根据市场需求迅速地生产出来。

2）网络化社会

网络化社会具有三个基本特征：信息基础设施的完备性、社会服务的包容性、社会发展的协调性。随着 5G 时代的来临，信息基础设施高度完善，信息获取成本大幅降低，人们共享着信息社会发展带来的福音，社会包容性进一步提高。实现社会包容的重要途径是实现数字包容，数字包容可以最大限度地消弭数字鸿沟，缩小社会中的不平等造成的差距，融合用户需求增强信息技术的可及性，让不同人群共享数字化发展成果，变数字鸿沟为数字机遇。同时，随着人们物质需求的基本满足，社会发展的重点也更加注重城镇、乡村等不同社会群体间的协调发展、高质量发展。

3）数字化生活

随着信息技术的广泛应用，人们的生活方式和生活理念发生着翻天覆地的变化。传统生活用品的技术与信息含量越来越高，数字化的生活工具逐渐成为人们日常生活中必不可少的信息终端。在线教育、网络购物、医疗共享等数字化平台的普及，打破了时间、空间的限制，使人们的学习、工作和生活更加弹性化和自主化，人们的生活方式也逐渐数字化。与此同时，数字化内容也占据了多数人的娱乐活动，信息消费成为重要的消费内容。

4）服务型政府

信息社会的发展为服务型政府的实现创造了条件，同时也对政府治理提出了更高的要求。人们逐渐适应利用现代信息技术实现社会管理和公共服务，科学决策、公开透明、高效治理、互动参与也成为数字化生活时代下服务型政府的新特征。

1.1.3　信息技术在体育中的应用

20 世纪 90 年代以来，随着多媒体计算机与网络通信技术的发展，人类社会进入信息时代，信息技术开始广泛应用于人们的学习与生活，同时也加快了经济、医疗等领域的发展。

2015 年 3 月，在政府工作报告中首次提出"互联网＋"行动计划，跨界融合渗透成为常态。2021 年 10 月，国家体育总局正式发布《"十四五"体育发展规划》，全面部署了体育信息化建设。2022 年 2 月，《教育部 2022 年工作要点》中提出，要实施教育数字化战略。相关政策的陆续出台是国家为推动体育高质量发展提出的任务和谋划的布局，体现了体育领域以信息化培育新动能的新理念。

1. 体育教学

信息技术与学科课程的有效融合打破了传统的教学模式，创建了全新的学习环境与学习方式。在体育教学中，信息技术同样得到了广泛应用。例如：在体育理论教学中，可以借助多媒体手段，更为生动地呈现课程内容，方便学生理解、记忆；在体育实践教学中，可以结合高科技运动成绩检测手段，对学生的学习成果进行更为准确的检验。

2. 运动训练

在运动员的训练中，融入了越来越多高科技含量的训练系统和科学的训练方法，如动作识别技术，通过对运动员运动过程中的技术动作进行分析，极大地提升了运动员的运动能力、技/战术水平。

3. 运动员管理

利用信息技术构建完整的运动员管理系统，管理者可对注册运动员的信息进行动态的更新、存储和管理，以便合理地安排训练和比赛，有效地提高管理效率。

4. 体育赛事

信息技术与体育赛事相结合，可以使观众不受时间、地域的限制，随时随地通过网络平台搜索观看自己喜欢的实时直播或直观立体的体育赛事，在为观众带来便利的同时，还大力推动了体育事业的快速发展。与此同时，在赛事结果的判罚中，利用高速摄像头、计算机计算、即时成像等信息技术，可以帮助裁判员最大化地维护比赛的公平、公正。例如，2022 年卡塔尔世界杯中的人工智能（artificial intelligence，AI）裁判、半自动越位技术，就让全世界球迷见识了新科技、新技术的强大。

5. 体育传媒

体育传媒是互联网体育链条的重要组成部分。近年来，随着通信技术的发展，观众并不满足于体育赛事画面基本内容的呈现，对于观赛体验有了更高的要求。例如，在 2022 年的北京冬奥会中，通过 360°虚拟现实（virtual reality，VR）技术捕捉整个赛场的三维数据，并从任意角度进行直播，定格精彩瞬间，实现 360°快速回放。同时，央视新闻联合百度智能云打造首个 AI 手语主播，使我国千万听障人士也能够享受到竞赛的激情。

6. 体育彩票产业

信息技术与体育彩票营销系统的结合，能够实现自动管理的目标，进而构建完整的自动销售系统，人们可以同时开启很多实用功能，如在网上购买体育彩票、在网络平台查询投注结果等。同时，运用先进的销售系统，体育彩票经营者能够准确获取相关销售数据，并通过数据分析提高自动销售系统的准确性和精准度。

1.2　计算机的发展

计算机是 20 世纪人类最伟大的科学技术发明之一，它是一种能按照事先存储的程序，自动、高速进行大量数值计算和各种信息处理的现代化智能电子装置。计算机的应用领域从最初的国防科研领域拓展到了生产、教育、医疗等社会的各个领域，成为信息社会中必不可少的工具。

1.2.1　计算机的产生与发展

1. 手动式计算工具

在人类漫长的历史长河中，发明和改进了许许多多的计算工具，人们先使用手指、石块、结绳来进行计数和计算。春秋战国时期，我国普遍采用算筹来进行计数，南北朝时期的数学家祖冲之，就是利用算筹计算出圆周率，并使计算精度达到小数点后 7 位，比西方计算出这一结果早了上千年。随着人类社会的不断发展，计数和计算变得更为复杂，算筹不再能够满足社会的发展，所以到了唐宋时期，出现了算盘并盛行于世，先后流传到日本、朝鲜等国家，后来又传入西方，成为当时公认的最早的手动式计算工具。与此同时，国外在计数、计算的道路上，也发明了各式各样的工具，如罗马的"沟算盘"、古希腊的"算板"、印度的"沙盘"、英国的"刻齿本片"等。

2. 机械式计算工具

17 世纪，随着航海、科学研究和工程计算的兴起，人类计算对象和计算内容日趋复杂。在这样的背景下，计算尺应运而生，并在其后 300 年里，成为工程师的标配。

随着科技不断进步，人类不再满足于人工操作计算工具，开始将目光投向自动计算。1642

年，法国数学家帕斯卡通过机械运转实现简单计算功能，帕斯卡计算机也成为人类历史上第一台能进行加减运算的机械计算机，如图 1.1 所示。在此基础上，德国数学家莱布尼茨于 1694 年发明了第一台能进行加减乘除运算的机械计算机。同时，他还提出了可以用机械代替人进行繁琐重复的计算工作的伟大思想，这一思想在随后的几百年间，鼓舞着人们在机械计算机的道路上一路狂奔。19 世纪初，英国工业革命兴起之时，为了解决航海、工业生产和科学研究中的复杂计算，英国数学家巴贝奇设计出了能准确计算出微积分难题的差分机，但由于当时工艺的限制，最终未能研制成功。

图 1.1　加法器

手工算出来的"争气桥"

中华人民共和国成立之后，为了改善经济，我国试图进行一些大型基建工程，但由于当时我国工业建设落后西方国家很多年，于是无一例外地遭到了这些国家的冷嘲热讽。

然而，勤劳勇敢的中国人民却用实际行动证明了自己，在长江上自行设计和建造了第一座双层式铁路、公路两用桥梁——南京长江大桥，并且打破了当时公铁两用桥梁长度的吉尼斯世界纪录，因此也被称为"争气桥"。

在大桥建设时，我国只有一台大型通用数字电子计算机。所有的数据都由工程师每 3 个月送往北京中国科学院进行测算复核。令人惊叹的是，所有这些从南京送去的手工测算的巨量大桥数据，没有一个错误。所有的手工测算大多是使用"计算尺"进行乘除法、平方根、指数、对数以及三角函数运算等来完成的。由于手工计算容易产生误差，所以工程师秉承着精益求精、不屈不挠的工匠精神反复校正，一丝不苟，凭借一把小尺子，"拉"出了一座奇迹。

这座由我国第一次完全自主研发、自力更生、从无到有做出来的国家级工程，将科技工作者的智慧与劳动者的汗水紧紧联系在一起，凝成一股强大的创新力量与精神风貌，也给了我们今天在迈向世界主要科学中心和创新高地的路上无限的激励与启发。

3. 机电式计算机

1886 年，美国统计学家赫尔曼·霍利里思（Herman Hollerith）借鉴雅各织布机的穿孔卡原理，用穿孔卡片存储数据，采用机电技术取代了纯机械装置，制造了第一台可以自动进行四则运算、累计存档、制作报表的制表机。并用这台制表机参与了美国 1890 年的人口普查工作，将预计 10 年的统计工作缩短至 1 年 7 个月完成，这是人类历史上第一次用计算机进行大规模数据处理。

1936 年，美国科学家艾肯受到了巴贝奇设计的启发，提出用机电的方法，而不是纯机械的方法来实现巴贝奇的分析机。后在 IBM 公司的资助下，于 1944 年成功研制了 Mark-1 机电式计算机，如图 1.2 所示。

图 1.2　机电式计算机 Mark-Ⅰ

4. 电子计算机

1937 年，美国爱荷华州立大学数学物理学教授约翰·阿塔纳索夫（John Atanasoff）和他的研究生克利福德·贝里（Clifford Berry）一起研制了世界上第一台电子计算机 ABC（Atanasoff-Berry computer），第一次提出了采用电子技术来提高计算机的运算速度的设计方案。但由于经费的限制，他们只研制了一个能够求解包含 30 个未知数的线性代数方程组的样机。ABC 计算机的逻辑结构和电子电路的新颖设计思想为后来电子计算机的研制工作提供了极大的启发。

1946 年，美国宾夕法尼亚大学物理学教授约翰·莫奇利（John Mauchly）和他的研究生在 ABC 计算机设计的启发下研制了世界上第一台通用计算机——电子数字积分计算机（electronic numerical integrator and calculator，ENIAC），如图 1.3 所示。ENIAC 占地约 170m^2，长 30.48m，宽 6m，高 2.4m，重达 30t，造价 48 万美元。它的运算速度可达每秒 5000 次加法、400 次乘法，主要服务于氢弹研制、天气预测、风洞开发等领域。

图 1.3　ENIAC

尽管 ENIAC 体积庞大，耗电惊人，运算速度也和现代计算机无法比拟，但它比当时最快的计算工具——机电式计算机快 1000 多倍，比手工计算快 20 万倍。因此，它的问世具有划时代的意义，标志着电子计算机时代的到来。

在 ENIAC 的研制过程中，由于正在参加美国第一颗原子弹研制工作的美籍匈牙利数学家冯·诺依曼（von Neumann）的加入，解决了 ENIAC 存在的无存储器和控制繁琐的两大难题。冯·诺依曼等人于 1945 年发布了离散变量自动电子计算机（electronic discrete variable automatic computer，EDVAC）方案，提出计算机应具有五个基本组成部分，以及"采用二进制"和"存储程序"这两个重要的基本思想，确立了现代计算机的基本结构。EDVAC 成为第一台现代意义的使用二进制的通用计算机，是第一台冯·诺依曼架构的计算机，如图 1.4 所示。

图 1.4　冯·诺依曼和 EDVAC

从 ENIAC 诞生至今，按照计算机所采用的电子元件的不同，将计算机的发展划分为四个阶段，如表 1.1 所示。

表 1.1　计算机发展的四个阶段

阶段	年份	电子元器件	运算速度 （每秒执行指令次数）	特点	应用领域
第一代	1946～1957 年	电子管	数千次至数万次	体积庞大、功耗高、速度慢、可靠性差、内存小	国防、天文、科学研究
第二代	1958～1964 年	晶体管	数十万次至 300 万次	体积缩小、能耗降低、可靠性和运算速度有所提高	工程设计、数据处理
第三代	1965～1971 年	中小规模集成电路	数百万次至数千万次	运算速度快、可靠性显著提高、价格进一步下降、通用性强	工业控制、文字处理、图形图像处理、信息管理
第四代	1972 年至今	大规模、超大规模集成电路	数千万次至百亿亿次（E 级）	体积小、微型化、性能大幅提高、价格大幅降低	广泛用于社会生活的各个领域

当前，随着科技的迅速发展，以集成电路为基础的传统计算机越来越接近其物理极限，届时，计算机发展遵循的"摩尔定律"（当价格不变时，集成电路上可容纳的晶体管数目，约每隔 18 个月便会增加一倍，性能也将提升一倍）将会失效。因此，新型计算机的研发应运而生，未来，量子计算机、光子计算机、生物计算机、纳米计算机等将推动新一轮的计算技术革命，计算机体系结构、采用器件、使用技术都将产生质的飞跃。

1.2.2　计算机的特点和分类

1. 计算机的特点

计算机技术是世界上发展最快的科学技术之一,计算机更新速度之快,应用范围之广,与其自身的特点是分不开的。计算机的主要特点表现在以下几个方面。

1) 运算速度快

运算速度是指计算机每秒执行指令的数目。由电子线路组成的计算机具有极高的运算速度。当前,超级计算机的运算速度已经可以达到每秒几万亿次,微型计算机的运算速度一般也可达到每秒几十亿次。随着技术的发展,运算速度仍在不断提高。

2) 计算精度高

高精尖科学技术的发展需要高精度的计算,一般计算机的精度可达到十几至几十位有效数字,根据需要甚至可达到任意的精度。2021 年 8 月,瑞士研究人员使用一台超级计算机,历时 108 天,将圆周率 π 计算到小数点后 62.8 万亿位,创下该常数迄今最精确值纪录。

3) 逻辑运算能力强

计算机的运算器不但能完成基本的数值运算,还能进行与、或、非的逻辑运算,并判断数据之间的关系,这种能力是计算机处理逻辑推理问题的前提,广泛应用于信息处理、过程控制、人工智能等方面。

4) 存储容量大

计算机强大的"记忆"功能,可以在存储器存放大量的各类信息,这是与传统计算工具的一个重要区别。目前计算机的存储容量已普遍高达 TB(1024GB)量级,一些大数据存储设备,如服务器等甚至可高达 PB(1024TB)量级。

5) 自动化程度高

人们将预先设定好的程序和数据存放在计算机内部,运行时,在计算机的指挥和控制下,一步一步地自动执行程序规定的各种操作,无需人工干预,因此自动化程度较高。

2. 计算机的分类

按照用途、处理数据的类型、综合性能指标等的不同,计算机可以分为很多种类型。

(1) 按照用途,计算机可以分为专用计算机和通用计算机。

专用计算机:专用计算机是为了解决某些特定问题而专门设计的计算机,功能单一,运算速度快,能够可靠地解决特定问题,但适应性较差,如银行专用机、POS 机、控制温度的电子计算机、飞弹导航用的电子计算机等。

通用计算机:通用计算机功能齐全,综合处理能力强,能够解决各类问题,适用于各种应用场合,如科学计算、数据处理、事务管理、自动控制等。

(2) 按照处理数据的类型,计算机可以分为电子数字计算机、电子模拟计算机、混合式电子计算机。

电子数字计算机:电子数字计算机以数字电路为基础,处理非连续变化的数据,所有信息以二进制数来表示,其运算速度快、运算精度高、通用性强。

电子模拟计算机:电子模拟计算机通过连续变换的物理量进行计算,如电流、电压等。其基本运算部件为运算放大器,运算速度快、抗干扰能力强,但运算精度较低、存储能力差。

混合式电子计算机:混合式电子计算机兼顾了电子数字计算机和电子模拟计算机的特点,

既能表示数字量又能表示模拟量，多应用于处理模拟以及数字形式数据的特殊应用中，如飞机、医院以及一些科学研究。

（3）按照综合性能指标，计算机可以分为巨型机、大型机、小型机、微型机、工作站。

巨型机：巨型机又称超级计算机，通常是指由数百数千甚至更多的处理器组成的，能计算普通计算机和服务器不能完成的大型复杂课题的计算机。巨型机拥有超快的数据处理速度、超大的数据存储容量，多应用于气象、太空、能源、医药等高科技领域和尖端技术研究，是一个国家科学技术发展水平的重要体现。

大型机：大型机又称主干机，运算速度快、存储容量大、处理能力强，并支持多用户同时使用，多用于大型企事业单位，是事务处理、信息管理、数据通信和大型数据库的主要支柱。

小型机：与以上两种机型相比，小型机结构简单、软硬件规模小、价格相对较低、可靠性高、便于维护和使用，一般用于工业控制、数据采集等领域。小型机曾在计算机的应用和普及方面起了很大的推动作用，但由于微型机的出现和普及，其市场大为缩水，现主要作为小型服务器使用。

微型机：微型机简称微机，由大规模集成电路组成，是当前普及率最高的机型，具有体积小、重量轻、功耗低、性价比高、适用性强、使用方便等特点，可分为台式机、一体机、笔记本电脑、平板电脑等。

工作站：工作站是一种面向专业领域的高性能通用微型计算机，具有高分辨率的多屏显示器、大容量的内存储器和外存储器，以及强大的图形处理、任务并行方面的能力，多用于工程设计、动画设计、软件开发、模拟仿真、金融管理、科学研究等行业。

1.2.3　我国计算机的发展

1956 年我国制定了《1956—1967 年科学技术发展远景规划》，简称"十二年科技规划"，并将计算机作为"发展规划"的四项紧急措施之一，同时制订了计算机科研、生产、教育发展计划，我国计算机事业由此起步。

1956 年 8 月我国第一个计算技术研究机构——中国科学院计算技术研究所筹备委员会成立，著名数学家华罗庚任主任。这是我国计算技术研究机构的摇篮。华罗庚教授是我国计算技术的奠基人和最主要的开拓者之一。

我国计算机事业的起步比美国晚，但发展十分迅速。我国计算机的发展同样也经历了四个阶段。

1. 我国第一代计算机（1958～1964 年）

1958 年，在苏联专家的指导下，我国第一台小型计算机 103 机研制成功，并于 8 月 1 日表演短程序运行，标志着我国第一台电子计算机诞生。103 机体积庞大，运算速度仅有 30 次/s。1964 年，我国第一台自主设计的大型通用电子管计算机 119 机研制成功，其运行速度可达 5 万次/s，是当时世界上最快的电子管计算机，用于我国第一颗氢弹研制的计算任务、全国首次大油田实际资料动态预报的计算任务等，它标志着我国自主发展计算机进入了一个新阶段。

2. 我国第二代计算机（1965～1972 年）

我国在研发生产电子管计算机的同时，国际上计算机发展的主流方向已经是全晶体管化。

1964 年，在中国科学院计算技术研究所蒋士騛的领导下，我国第一台自主设计的大型晶体管计算机 109 乙机（60000 次/s）研制成功。两年后，又推出了 109 丙机，在我国两弹试制中发挥了重要作用，被誉为"功勋机"。

3. 我国第三代计算机（1973 年～20 世纪 80 年代初）

1973 年，由北京大学、国营北京有线电厂等有关单位共同研制出中国第一台百万次集成电路电子计算机 150 机，在石油、地质、气象等领域做出了巨大贡献。同时，150 机是一种硬件软件相结合的计算系统，配有丰富的软件，因此 150 机软件系统的研制开创了我国计算机软件事业的先河。

1983 年，由国防科技大学研制成功的"银河-Ⅰ"亿次巨型计算机通过国家鉴定，中国成为继美国、日本之后，第三个能独立设计和制造巨型机的国家，这是我国高速计算机研制的重要里程碑，标志着中国进入了世界研制巨型计算机的行列。

4. 我国第四代计算机（20 世纪 80 年代中期至今）

同国外一样，我国从第四代计算机的研制开始出现了微型计算机，简称"微机"。1985 年，国家电子工业部计算机管理局研制成功与 IBM PC 机兼容的长城 0520CH 微机。中国第一次出现了微机热，微型机已成为计算机市场上的主流产品。

随着科技的发展，20 世纪 90 年代，在"中国巨型计算机之父"慈云桂院士的带领下，国防科技大学分别于 1992 年、1997 年又先后成功推出了"银河-Ⅱ""银河-Ⅲ"型巨型机，性能得到大幅提升。

1997～2003 年，我国先后推出了具有机群结构的超级服务器"曙光 1000A""曙光 2000-Ⅰ""曙光 2000-Ⅱ""曙光 3000"，以及百万亿次数据处理超级服务器曙光 4000L，一次次刷新国产超级服务器的纪录，使得国产高性能产业再上新台阶。

2000 年，我国自行研制成功高性能计算机"神威Ⅰ"，其主要技术指标和性能达到国际先进水平。我国成为继美国、日本之后世界上第三个具备研制高性能计算机能力的国家。

2009 年，我国首台千万亿次超级计算机"天河一号"诞生，并于次年首次在第 36 届世界超级计算机 500 强排行榜上名列榜首。2013 年，峰值速度达 5.49 亿亿次的"天河二号"惊艳亮相，并先后六次站在世界超级计算机 500 强榜首，如图 1.5 所示。

图 1.5　"天河二号"

　　2016 年，我国自主研制的"神威·太湖之光"（图 1.6）一经问世，就荣登世界超级计算机 500 强之首，成为全球首台运行速度超过 10 亿亿次/s 的超级计算机，一分钟的计算能力相当于 70 亿人用计算器不间断计算 32 年，比"天河二号"的效率提高近 3 倍。这样的排名一直保持到 2018 年 6 月。

图 1.6　"神威·太湖之光"

　　2019 年，我国新一代百亿亿次（E 级）超级计算机"神威 E 级原型机""天河三号 E 级原型机""曙光 E 级原型机"全部完成交付，并在 2021 年，运行测试了两台 E 级超级计算机，分别是国家超级计算无锡中心的"神威·海洋之光"和国家超级计算天津中心的"天河三号"超级计算机。

　　纵观我国计算机六十余年的发展，从"零"的突破，到在世界超级计算机领域称雄，从"跟跑"到"领跑"，尽管中国计算机事业起步比美国晚，但是靠着一批又一批的"银河人"不畏艰难、艰苦努力、追求卓越的精神一次次地打破了国外长期的技术垄断，让我国在世界高性能计算机领域保持着较高的水平。

中国科技成就中国科幻
——《流浪地球 2》中的那些让人们民族自豪感爆棚的"硬科技"

　　2023 年的大年初一，备受瞩目的国产科幻电影《流浪地球 2》上映，影片中拥有自主意识的 MOSS、冲破云霄的太空电梯、各类外形酷炫的智能机器人等未来科技让观众大饱眼福。以中国独有的科幻浪漫主义叙事来展现"硬核"科技，将我国科技文化水平推上了新的高度。那么，影片中展现了哪些中国科技和中国制造的力量呢？

　　影片一开始，就出现了片中隐藏的大 BOSS——主角 MOSS。整个影片中，贯穿了对摄像头大量的特写画面，从对"550A""550C""550W"等多个型号计算机的描述中可以看出，量子计算机得到了大规模的应用与多版本的迭代，而我国在这一领域也成为全球第二个实现"占领量子计算制高点"的国家。

　　接着，在影片中出现的机器人矩阵也让观众大为赞叹。片中时而出现工作人员穿戴外骨骼机器人搬运重物的场景；时而出现移动机器人自主执行搬运、操作、巡检等任务，这些外骨骼机器人和将人类从繁重枯燥的工作中解放出来的不同形态的机器人分别来自上海的某智能科技有限公司，以及深圳的某机器人科技有限公司。

　　影片最后，那台可实现全球复杂计算资源融合与调度，以满足数万座行星发动机协同运作，并支撑"数字生命"计划所需算力的"未来航天中心计算机"，是曙光新型"缸式"浸没液冷计算机。它凭借"硬核"科技，成功客串未来世界中应对超大规模计算需求的"算力担当"。

　　片尾用了一整屏的字幕来鸣谢和致敬在电影创作过程中给予重要支持和帮助的，来自理论物理、天体物理、地球科学、太空电梯力学、人工智能、军事科技等多个领域的科学顾问。例如，国内大数据与人工智能领域的领军人、中国科学院计算技术研究所研究员王元卓，中国科学院物理研究所研究员魏红祥，中国科学院国家天文台研究员苟利军等，正是因为这些"硬核科学家"的加入，才有了当今中国科幻的"天花板"。未来，中国科幻也将以中国科技和中国制造为背书，改写科幻电影界的垄断格局。

1.3　计算机中的数制与编码

　　要使用计算机对数据、文字、声音、图形、图像、视频等信息进行加工处理，首先要解决"表达"和"规则"的问题。

　　生活中人们通常习惯于使用十进制来表示数据，而在计算机中的数据可以分为数值型数据和非数值型数据（如字母、汉字、图形等），由于受到电子元器件技术的限制，无论哪种形式的数据，都要转换成二进制数存入计算机并进行运算，再通过输出设备将运算结果转换成人们需要的形式输出。

　　那么，什么是进制，什么是数制？计算机又为什么要采用二进制呢？

1.3.1　常用的数制

　　数制是指用一组固定的符号和统一的规则来表示数值的方法。按照进位的方法来进行计数的数制，称为进位计数制。R 进制则表示每一位上的数运算时都要逢 R 进一位。任何一个数制都包含两个基本要素：基数和位权。

　　基数：一个数制所包含的数码的个数称为该数制的基数，常用 R 表示，称为 R 进制。例如，十进制的数码（数码：用来表示某种数制的符号，如 0、1、2、3、4，A、B、C、D、Ⅰ、Ⅱ、Ⅲ、Ⅳ等）是 0～9，基数为 10；二进制的数码是 0、1，基数为 2。

　　数制的表示方法有如下两种。

　　方法一：将数字用圆括号括起来，并将其数制的基数写在右下角，如 $(1011)_2$、$(275)_8$、$(256)_{10}$、$(C3F9)_{16}$ 等。

　　方法二：在数字后加上表示该数制的英文字母，D 表示十进制、B 表示二进制、O 或 Q 表示八进制、H 表示十六进制，其中十进制可以省略不写，如 45D、1010B、174O、A8FH 等。

　　位权：又称权值，是数制中每个固定位置上对应的单位值，即 R^k（k 为整数）。例如，十进制数 123，个位上 3 的权值为 10^0，十位上 2 的权值为 10^1，百位上 1 的权值为 10^2。

　　数值的按权展开：由位权的概念可以看出，任何数制中的数值都满足这样一个规律，即任何一个数都是由其各个位上的数值与位权之积求和而来的，如

$$(123.456)_{10}=1\times10^2+2\times10^1+3\times10^0+4\times10^{-1}+5\times10^{-2}+6\times10^{-3}$$

$$(1011.101)_2=1\times2^3+0\times2^2+1\times2^1+1\times2^0+1\times2^{-1}+0\times2^{-2}+1\times2^{-3}$$

这样的过程称为数值的按权展开。这种展开式主要应用于数制转换中。

1. 十进制数

（1）基数 R 为 10，由 0～9 十个数码表示。

（2）进位原则："逢十进一"。

（3）位权为 10^k（k 为整数）。

2. 二进制数

（1）基数 R 为 2，由 0、1 两个数码表示。

（2）进位原则："逢二进一"。

（3）位权为 2^k（k 为整数）。

3. 八进制数

（1）基数 R 为 8，由 0～7 八个数码表示。

（2）进位原则："逢八进一"。

（3）位权为 8^k（k 为整数）。

4. 十六进制数

（1）基数 R 为 16，由 0～9、A、B、C、D、E、F 十六个数码表示。

（2）进位原则："逢十六进一"。

（3）位权为 16^k（k 为整数）。

　　在计算机内部，所有传送进来的指令和数据都必须转换成二进制进行识别和处理，而在日常生活中，人们习惯使用十进制，也常以十进制的形式将原始数据输入计算机中，并由计算机自动转换为二进制进行处理，再将处理的二进制结果转换为人们能看到的信息，通过显示器显示出来。八进制和十六进制与二进制之间可以直接相互转换，不仅缩短了数的长度，提高了硬件资源的利用率，还有效保留了二进制数的表达特点，因此八进制和十六进制一般是为了配合二进制而使用的。在现实应用中，主要作用于电子技术、计算机编程等领域。

　　为什么计算机要采用二进制作为直接识别的语言，而不采用人们习惯的十进制或其他进制呢？这是由计算机所采用的物理元器件的性质所决定的。在计算机内部，信息的表示和存储都依赖于硬件电路的状态。

　　因此，综合考虑，使用二进制有如下优势：①在技术上容易实现。二进制的两个数码 0 和 1，正好与物理部件的两种状态相对应，如开关的"开"和"关"、电压的"高"和"低"、电流的"导通"和"截止"等。②可靠性高。二进制只有 0 和 1 两个数码，传输和处理时不易出错，并且运算规则也简单。二进制数的运算规则要比其他进制简单得多，这不仅可以使运算器的结构得到简化，而且有利于提高运算速度。③二进制数的 0 和 1 正好可以与逻辑计算中的"真"和"假"相对应，因此采用二进制在逻辑运算上也容易实现。

1.3.2　数制间的转换

1. R 进制数转换为十进制数

如需将 R 进制（如二进制、八进制、十六进制）数转换为十进制数，只需按权展开求积再求和，即可得到转换结果。

例如，将下面不同的进制数转换为十进制数：$(110.01)_2$、$(177)_8$、$(1AF)_{16}$。

$$(110.01)_2 = 1 \times 2^2 + 1 \times 2^1 + 0 \times 2^0 + 0 \times 2^{-1} + 1 \times 2^{-2} = (6.25)_{10}$$

$$(177)_8 = 1 \times 8^2 + 7 \times 8^1 + 7 \times 8^0 = (127)_{10}$$

$$(1AF)_{16} = 1 \times 16^2 + 10 \times 16^1 + 15 \times 16^0 = (431)_{10}$$

2. 十进制数转换为 R 进制数

将十进制数转换为 R 进制（如二进制、八进制、十六进制）数分为整数和小数两部分处理。

1）十进制数整数部分转换成二进制数

将十进制数的整数部分转换为二进制数采用"除 2 取余法"。先将十进制整数除以 2，取出余数，然后继续用上次相除所得的商去除以 2，并取出余数，直至商为零。第一个余数为最低位，最后一个余数为最高位，将余数按照从高位到低位，从左到右的顺序排列，即可得到转换后的二进制数。

例如，将十进制数 125 转换为二进制数。

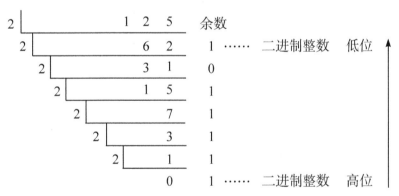

得到 $(125)_{10} = (1111101)_2$。

2）十进制数小数部分转换成二进制数

将十进制数的小数部分转换为二进制数采用"乘 2 取整法"。先将十进制数小数乘以 2，取出整数部分，然后用积的小数部分继续乘以 2，再次取出整数部分，重复前述步骤，直至积的小数部分为零或达到要求的精度。第一个取出的整数为最高位，最后一个取出的整数为最低位，将取出的整数按照从高位到低位，从左到右的顺序排列，即可得到转换后的二进制数。

例如，将十进制小数 0.68 转换为二进制小数（保留小数点后 3 位）。

$$
\begin{array}{r}
0.68 \quad \text{取整} \\
\times\ 2 \\
\hline
1.36 \qquad 1 \ \cdots\cdots\ \text{二进制小数 高位} \\
\times\ 2 \\
\hline
0.72 \qquad 0 \\
\times\ 2 \\
\hline
1.44 \qquad 1 \ \cdots\cdots\ \text{二进制小数 低位}
\end{array}
$$

得到$(0.68)_{10}=(0.101)_2$。

如果一个十进制数既有整数部分又有小数部分，则应分别将整数部分和小数部分转换成二进制数，然后以小数点为界将转化后的整数和小数组合起来，即可得到所求结果。

以此类推，十进制数转换为八进制数或十六进制数，即采用"除 8 取余""乘 8 取整"或"除 16 取余""乘 16 取整"的方法。

3．二进制数、八进制数、十六进制数间的转换

二进制数、八进制数、十六进制数之间存在着特殊关系：$8^1=2^3$、$16^1=2^4$，即 1 位八进制数相当于 3 位二进制数，1 位十六进制数相当于 4 位二进制数，其对应关系如表 1.2 所示。

表 1.2　十进制数、二进制、八进制和十六进制数对照表

十进制	二进制	八进制	十六进制	十进制	二进制	八进制	十六进制
0	000	0	0	8	1000	10	8
1	001	1	1	9	1001	11	9
2	010	2	2	10	1010	12	A
3	011	3	3	11	1011	13	B
4	100	4	4	12	1100	14	C
5	101	5	5	13	1101	15	D
6	110	6	6	14	1110	16	E
7	111	7	7	15	1111	17	F

根据这种对应关系，二进制数转换为八进制数按照"每 3 位为一组"的原则，即以小数点为界分别向左、向右进行分组，每 3 位为一组，两头不足 3 位的补 0，然后按照顺序写出每组二进制数对应的八进制数即可。

例如，将二进制数$(1101110.001)_2$转换成八进制数。

$$(1101110.001)_2=\underset{1}{(001}\ \underset{5}{101}\ \underset{6}{110}\ .\ \underset{1}{001)_2}=(156.1)_8$$

同理，二进制数转换为十六进制数按照"每 4 位为一组"的原则，即以小数点为界向左右两边分组，每 4 位为一组，两头不足 4 位的补 0，然后按照顺序写出每组二进制数对应的十六进制数即可。

例如，将二进制数$(1101110.001)_2$转换成十六进制数。

$$(1101110.001)_2= \underline{\quad(0110 \qquad 1110 \qquad . \qquad 0010)_2} \quad = \quad (6E.2)_{16}$$

$$\qquad\qquad\qquad\qquad 6 \qquad\quad E \qquad . \qquad 2$$

由上述可得，$(1101110.001)_2=(156.1)_8=(6E.2)_{16}$。

若需将八进制数和十六进制数转换为二进制数，只需将每位八进制数转换为对应的 3 位二进制数，每位十六进制数转换为对应的 4 位二进制数，最后去掉最左边和最右边的 0 即可。

1.3.3　数据的编码

数据是信息的符号表示。在计算机科学中，所有能输入计算机并被计算机程序处理的符号统称为数据，可分为表示数量、能进行数值运算的数值型数据，和图形、图像、音频、视频、字符这样的非数值型数据。计算机中所有的数据都是以二进制形式来存储的，那么对于基本的字符（如 A、a、？、汉字等），以及"空格""换行""删除"这样的控制字符等，在计算机内部是通过怎样的转换来实现人机交互的呢？图像、音频、视频等的编码较为复杂，不同的格式会有不同的编码方式，即使是同一种格式也可能有多种编码方式，这里不过多赘述。

1. 数据的单位

数据在计算机内部进行存储和运算时，通常涉及以下 3 种单位。

1）位（bit）

位又称比特，是计算机存储数据的最小单位，计算机中用二进制的"0"和"1"两个数码来表示数据，一个数通常采用多个数码（0 和 1 的组合）来表示，其中每一个数码称为一位。

2）字节（byte，B）

字节是计算机中表示数据大小的基本单位。8 位二进制数组成一字节，即 1B=8bit。通常，一个西文字符或符号占 1 字节，一个汉字占 2 字节。计算机中存储器能容纳的字节数代表了计算机的存储容量，常用的存储单位有 B、KB、MB、GB、TB，它们的关系表示为

$$1KB=2^{10}B=1024B$$

$$1MB=2^{10}\times2^{10}B=1024\times1024B$$

$$1GB=2^{10}\times2^{10}\times2^{10}B=1024MB=1024\times1024KB=1024\times1024\times1024B$$

3）字（word）

计算机进行数据处理时，一次存取、传送、处理的一组二进制数称为计算机的"字"。这组二进制数的位数称为"字长"。字长决定着运算器中寄存器、加法器和数据总线等设备的位数，是衡量计算机的计算精度和表示数据的范围的重要指标，当其他指标相同时，字长越长，计算机的性能越好。

2. 西文字符的编码

西文字符的编码主要采用 ASCII 码，即美国信息交换标准代码（American Standard Code for Information Interchange），主要用于英文字母、数字、各种标点符号等西文文本数据的表述，被国际标准化组织（International Organization for Standardization，ISO）认定为国际标准。

ASCII 码使用指定的 7 位（标准 ASCII 码）或 8 位（扩展 ASCII 码）二进制数组合来表示 128 种或 256 种可能的字符。一个字符占用一字节，也就是 8 个二进制数。

标准 ASCII 码也称为基础 ASCII 码，实际使用到的有效二进制数为 7 位，低 7 位为该字

符的 ASCII 编码，最高位为 0（某些特殊应用领域为奇偶检验位，指在代码传送过程中用来检验是否出现错误的一种方法），可以表示 128 种字符的编码，其中包括 52 个大小写英文字母、0～9 十个阿拉伯数字、33 个控制字符或通信专用字符，以及各种标点符号和运算符号等，如表 1.3 所示。

使用 8 位二进制数进行编码的 ASCII 码称为扩展 ASCII 码，共能对 2^8=256 种字符进行编码。扩展 ASCII 码中前 128 种代码与标准 ASCII 码完全相同，后 128 种代码通常表示一些特殊符号字符、希腊字母等外来语字母。目前，许多基于 X86 的计算机系统都支持使用扩展 ASCII 码。

表 1.3　ASCII 码表

低 4 位 ＼ 高 3 位	000	001	010	011	100	101	110	111
0000	NUL	DLE	SP	0	@	P	`	p
0001	SOH	DC1	!	1	A	Q	a	q
0010	STX	DC2	"	2	B	R	b	r
0011	ETX	DC3	#	3	C	S	c	s
0100	EOT	DC4	$	4	D	T	d	t
0101	ENQ	NAK	%	5	E	U	e	u
0110	ACK	SYN	&	6	F	V	f	v
0111	BEL	ETB	'	7	G	W	g	w
1000	BS	CAN	(	8	H	X	h	x
1001	TAB	EM	)	9	I	Y	i	y
1010	LF	SUB	*	:	J	Z	j	z
1011	VT	ESC	+	;	K	[	k	{
1100	FF	FS	,	<	L	\	l	|
1101	CR	GS	–	=	M	]	m	}
1110	SO	RS	.	>	N	^	n	~
1111	SI	US	/	?	O	_	o	DEL

由表 1.3 可知，每种字符对应唯一一个编码。行编码为低 4 位编码，列编码为高 3 位编码，将高 3 位编码和低 4 位编码连起来就可以确定一个数字、字母、符号或控制字符的 ASCII 码。例如：大写字母 A 的编码为 1000001，转换为十进制数是 65，称大写字母 A 的 ASCII 码值为 65；小写字母 a 的编码为 1100001，转换为十进制数是 97，称小写字母 a 的 ASCII 码值为 97。在 ASCII 字符编码表中，字母和数字的 ASCII 码均为顺序编排的，且小写字母比大写字母的编码值大 32。

3. 汉字的编码

汉字在计算机中的存储与处理，也需要进行二进制编码，来为每个汉字分配唯一的一个二进制代码。汉字信息系统处理汉字的过程包括编码、输入、存储、编辑、输出和传输，由于汉字种类繁多，字形复杂，整个过程涉及多种编码，包括将汉字输入计算机的汉字输入码、存储汉字的汉字机内码、将汉字显示在屏幕上或在打印机上打印的汉字字形码。汉字信息的处理过程如图 1.7 所示。

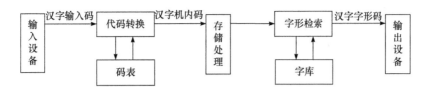

图 1.7　汉字信息处理过程

1）汉字输入码

汉字输入码又称外码，用以解决如何使用西文标准键盘将汉字输入计算机的问题。不同的汉字输入码，对应着不同的输入方法，其按键次数、输入速度也有所不同。汉字输入码主要分为数字码（如区位码、电报码等）、音码（如全拼码、双拼码、简拼码、搜狗拼音等）、形码（如王码五笔、大众码等）、音形码（如自然码、智能 ABC）。

2）汉字机内码

汉字机内码是汉字在计算机系统内部处理和存储而使用的编码，一般用两个字节来表示汉字的内码，为了和西文符号区分，内码的最高位设为"1"。内码通常用汉字在字库中的物理位置表示，还可以用汉字字库中的序号或字库中的存储位置表示。

3）汉字交换码

汉字交换码，又称国标码，在我国汉字编码标准 GB 2312—80 中收录了 6763 个汉字和 682 个非汉字字符，共计 7445 个字符。所有国标汉字和符号由一个 94×94 矩阵的代码表构成。在该矩阵中，每一行称为一个"区"，行号即区编号；每一列称为一个"位"，列号即位编号，因此该矩阵有 94 个区号和 94 个位号，每个字符都对应矩阵中的唯一位置，用区号和位号组合表示，称为该字符的区位码。例如，"文"字出现在第 46 区的第 36 位上，其区位码为 4636。目前，我国使用的最权威、最全面的中文编码字符集是 2022 年 8 月实施的 GB 18030—2022，共收录汉字 87887 个。

汉字交换码中，每个汉字用两个字节表示。汉字在国标字符集中的区编号用第一个字节表示，在国标字符集中的位编号用第二个字节表示。每个字节的低 7 位用于组成其码值，最高位恒为"0"，恰巧与西文字符的 ASCII 码冲突，因此必须将国标码进行转换后才可在计算机内部直接使用。对比同为两个字节表示的汉字机内码，机内码两个字节的最高位均为"1"，只要将国标码两个字节的高位"0"变为"1"，其余 7 位不变，即可将汉字的国标码转换为机内码，反之亦然，由此便能与西文字符的 ASCII 码区分开来。

4）汉字字形码

汉字字形码又称字模码，是将汉字按图形符号设计为点阵图，从而得到相应的点阵代码，用以解决汉字直接在显示器或打印机上显示输出的问题。字体不同，对应的点阵图形也不同，如宋体的"华"和楷体的"华"所对应的点阵图就是不同的。通常把存放汉字字模码的文件称为汉字库。

每个汉字都可以用一个矩形的"0""1"点阵来描述，通常 0 代表无字形点，1 代表有字形点，这样就得到相应的字模点阵码（字形码），如图 1.8 所示。

图 1.8 是一个 16×16 点阵的"我"字，0 表示白点，1 表示黑点，每个点的形状信息都用一位二进制编码表示。一行 16 个点，需要用 16 位二进制编码表示，因此一行需要 16 位来存储，即 2 字节。整个字形共有 16 行，所以存储一个 16×16 点阵的汉字，共需要 32 字节。由此可知，存储每个汉字字形码所需的字节数=点阵行数×（点阵列数/8）。根据使用要求的不

同，汉字点阵有不同的规格，常用的有 16×16、24×24、32×32、48×48 及 128×128 等。点阵规模越大，分辨率越高，所占存储空间也越大，反之亦然。

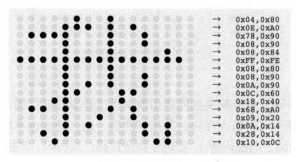

图 1.8　汉字字形码的点阵图

1.4　信息伦理与信息安全

当前，人类社会的发展高度信息化，信息技术影响着人们生活的方方面面。任何新技术的出现都是一把双刃剑，那么，信息技术的迅速发展给人类带来诸多便利的同时，又引发了哪些问题，对社会发展又有何影响，这将是整个社会需要思考的问题。

1.4.1　信息伦理

1. 信息伦理的概念

信息伦理是指涉及信息生产、信息传播、信息管理和信息利用等方面的伦理要求、伦理准则、伦理规范，以及在此基础上形成的新型的伦理关系。它是调整人与人之间以及人与社会之间信息关系的行为准则和道德规范。

信息伦理包含主观和客观两个方面。主观方面是指人们在信息活动中表现出来的情感、行为、品质和道德观念层面的心理活动。客观方面是指在信息活动中反映人与人之间的关系以及这种关系的行为准则和规范，如契约精神、权利义务等。

2. 信息伦理的特征和原则

信息伦理作为新兴事物，是信息社会发展的必然产物。人们通过互联网搭建起虚拟平台，根据各自的需要自觉自愿地与外界和他人产生联结，不受时间、空间的限制。与现实伦理相比较，信息伦理呈现出了自主性、开放性、多元性、普遍性、技术相关性和发展性等特征。

在信息社会，人与人之间进行着间接的、非直接的接触，多样化的新式交往，难以用传统的伦理准则去约束。因此，人们在信息社会交往中应当遵守的行为准则就是信息伦理的原则，主要包括公正原则、无害原则、功利原则、尊重原则和发展原则。

3. 信息伦理失范的表现

信息技术的高速发展推动着时代转型的同时，也在潜移默化地改变着人们的生活方式和认知。信息意识、价值观、利益诱惑等原因，很容易导致人们在信息伦理道德判断上出现偏差，信息伦理失范的表现在信息活动的生成、传播、存储、使用的各个过程中都有所体现。

信息伦理失范在信息的生成中主要表现为信息失真、数据所有权归属问题、信息行为侵权；在信息的传播中主要表现为信息污染、"恶"信息肆意传播；在信息的存储中主要表现为信息垄断、信息犯罪；在信息的使用中主要表现为信息滥用、信息侵权使用。

1.4.2　信息安全

信息安全涉及信息论、计算机科学和密码学等多方面的知识，它研究计算机系统和通信网络内信息的保护方法，是指为信息系统而采取的技术和管理的安全保护，保护计算机硬件、软件、数据不因偶然或者恶意的原因而遭到破坏、更改、泄露。

1. 信息安全的属性

信息安全的基本属性主要归纳为以下几点。

1）保密性

保密性是指保证信息只允许合法用户访问，不泄露给非授权的个人和实体的特性。

2）完整性

完整性是指信息在存储、传输和提取的过程中保持非篡改、非破坏和非丢失的特性。信息的完整是信息安全的基本要求。

3）可用性

可用性是指信息可被合法用户访问获取并能按要求顺序使用的特性。

4）可控性

可控性是指对流通在网络系统中的信息传播以及具体内容能够实现有效控制的特性。

2. 如何保障信息安全

在信息技术日益发达的今天，信息安全问题主要通过"技术手段"和"法律手段"两个维度去保障。

技术手段方面，主要通过身份鉴别系统的配置、口令识别模块的设置、防火墙技术软件的安装、防毒杀毒软件的安装、数据加密技术的运用等来保障信息安全。

法律手段方面，在当前大数据快速发展的环境下，我国一直持续加强信息安全和个人隐私的保护，并陆续制定出台了相关法律法规，包括 2017 年施行的《中华人民共和国网络安全法》、2020 年施行的《中华人民共和国密码法》、2021 年施行的《中华人民共和国个人信息保护法》和《中华人民共和国数据安全法》，以及 2022 年施行的《互联网用户账号信息管理规定》等。

习　　题

一、单项选择题

1. 下列哪一项不属于信息的特征（　　　）。

A. 时效性　　　　B. 价值性　　　　　C. 可再生性　　　　　　D. 通用性

2. 第一代计算机使用的物理元器件是（　　　）。

A. 晶体管　　　　　　　　　　　　　B. 电子管

C. 中小规模集成电路　　　　　　　　D. 大规模/超大规模集成电路

3. 1983 年，我国第一台亿次巨型电子计算机诞生，它的名字是（　　　）。

A. 天河　　　　　　B. 神威·太湖之光　　C. 银河　　　　　　　D. 东方红

4. 中国巨型计算机之父是（　　　）。

A. 慈云桂　　　　　B. 蒋士骕　　　　　　C. 华罗庚　　　　　　D. 秦鸿龄

5. 在计算机中，1 字节由（　　　）个二进制位组成。

A. 2　　　　　　　B. 4　　　　　　　　C. 8　　　　　　　　D. 16

6. 计算机内部采用二进制作为直接识别的语言是因为（　　　）。

A. 技术上容易实现　　　　　　　　　B. 运算规则简单

C. 逻辑运算容易实现　　　　　　　　D. 以上都是

7. 计算机中 1KB 表示的二进制位数是（　　　）。

A. 1000　　　　　B. 8×1000　　　　　C. 1024　　　　　　D. 8×1024

8. 中文编码至少需要（　　　）字节。

A. 1　　　　　　　B. 2　　　　　　　　C. 4　　　　　　　　D. 8

9. 信息伦理失范常见的现象有（　　　）。

A. 信息侵权　　　B. 信息污染　　　　　C. 信息犯罪　　　　　D. 以上都是

10. 下列哪些属于大学生应当遵守的信息伦理（　　　）。

A. 遵守信息法律法规　　　　　　　　B. 批评与抵制不当的信息行为

C. 不损害他人利益　　　　　　　　　D. 以上都是

二、判断题

1. 信息在现代社会中的唯一作用是交流与娱乐。　　　　　　　　　　（　　　）

2. 微型计算机最早出现在第三代计算机中。　　　　　　　　　　　　（　　　）

3. 计算机的体积越大，性能越强。　　　　　　　　　　　　　　　　（　　　）

4. 工作站是巨型机的一种。　　　　　　　　　　　　　　　　　　　（　　　）

5. 计算机可以直接处理二进制数、十六进制数和十进制数。　　　　　（　　　）

6. 计算机存储数据的最小单位是字节。　　　　　　　　　　　　　　（　　　）

7. "A" 的 ASCII 码值为 65，则 "C" 的 ASCII 码值为 67。　　　　　（　　　）

8. 将国标码两个字节的高位 "0" 变为 "1"，其余 7 位不变，即可将汉字的国标码转换为机内码。　　　　　　　　　　　　　　　　　　　　　　　　　　（　　　）

9. 汉字的点阵规模越小，越清晰，越节省空间。　　　　　　　　　　（　　　）

10. 信息伦理的原则是人们在信息社会交往中应当遵守的行为准则。　（　　　）

三、填空题

1. 信息技术主要包括_____、_____、_____、_____。

2. 信息社会的特征包含_____、_____、_____、_____四个方面。

3. 世界上第一台电子计算机是_____，第一台通用电子计算机是_____，第一台使用二进制的通用计算机是_____。

4. 世界上首次提出存储程序计算机体系结构的科学家是_____。

5. 微型计算机所使用的物理元器件是_____。

6. 计算机的主要特点有_____、_____、_____、_____、自动化程度高。

7. 微型计算机中，西文普遍使用的字符编码是_____。

8. 字长为 7 位的二进制数，其十进制数的最大值是_____。

9. 存储一个 24×24 点阵字库中的汉字的字模信息需要_____字节。

10. 信息伦理的特征有_____、_____、_____等。

第 2 章   计算机系统

计算机被称为 20 世纪人类最伟大的科学技术发明之一。从第一台冯·诺依曼计算机诞生到今天，计算机科学技术发生了日新月异的变化，但整个主流体系结构依然采用的是冯·诺依曼体系结构。如今，计算机深刻而彻底地改变着人类的生产、生活方式。从各类高速巨型计算机到小型微型计算机，到智能手机、iPad 以及各类可穿戴的电子设备，计算机的功能和形态已经发生了巨大的变化。

计算机技术是整个信息技术的核心，它贯穿于信息的获取、处理、传输和应用的全过程。本章介绍计算机系统的组成和工作原理，简要介绍微型计算机各主要部件的功能和特点，以及微型计算机的主要性能指标。

本章学习目标

> ➢ 掌握计算机系统的组成，熟悉硬件系统和软件系统的基本作用。
> ➢ 了解计算机指令的概念，掌握计算机基本工作原理。
> ➢ 了解微型计算机的发展过程。
> ➢ 掌握微型计算机系统的组成，熟悉微型计算机硬件系统的主要部件，了解其性能指标及功能特点。

2.1   计算机系统组成

1936 年，英国数学家图灵（A.M.Turing）提出的图灵机，成为现代电子计算机的理论模型。1946 年，冯·诺依曼提出了计算机设计的基本思想，这些基本思想成为后来计算机设计的主流思想。

我们常说的计算机，指的是电子计算机，是一种能够依据编制好的程序指令存储信息，自动高速、精确运行，实现各类任务的电子设备。通常人们所说的计算机其实是指既包含硬件系统又包含软件系统的计算机系统。

一个完整的计算机系统由硬件系统和软件系统两部分组成，如图 2.1 所示。硬件系统是组成计算机系统的各种物理设备的总称，是计算机系统的物质基础。软件系统是为了运用、管理和维护计算机而编制的各种程序、数据和相关文档的总称。软件系统是硬件系统功能的扩充和完善，硬件和软件相辅相成、相互依存，才能使得计算机的功能充分发挥。

2.1.1   计算机硬件系统

从第一台电子数字计算机发明到现在，计算机的制造技术虽然已经发生了日新月异的变化，但就其基本的结构原理，一直沿用着冯·诺依曼计算机体系结构。

在计算机系统中，电子机械和光电元件等组成了各种计算机部件和计算机设备，这些部件和设备依据计算机系统结构的要求又构成一个有机的整体，称为计算机硬件系统。硬件系

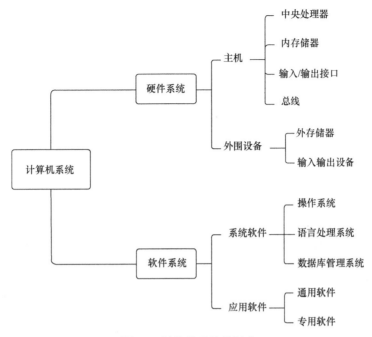

图 2.1　计算机系统的组成

统是整个计算机系统运行的基础，由电子、机械以及光电元件等物理装置组成，是计算机系统中各种设备的总称，是使用者看得见、摸得着的实体。硬件系统是计算机系统快速、可靠、自动工作的基础。

　　计算机硬件就其逻辑功能来说，主要完成信息变换、信息存储、信息传送和信息处理等功能，并为软件系统提供具体实现的基础。根据冯·诺依曼结构的传统框架，计算机硬件系统由运算器、存储器、控制器、输入输出（input/output, I/O）设备五大基本部件构成，其结构示意图如图 2.2 所示。

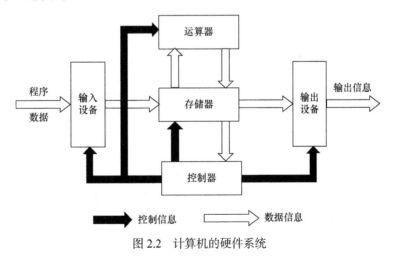

图 2.2　计算机的硬件系统

1. 控制器

　　控制器是整个计算机的指挥控制中心，根据指令的要求，负责按时间的先后顺序向其他各部件发出控制信号，保证机器各部件自动、协调一致地工作。它管理着系统的输入、存储、读取、运算、输出等所有工作。

2. 运算器

运算器是计算机的核心部件，负责对信息进行加工处理。它在控制器的控制下与内存交换信息，并进行各种算术运算和逻辑运算。运算器还具有暂存运算结果和传输数据的功能，它是在控制器的控制下工作。到了第四代计算机，由于半导体工艺的进步，将运算器和控制器集成在一个芯片上，形成中央处理器（central processing unit，CPU）。

3. 存储器

存储器是计算机记忆或暂存数据的部件，它负责存放程序和数据。计算机中的全部信息，包括原始的输入数据、经过初步加工的中间数据以及最后处理完成的有用信息都存放在存储器中。存储器中能够存放的最大数据信息量称为存储器容量。存储器容量的基本单位是字节。存储器中存储的一般是二进制数据。

4. 输入设备

输入设备是向计算机输入数据和信息的设备，用于接收用户输入的原始程序和数据，既可以是数值型数据，也可以是各种非数值型数据，如图形、图像、声音、视频等，输入设备负责将输入的程序和数据转换成计算机能识别的二进制代码送入计算机中。例如，常用的字符输入设备键盘，图形输入设备鼠标器、光笔，图像输入设备摄像机、扫描仪等，输入设备是计算机与用户或其他设备通信的桥梁。

5. 输出设备

输出设备的主要功能是将计算机运算处理后的结果以用户熟悉的信息形式反馈给用户，通常输出形式有数字、字符、图形、图像、视频、声音等类型，负责把信息直观地显示在屏幕上或打印出来，常见的有显示器、打印机、绘图仪、影像输出系统、语音输出系统等。

2.1.2　计算机软件系统

计算机软件是指为方便使用计算机和提高使用效率而组织的程序及数据，以及用于开发、使用和维护计算机的有关文档及数据的集合。软件是用户与硬件之间的接口界面，用户主要通过软件与计算机进行交流。

相对于计算机硬件，计算机软件是计算机无形的部分，是计算机的灵魂。例如，一个人首先要有基本的骨骼架构（相当于计算机的硬件），还要有神经系统、循环系统、消化系统等（相当于计算机的软件），才能称为一个完整的人。软件可以对硬件进行管理、控制和维护。根据用途不同，软件可分为系统软件和应用软件两大类。图 2.3 为计算机系统层次关系图。

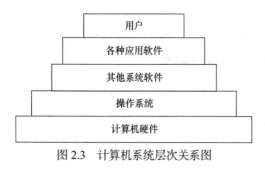

图 2.3　计算机系统层次关系图

1. 系统软件

系统软件是计算机必须具备的支撑软件，负责管理、控制和维护计算机的各种软硬件资源，并为用户提供一个友好的操作界面。系统软件是用户和裸机的接口，主要包括操作系统、语言处理系统、数据库管理系统和系统辅助处理程序等，其核心是操作系统。

1）操作系统

操作系统（operating system，OS）是最基本、最重要的系统软件，是用来管理和控制计算机系统中硬件和软件资源的大型程序，是直接运行在裸机上最基本的系统软件，也是其他软件运行的基础。操作系统负责对计算机系统的全部软硬件及数据资源进行统一控制、调度和管理，其主要作用就是提高系统的资源利用率，提供友好的用户界面，从而使用户能够灵活、方便地使用计算机。目前比较流行的操作系统有 Windows、UNIX、Linux 等。

2）语言处理系统

人与人交流需要语言，人与计算机之间交流同样需要语言。人与计算机之间交流信息使用的语言称为程序设计语言。程序设计语言分为三类：机器语言（machine language）、汇编语言（assembly language）和高级语言（high level programming language）。

机器语言是一种用二进制代码"1"和"0"组成的程序或指令代码，是唯一可以被计算机硬件识别和执行的语言。

汇编语言是一种用符号表示的、面向机器的低级程序设计语言，需经汇编程序翻译成机器语言才能被计算机执行。

高级语言是一种独立于机器的算法语言，是按照一定的"语法规则"，由表达各种意义的词和数学公式组成，接近于人们日常使用的自然语言，高级语言需经翻译程序翻译成目标程序（机器语言）才能被计算机执行，常见的高级语言有 PASCAL、FORTRAN、C++、Python、Java 等。

除机器语言以外，采用其他程序设计语言编写的程序，计算机都不能直接运行，这种程序称为源程序；必须将源程序翻译成等价的机器语言程序（目标程序），才能被计算机识别和执行。将汇编语言程序翻译成目标程序的语言处理程序称为汇编程序，将高级语言程序翻译成目标程序有两种方式——解释方式和编译方式，对应的语言处理程序是解释程序和编译程序。

3）数据库管理系统

数据库管理系统（database management system，DBMS）是指对数据库进行加工、管理的系统软件，其主要功能是建立、删除、查询、维护数据库及对库中数据进行各种操作，从而得到有用的结果，它们通常自带语言进行大量数据的操作，目前，常用的数据库管理系统有 SQL Server、Oracle、MySQL、Sybase 和 Visual FoxPro 等。

4）系统辅助处理程序

系统辅助处理程序是指一些为计算机系统提供服务的工具软件、支撑软件和网络软件等，如编辑程序、调试程序、系统诊断程序和各种网络应用软件等。这些程序主要是为了维护计算机系统的正常运行，方便用户在软件开发和实施过程中的应用。

2. 应用软件

应用软件是用户为解决各种实际问题而编制的计算机应用程序及其有关资料，如微软公司开发的 MS Office 系列、北京金山软件公司开发的 WPS Office 就是针对办公应用的软件。

随着信息技术的普及和 Internet 的飞速发展，计算机应用已深入到每一个行业的各个方面，在日常生活中也得到了深入应用。它们可以用于支持各种教育、娱乐、科学研究等活动，也可以用于支持社会管理、企业管理、医疗健康等领域的人员的工作，以及改善消费者的购物体验等。计算机软件的发展不仅改变了企业、政府、个人的工作方式，还对社会的发展产生了深远的影响。

应用软件是为完成特定的信息处理任务而开发的各类软件，根据服务对象的不同，应用软件通常可分为通用软件和专用软件两大类。

1）通用软件

为了解决某一类问题所开发的软件称为通用软件。通用软件的应用领域非常广，涵盖了生活的方方面面，很多问题都有相应的软件来解决，通常为许多单位、行业和个人应用的程序提供工作框架，如图像和文字处理软件、导航软件、网络软件、游戏软件、企业管理软件、多媒体应用软件、计算机辅助设计（computer aided design，CAD）与计算机辅助制造（computer aided manufacturing，CAM）软件、信息安全软件等。

2）专用软件

专用软件是指专为某些单位和行业的特殊需求开发的软件，是用户为了解决特定的具体问题而开发的，其使用范围限定在某些特定的单位和行业。例如，能自动控制生产过程的软件、火车站或汽车站的票务管理系统、人事管理部门的人事管理系统、财务部门的财务管理系统、单位各种事务性工作集成起来研发的软件等。

随着科学技术的发展，计算机软件的功能也在不断提高和完善，科技工作者不断探索新的应用场景，以期让计算机软件发挥更大的作用，改善人们的生活。未来，计算机软件可以更好地帮助人们解决问题、提高工作效率，并为社会发展带来更多的惊喜。

计算机系统由硬件系统和软件系统组成。硬件是计算机系统的躯体，软件是计算机的灵魂。硬件的性能决定了软件的运行速度，软件决定了计算机系统可进行的工作性质。硬件和软件是相辅相成的，只有将两者有效地结合起来，才能使计算机系统发挥其应有的功能。

中国社交软件 TikTok 走向国际化发展

抖音 App 是由字节跳动孵化的一款音乐创意短视频社交软件。该软件具有内存占比小、运行流畅、使用简单、内容丰富、不受拍摄设备约束和剪辑技术限制等优点，因此该平台于 2016 年 9 月 20 日上线后深受全年龄段用户的关注和喜爱。用户可以通过抖音短视频 App 选择歌曲、拍摄音乐作品分享自己的生活，同时也可以在这里结识到更多朋友，了解各种奇闻趣事。抖音支持政府、媒体、企业、个人等提供的优质内容。当然企业或组织也可以通过抖音媒体的影响力，提升自己在行业内的知名度。目前，抖音中已经有美食、旅行、泛生活、汽车科技、游戏、二次元、娱乐、明星、体育、文化教育、校园、政务、时尚、才艺、财经、随拍、动植物、剧情、亲子、三农、公益等多种内容形式，用户可以随时随地通过手机观看。

抖音在国内市场上线运行一年多时间，经历了多次升级优化，形成了相对领先的技术架构和精细化的推广，于 2017 年 8 月 TikTok（抖音国际版）在多个国家的应用商店同步上线，打破了长久以来西方巨擘 Meta(原脸书，2021 年 10 月更名)等的垄断地位。TikTok 具有更强大的编辑功能和显示效果，和国内版抖音 App 相比，添加了分屏、转场、慢动作等专业编辑功能，在应用设置上增加了近 30 种特效，其竖屏拍摄和浏览更具人性化，满足了用户"以我为中心"的心理需求，专注内容生产，用户可以在 15s 内通过故事性、趣味性、冲突性的情节浓缩呈现，通过沉浸式体验和人性化设计降低视频拍摄的门槛，提升用户使用的趣味性和体验感。

上线后的 TikTok 迅速在多个国家收获良好的市场反馈，仅上线不到一年时间，2018年据苹果和谷歌应用商店下载排名显示，TikTok 在日本、印度、德国、俄罗斯、印尼、泰国、越南、马来西亚、菲律宾、墨西哥、新加坡、韩国、西班牙、土耳其等十余个国家均进入移动应用下载量排名前 10 名的行列。

TikTok 上线仅 5 年时间就成长为世界级 App。目前，TikTok 已成为我国企业推出的国际化程度最高的移动互联网应用产品和社交媒体平台。TikTok 拥有的 75 个语种产品已覆盖全球超过 150 个国家和地区，全球下载量已超过 10 亿人次。随着我国人工智能技术的发展，其具有很大的增长潜力和增长空间。

当前"人工智能+社交"是社交平台发展的主流。抖音在社交媒体领域大放异彩是基于我国人工智能技术在该领域的深度发展。

2.2 计算机工作原理

随着计算机技术的快速发展，计算机的功能越来越强大，应用范围不断扩展，计算机系统也越来越复杂，但其工作原理和组成是大致相同的。计算机的原理主要分为存储程序和程序控制，即"存储程序控制"原理。这一原理最初由冯·诺依曼提出，该原理确立了计算机的基本组成和工作方式，现代计算机的设计与制造仍然保留冯·诺依曼体系结构，因此冯·诺依曼被称为"计算机之父"。

冯·诺依曼计算机具有以下 3 个特点：

（1）计算机包括运算器、控制器、存储器、输入设备和输出设备五大基本部件。

（2）计算机内部采用二进制表示指令和数据。

（3）将编好的指令序列（程序）和数据预先以二进制形式存储在主存储器中，然后计算机在工作时能够高速地自动从存储器中读取数据和指令，并加以分析、处理和执行。

2.2.1 计算机指令

计算机指令，又称指令代码或机器指令，是指挥计算机工作的指示和命令，一个指令规定计算机执行一个基本操作。指令是一个计算机控制器能够识别并执行的最小单位。一种计算机所能识别的一组不同指令的集合，被称为该种计算机的指令集合或指令系统。

程序是完成既定任务的一组指令序列，执行程序的过程就是计算机的工作过程。当计算机要完成某项既定任务时，实际上就是通过执行一连串指令来表达。整个计算机工作过程的实质就是指令的执行过程，因为控制器对各个部件的控制都是通过指令实现的。

2.2.2 计算机指令的执行过程

按照冯·诺依曼"存储程序控制"的思想，当需要计算机完成某项任务时，用户必须根据该任务要求编写相应的程序，然后通过输入设备向控制器发出输入信息的请求，在得到控制器许可的情况下，输入设备把程序和数据送到内存储器中并保存起来。

计算机在运行时就会在控制器的控制协调下，先从内存中取出第一条指令，通过控制器的译码，按指令的要求，从存储器中取出数据进行指定的运算和逻辑操作等加工，再按地址把结果送到内存中。接下来，再取出第二条指令，在控制器的指挥下完成规定操作，如此循环直到组成程序的所有指令全部执行完毕，就完成了程序的运行。计算机一步一步地取出指令，自动地完成指令规定的操作是计算机最基本的工作原理。

指令的顺序执行，即完成程序的执行。工作过程就是不断地取指令和执行指令的过程，随后将计算结果放入指令指定的存储器地址中。最后，在控制器的控制下输出设备把存储器中的运行结果输出，显示为用户容易识别的形式。

2.3　微型计算机系统

微型计算机也就是通常所说的 PC（personal computer），简称"微型机"，俗称电脑，它产生于 20 世纪 70 年代末。

微型计算机系统的基本结构和功能与大、中、小型计算机一样，都沿用了冯·诺依曼体系结构，但微型计算机采用的是超大规模集成电路组件及特定的总线结构，使其不仅体积小、重量轻、价格低，而且操作方便、可靠性高、易于扩充，其普及程度及应用领域非常广。

2.3.1　微型计算机系统的发展

微型计算机系统的主要核心部件是微处理器，因此微处理器的发展就决定了微型计算机系统的发展。通常按照微处理器的字长和典型的微处理器芯片作为划分标志，将微型计算机的发展划分为以下五个阶段。

1. 第一代（1971～1973 年）

1971 年，英特尔（Intel）公司成功研制出 4 位微处理器 Intel 4004，标志着第一代微处理器问世，拉开了微型计算机时代的序幕。随后相继推出的 8 位微处理器 Intel 8008，是这个阶段的典型产品，多用于家电和简单控制场合，如电动打字机、照相机、电视机、台秤、计算器等，使得这些电器设备具有智能化，但系统结构和指令系统比较简单，指令数目较少。

2. 第二代（1974～1977 年）

第二代微处理器始于 1974 年 Intel 公司推出的 8 位微处理器 Intel 8080，是 8 位中高档微处理器时代，典型产品有 Intel 公司的 Intel 8085、摩托罗拉（Motorola）公司的 M6800 及齐洛格（Zilog）公司的 Z80 等。该阶段微处理器指令系统比较完善，集成度和运算速度显著提高。

3. 第三代（1978～1984 年）

第三代微处理器始于 1978 年 Intel 公司推出的 16 位微处理器 Intel 8086，这个阶段典型的微处理器产品有 Intel 公司的 8088、80286，Motorola 公司的 M68000，Zilog 公司的 Z8000 等。该阶段微处理器由于在芯片内部采用了 16 位数据传输，集成度和运算速度都比第二代微处理器提高了一个数量级。这一时期著名的微型计算机产品是 IBM 公司分别于 1981 年推出的个人计算机 IBM-PC 80286 和 1984 年推出的 16 位增强型个人计算机 IBM-PC/AT。

4. 第四代 (1985~2000 年)

第四代微处理器始于 1985 年 Intel 公司推出的 32 位 80386 微处理器。这一阶段典型的微处理器芯片有 Intel 公司的 80386、80486、Pentium、Pentium II、Pentium III、Pentium IV 等，Motorola 公司的 M68030、M68040，AMD 公司的 80386、80486 等。

这一时期微型计算机的功能已经达到甚至超过超级小型计算机，完全可以胜任多任务、多用户的作业。微型计算机的应用扩展到很多领域，如商业办公和计算、工程设计和计算、数据中心、个人娱乐等。微型计算机的发展在网络化、多媒体化和智能化等方面跨上了更高的台阶。

5. 第五代 (2001 年至今)

第五代微处理器始于 2001 年 Intel 公司发布的 64 位安腾 (Itanium) 微处理器。2003 年 4 月，AMD 公司推出了基于 64 位运算的皓龙 (Opteron) 微处理器。2003 年 9 月，AMD 公司的速龙 (Athlon) 微处理器问世，64 位计算机逐渐普及。

微处理器的发展基本遵循了摩尔定律。摩尔定律认为微处理器的性能通常 18~24 个月便能增加一倍。微处理器之后的发展都是在 32 位和 64 位微处理器的基础上，采用更先进的制造工艺，进一步降低微处理器的功耗，以及优化微处理器的电路尺寸和性能。

2.3.2 微型计算机系统的组成

微型计算机系统也由硬件系统和软件系统两部分组成。微型计算机体积小，从硬件结构上看，它的核心是微处理器 (microprocessor)；从外观上看，微型计算机的基本硬件包括主机、显示器、键盘、鼠标。图 2.4 就是台式微型计算机的外观。

如果打开主机箱，将会看到如图 2.5 所示的硬件。主机箱内包括微处理器、主板、内存储器、硬盘、电源和插在主板输入输出总线扩展槽上的各种功能扩展卡。微型计算机还可以包含其他一些外围设备，如打印机、扫描仪等。

图 2.4 台式微型计算机外观　　　　图 2.5 台式微型计算机主机箱内部

现代微型计算机仍是采用冯·诺依曼计算机的体系结构，只是在冯·诺依曼体系结构基础上，做了下面几点改进：

(1) 运算器和控制器组成中央处理器 (CPU)；

(2) 采用了总线结构 (公共通道)，计算机各种功能部件之间通过总线传输信息；

（3）输入输出设备要通过接口与微处理器相连。

现代微型计算机改进后系统集成度高，结构简单易扩充，运算速度和可靠性都有明显提升。

1. 微型计算机硬件系统

微型计算机硬件系统的组成原理如图 2.6 所示，下面按类别对微型计算机系统的主要硬件进行介绍。

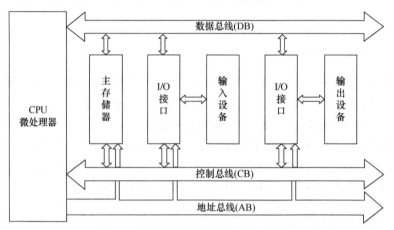

图 2.6　微型计算机硬件系统的组成原理

1）微处理器

微处理器也称为中央处理器（CPU），如图 2.7 所示，它是利用超大规模集成电路技术，把计算机的 CPU 部件集成在一小块芯片上，形成一个独立的部件。微处理器既是计算机的指令中枢，又是系统的最高执行单位。微处理器主要负责执行指令，是微型计算机系统的核心组件，也是影响计算机系统运算速度的重要因素。目前，微处理器的生产厂商主要有 Intel、AMD、威盛（VIA）和龙芯（Loongson）等，市场上主要销售的微处理器产品大多是由 Intel 公司和 AMD 公司生产的。

图 2.7　CPU

CPU 是微型计算机的核心，它的性能决定了整个计算机的性能。

衡量 CPU 性能最重要的指标之一是字长，即 CPU 一次能直接处理的二进制数据的位数。CPU 的字长有 8 位、16 位、32 位和 64 位。字长越长，运算精度越高，处理能力越强。

CPU 的另一个重要性能指标是主频。主频是指 CPU 的工作时钟频率，它在很大程度上决定了 CPU 的运行速度。主频越高，CPU 的运算速度越快。主频通常用 GHz（吉赫兹）表示。

随着制作工艺的发展，CPU 的核心数目也成为衡量 CPU 性能的一个重要指标。多内核是指在一枚处理器中集成两个或多个完整的计算引擎（内核）。多个内核可以有效地提高机器的整体性能。

2）主板

微机的主机及其附属电路都装在一块电路板上，称为主机板，又称主板（main board）或系统板，如图 2.8 所示。主板安装在主机箱内，主板上集成了很多计算机硬件，有控制芯片组、CPU 插槽、基本输入输出系统（basic input/output system，BIOS）芯片、内存条插槽，也集成了一些连接其他部件的接口，如硬盘、通用串行总线（universal serial bus，USB）、总线扩展槽等。主板是与外围设备连接的平台，是微型计算机的主体。

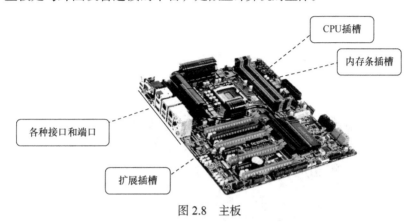

图 2.8　主板

3）总线

总线（bus）是微型计算机各种功能部件之间传送信息的公共通信干线，是模块间传输信息的公共通道，主机的各个部件通过总线相连接，进行各种数据、地址和控制信息的传送，这组公共信号线就称为总线。外围设备通过相应的接口电路与总线相连接，从而形成了微型计算机的硬件系统，因此总线常被比喻为"高速公路"。微型计算机系统的总线按功能可分为数据总线、地址总线和控制总线，分别用来传输数据、地址信息和控制信号。

4）存储器

存储器将输入设备接收到的信息以二进制的数据形式存到存储器中，它的主要功能是存放程序和数据。微型计算机系统中的存储器同样也包括内存储器和外存储器两种。

（1）内存储器。

微型计算机的内存储器是由半导体器件构成的，又称主存。图 2.9 是 DDR5 内存储器，它存储的信息可以被 CPU 直接访问，是计算机中临时存储数据的地方，也是微处理器处理数据的中转站，内存的容量和存取速度直接影响微处理器处理数据的速度。从使用功能上来看，内存储器可以分为随机存储器（random access memory，RAM）、只读存储器（read only memory，ROM）和高速缓冲存储器（cache）。

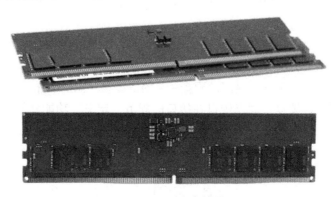

图 2.9　DDR5 内存储器

① RAM。

RAM 的主要特点是既可以从中读出数据，也可以写入数据。它属于短期存储器，具有易失性，即断电后其存储内容将全部消失。

RAM 可分为动态 RAM（dynamic RAM）和静态 RAM（static RAM）两大类。

微型计算机的常用内存是以内存条的形式插在主板上的，图 2.10 所示的主板上有 4 个内存插槽用来安装主板支持的最多 4 个内存条。一台微型计算机所能安装的内存条频率是由主板和 CPU 共同决定的。主板上标注了主板的型号，通过该型号可以获取主板支持的内存参数，防止内存条与主板不兼容。

4个内存插槽

图 2.10　带 4 个内存插槽的主板

② ROM。

ROM 的特点是只能读出原有内容，不能由用户再写入新内容。ROM 中的数据是厂家在生产芯片时以特殊的方式固化在上面的，用户一般不能修改。ROM 一般用来存放系统管理程序，即使断电其数据也不会丢失，如固化在主板上的 BIOS 程序。

③ cache。

cache 为位于 CPU 与内存之间的临时存储器，容量比较小但速度比主存高得多，接近于 CPU 的速度，它在高速的 CPU 和低速的内存之间起到缓冲作用，用来解决 CPU 和内存之间速度不匹配的问题。计算机系统工作时按照一定的方式将 CPU 频繁访问的内存数据存入 cache，当 CPU 要读取这些数据时，则直接从 cache 中读取，加快了 CPU 访问这些数据的速度，进而提高了计算机系统的运行速度。

（2）外存储器。

外存储器简称外存，又称辅助存储器，是指除计算机内存和 CPU 缓存以外的存储器，主要是用磁性材料和光学材料作为存储介质，不依赖于电来保存信息，外存储器不能和 CPU 进行直接的数据交换，只能与内存交换信息。常用的外存储器有硬盘和可移动存储设备。

硬盘是计算机中最大的存储设备，通常用来存放需要长期保存的数据，图 2.11 为机械硬盘。另外，还有一种近几年非常热门的硬盘——固态硬盘（solid state disk，SSD），用固态电子存储芯片阵列制成的硬盘。固态硬盘在接口的规范、定义、功能和使用方法上与普通硬盘完全相同，在产品外形和尺寸上基本与普通硬盘一致，如图 2.12 所示。它的优点是读写速度快、防振抗摔性好、功耗低、无噪声、轻便、工作温度范围大；缺点是价格较昂贵，容量较低，一旦硬件损坏，数据较难恢复，且使用寿命相对较短。

可移动存储设备，包括移动 USB 盘（简称 U 盘，图 2.13）和移动硬盘（图 2.14），是一种高容量的移动存储设备，可以直接与计算机即插即用。这种移动存储设备的优点是可热插拔，读/写速度快，容量大、性能高、便于携带并且价格低廉。

图 2.11　机械硬盘

图 2.12　固态硬盘

图 2.13　U 盘

图 2.14　移动硬盘

5）输入设备

输入设备是向计算机输入数据和信息的设备，是用户和计算机系统之间进行信息交换的装置，将数据、程序、文字符号、图像、声音等信息转换为二进制代码并输送到计算机中。常用的微型计算机输入设备有键盘（图 2.15）、鼠标（图 2.16）、扫描仪（图 2.17）、光笔、游戏杆、触摸屏、摄像头、输入板和语音输入装置等。

图 2.15　键盘

图 2.16　鼠标

图 2.17　扫描仪

6）输出设备

输出设备是将计算机的运算结果或者中间结果打印或显示出来。常用的微型计算机的输出设备有显示器、打印机、绘图仪、传真机、影像输出系统、语音输出系统等。

（1）显示器。

显示器又称监视器，是计算机的主要输出设备，也是人机交互必不可少的设备。目前主要有两种显示器：阴极射线管（cathode ray tube，CRT）显示器（图 2.18）、液晶（liquid crystal display，LCD）显示器（图 2.19）。显示器的分辨率是显示器最重要的性能指标，一般用整个屏幕光栅的列数与行数的乘积来表示，如 1024×768、1680×1050、1920×1080、2560×1600 等，乘积越大，分辨率越高，显示效果越清晰。按照显示的效果，显示器的分辨率分成高、中、低三种。

图 2.18　CRT 显示器

图 2.19　LCD 显示器

（2）打印机。

打印机也是计算机最基本的输出设备之一。它将计算机的处理结果打印在纸上，按输出方式可分为击打式打印机和非击打式打印机。

击打式打印机以针式打印机为主要代表（图 2.20），有 16～24 针等，针数越多，打印效果越好。击打式打印机价格便宜，但速度慢、噪声大。

非击打式打印机以激光打印机和喷墨打印机为主流。

激光打印机打印效果清晰美观、速度快、噪声低，是目前打印速度最快的一种，如图 2.21所示。

喷墨打印机（图 2.22）的基本原理是墨水通过高精度的喷头在强电场的作用下高速地喷射到纸上，形成点阵字符或图像，打印质量较高、体积小、噪声低。喷墨打印机的打印质量比针式打印机要好得多，色调也更加细腻，由于性价比较高，喷墨打印机在办公、家庭中得到广泛的应用。

（3）绘图仪。

绘图仪是能够自动绘制图形的设备，如图 2.23 所示，它可以将计算机的输出信息以图形的形式输出，通常用来绘制各种建筑设计图、管理图表、大地测量图、电路布线图、各种机械图和计算机辅助设计图等。

图 2.20　针式打印机　　图 2.21　激光打印机　　图 2.22　喷墨打印机　　图 2.23　绘图仪

华为国产化芯片发展历程

华为公司创立于 1987 年，是全球领先的信息与通信技术（information and communication technology，ICT）基础设施和智能终端提供商。近几年华为公司作为中国通信行业的佼佼者，其科技领域的强大实力，代表中国高科技产业的发展。随着全球对 5G 网络的需求增加，华为成为全球领先的 5G 设备制造商。华为在 5G 领域的技术直接弯道超车欧美国家以往对通信技术领域的垄断，成为国际上首屈一指的高科技通信企业。2019 年开始，由于外部环境的变化，华为经历了前所未有、全方位的严峻考验，但华为全体员工克服了重重困难与挑战。如今华为开始走集成器件制造（integrated device manufacture，IDM）模式，逐步自研自产芯片，构建国产化芯片生产线。2022 年 11 月 1 日，华为公开了一项世界级的技术突破——全新超导量子芯片专利，这是华为自 2018 年进军量子计算领域以来的又一项重要成果，对于国内芯片产业的发展具有里程碑式的意义。

当前，以 5G、人工智能和云计算等新技术为主导的数字化转型升级加速，面对数字化、智能化成为全球发展主要驱动力的趋势，华为与合作伙伴一起使各行各业数字化转型，推动数字经济发展，致力于 ICT 产业链的全球化，持续为全球供应链的良性发展做贡献。

华为的发展历程让我们更加确信唯有坚持开放合作、风险共担、利益共享，才能充分发挥全球一体化和规模效应带来的高效，才能造就彼此的繁荣与发展。

2. 微型计算机软件系统

通常把只有硬件、没有安装任何软件的计算机称为裸机。普通用户一般面对的是在裸机上配置若干软件后构成的微型计算机系统。

微型计算机软件系统的组成和前面介绍的计算机软件系统一致，在此不做详细介绍。下面仅列出常用的微型计算机软件。

1）操作系统

操作系统用于管理、监控和维护计算机软硬件资源，操作系统是系统软件的核心，用户只有通过操作系统才能完成对计算机的各种操作。微型计算机常用的操作系统有 DOS、Windows、Linux、UNIX 等。

DOS 是 20 世纪 80 年代微软公司为 IBM 的个人计算机开发的操作系统，它是一个单用户单任务的操作系统，通过字符命令来完成单个任务。

Windows 是一种窗口式图形界面的多任务操作系统，弥补了 DOS 的种种不足，它拥有直观、高效的面向对象的图形用户界面，易学易用，界面友好，从 20 世纪 90 年代初开始，Windows 逐步取代了 DOS，成为微机的主流操作系统。

Linux 和 UNIX 是安全性较高的网络操作系统软件，操作系统的源代码是开放的。

2）语言处理程序

计算机语言是人机通信的工具。计算机仅能读懂机器语言，但机器语言的编制繁琐。为此，产生了汇编语言，即将指令的操作码和地址码用易于记忆的助记符来表示。用汇编语言写的源程序须经汇编程序（assembler）翻译成用机器码表示的目标程序（object program）后，机器才能识别和执行。

3）应用软件

应用软件是为满足用户不同领域、不同问题的应用需求，利用各种程序设计语言编制的程序集合。它可以拓宽计算机系统的应用领域，放大硬件的功能。例如，大家熟知的文字处理软件 WPS Word、电子表格软件 Excel、计算机辅助设计软件 CAD、统计软件 SPSS、图形图像处理软件 PhotoShop 等。

计算机软件的发展和更新速度不断提高，应用范围越来越广泛，应用软件也在逐步标准化、模块化，以形成解决各种典型问题的应用程序的组合，即软件包。应用软件包的配置丰富了计算机，从而使微型计算机具有很强的适应性。

4）软件开发环境

这类软件的目的是为应用程序的编写、解释、编译等提供便捷的调试工具和良好的集成环境。

计算机软件开发技术的智能化与网络化是近年来逐渐形成的一个发展方向，很大程度上推动了社会的整体发展。

2.3.3　微型计算机的主要性能指标

从应用的角度讲，人们很少关注微型计算机的硬件结构，更多地注重计算机的性能。微型计算机的性能指标是由它的指令系统、硬件组成、系统结构、软件配置等多方面的因素综合决定的。通常人们通过字长、主频、内存容量、运算速度、软件配置情况、可靠性、可维护性和兼容性以及外设扩展能力等方面来衡量微型计算机的性能。

1. 字长

字长是微处理器一次能够完成的二进制数运算的位数，是衡量微型计算机性能的一个重要指标。字长标志着处理信息的精度，字长越长，运算精度越高，处理能力就越强。目前，个人计算机的字长一般为 32 位或 64 位。

2. 主频

主频是指微型计算机 CPU 的时钟频率。时钟频率是指 CPU 在单位时间（s）内发出的脉冲数，也就是 CPU 运算时的工作频率，通常以吉赫兹（GHz）为单位。主频越高，在相同时间内执行的指令就越多，计算机的运算速度就越快。CPU 主频是决定计算机运算速度的关键指标，一般用户在购买微型计算机时主要根据主频来选择 CPU 芯片。

3. 内存容量

内存容量是指随机存取存储器存储容量的大小，以字节为单位来计算。内存容量越大，所能存储的数据和运行的程序就越多，程序运行速度越快，计算机处理信息的能力也越强。

4. 运算速度

运算速度是微型计算机一项重要的性能指标，用单位时间内执行指令的条数来表示，单位是 MIPS（百万条指令每秒），此外，也常以 CPU 主频衡量计算机的运算速度。主频为 CPU 的额定工作频率，又称内频，一般以 GHz 为单位。主频越高，执行指令的时间越短，运算速度就越快。

5. 软件配置情况

软件的配置是否齐全，直接关系到计算机性能的好坏和效率的高低。

6. 可靠性、可维护性和兼容性

可靠性是一个综合性指标，应由多项指标来综合衡量，一般用平均无故障间隔时间（mean time between failure，MTBF）作为衡量指标。可维护性以平均修复时间（mean time to repair，MTTR）作为衡量指标，其越小越好。兼容性是指各类微型计算机之间在硬件和软件的使用上具有相容性。

7. 外设扩展能力

外设扩展能力主要指计算机系统配接各种外围设备的可能性、灵活性和适应性。一台微型计算机可以配置外围设备的数量以及配置外围设备的类型，会影响整个系统的性能。

除此之外，微型计算机的电源性能、显卡性能、硬盘性能等也是衡量其整机性能的重要指标。

2.4　拓 展 实 训

2.4.1　连接个人计算机的外围设备

请将一台微型计算机的外围设备，即键盘、鼠标、显示器、打印机与主机连接并测试正常运行。

提示：

（1）在此注意键盘和鼠标的连接线插口是 PS/2 接口还是 USB 接口。如果连接线插口是 PS/2 的就要区分主机箱后面连接键盘的 PS/2 插孔是紫色，连接鼠标的 PS/2 插孔是绿色，如果是 USB 接口的键盘和鼠标，其连接方法和其他 USB 设备的连接方法相同。

（2）连接显示器。显示器的数据线一般有三种，分别是视频图形阵列（video graphics array，VGA）连接线、高清多媒体接口（high definition multimedia interface，HDMI）连接线以及数字视频接口（digital visual interface，DVI）连接线，要根据显示器后面的数据端判断需要使用什么数据接口，再观察显示器的视频输入。现如今的显示器一般会采用 HDMI 和 DisplayPort 两种高清接口，如果显示器比较旧，主机箱背面通常会有一个 VGA 或 DVI 端口。将其和主机连接好，开机后设置恰当的屏幕分辨率即可。

（3）连接并安装打印机驱动。打印机与计算机连接，以前有串口、并口打印线连接，现在基本上被 USB 接口代替了。USB 连接线可以热插拔，连接好以后要安装打印驱动方可正常打印。

（4）开机后逐一测试各个设备是否运行正常。

2.4.2　在线模拟组装计算机

为了更好地了解计算机的组成与结构，了解各部件的性能参数，可以注册登录 ZOL 模拟攒机（http://zj.zol.com.cn），如图 2.24 所示，可以使用微信、QQ、新浪微博、百度账号、手机

图 2.24　ZOL 模拟攒机界面

短信登录，或注册账户登录，为自己或朋友选购配置一款满意的微型计算机，选择合适的 CPU、主板、内存、硬盘、显卡、机箱、电源、散热器、显示器、鼠标、键盘、声卡（可选择集成声卡）、网卡（可选择集成网卡）等，即可产生如图 2.25 所示配置清单，发布清单方案后便可浏览如图 2.26 所示的方案实物图。

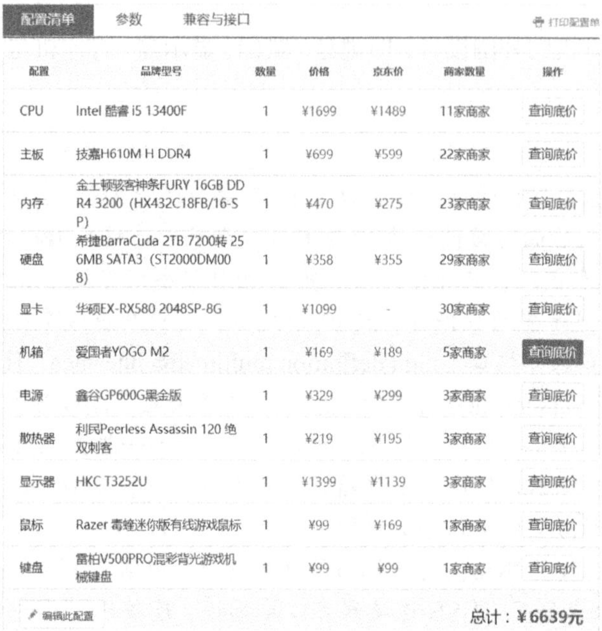

配置清单　参数　兼容与接口　打印配置单

配置	品牌型号	数量	价格	京东价	商家数量	操作
CPU	Intel 酷睿 i5 13400F	1	¥1699	¥1489	11家商家	查询底价
主板	技嘉H610M H DDR4	1	¥699	¥599	22家商家	查询底价
内存	金士顿骇客神条FURY 16GB DDR4 3200（HX432C18FB/16-SP）	1	¥470	¥275	23家商家	查询底价
硬盘	希捷BarraCuda 2TB 7200转 256MB SATA3（ST2000DM008）	1	¥358	¥355	29家商家	查询底价
显卡	华硕EX-RX580 2048SP-8G	1	¥1099	-	30家商家	查询底价
机箱	爱国者YOGO M2	1	¥169	¥189	5家商家	查询底价
电源	鑫谷GP600G黑金版	1	¥329	¥299	3家商家	查询底价
散热器	利民Peerless Assassin 120 绝双刺客	1	¥219	¥195	3家商家	查询底价
显示器	HKC T3252U	1	¥1399	¥1139	3家商家	查询底价
鼠标	Razer 毒蝰迷你版有线游戏鼠标	1	¥99	¥169	1家商家	查询底价
键盘	雷柏V500PRO混彩背光游戏机械键盘	1	¥99	¥99	1家商家	查询底价

编辑此配置　总计：¥6639元

图 2.25　配置清单

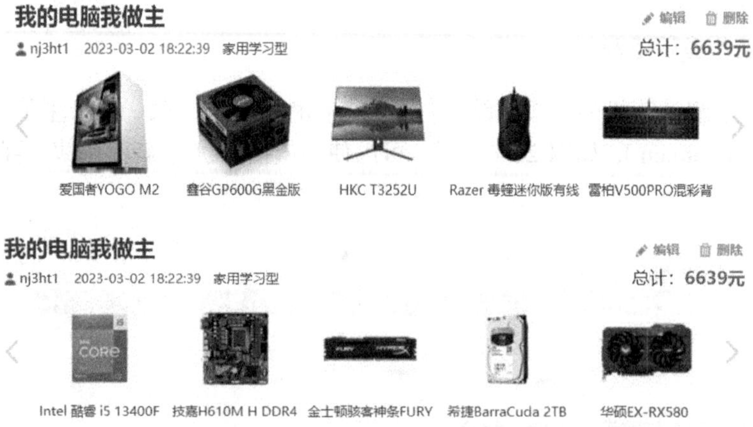

图 2.26　方案实物图

提示：

（1）实际组装计算机是非常讲究的，不能只注重价格，还要全面衡量各个硬件的品牌和性能；

（2）组装计算机不要仅在乎 CPU，还需全面衡量主板、内存、硬盘、网卡、显卡、机箱、电源等性能指标。

习　题

一、单项选择题

1. 冯·诺依曼结构计算机的五大部件是指（　　　）。

A. RAM、运算器、磁盘驱动器、键盘、输入输出接口

B. ROM、控制器、打印机、显示器、键盘

C. 存储器、鼠标器、显示器、键盘、微处理器

D. 运算器、控制器、存储器、输入设备、输出设备

2. 计算机系统中 CPU 是指（　　　）。

A. 内存储器和运算器　　　　　　　　B. 控制器和运算器

C. 输入设备和输出设备　　　　　　　D. 内存储器和控制器

3. 不属于计算机的外存储器的是（　　　）。

A. U 盘　　　　　　B. 硬盘　　　　　　C. RAM　　　　　　D. 光盘

4. 外存与内存有许多不同之处，外存相对于内存来说，以下叙述不正确的是（　　　）。

A. 外存不怕停电，信息可长期保存

B. 外存的容量比内存大得多，甚至可以说是海量的

C. 外存速度慢，内存速度快

D. 内存和外存都是由半导体器件构成的

5. 一台微型计算机的字长为 8 字节，它表示（　　　）。

A. 能处理的字符串最多为 4 个 ASCII 码字符

B. 能处理的数值最大为 4 位十进制数 9999

C. 在 CPU 中运算的结果为 8 的 32 次方

D. 在 CPU 中作为一个整体加以传送处理的二进制代码为 64 位

6. 利用计算机来模仿人的高级思维活动称为（　　　）。

A. 数据处理　　　　B. 自动控制　　　　C. 计算机辅助系统　　　　D. 人工智能

7. 用计算机进行资料检索工作，是属于计算机应用中的（　　　）。

A. 科学计算　　　　B. 数据处理　　　　C. 实时控制　　　　D. 人工智能

8. 微型计算机的性能主要是由（　　　）决定的。

A. 质量　　　　　　B. 控制器　　　　　C. 微处理器　　　　D. 价格性能比

9. 计算机中对数据进行加工与处理的部件，通常称为（　　　）。

A. 运算器　　　　　B. 控制器　　　　　C. 显示器　　　　　D. 存储器

10. 在外围设备中，扫描仪属于计算机的（　　　）设备。

A. 输入　　　　　　B. 输出　　　　　　C. 外存储　　　　　D. 内存储

11. 用 MIPS 为单位来衡量计算机的性能，它指的是计算机的（　　　），指的是每秒处理的百万条的机器语言指令数。

A. 传输速率　　　　B. 运算速度　　　　C. 字长　　　　　　D. 存储器容量

12. "64 位微型计算机"中的 64 是指（　　　）。

A. 微机型号　　　　B. 内存容量　　　　C. 存储单位　　　　D. 机器字长

13. 连到网络上的计算机必须要安装（　　　）硬件。

A. 调制解调器　　　B. 交换机　　　　　　C. 集线器　　　　　　　　D. 网络适配卡

14. 计算机的三类总线中，不包括（　　　）。

A. 控制总线　　　　B. 地址总线　　　　　C. 传输总线　　　　　　　D. 数据总线

15. 下列设备中，（　　　）不是微型计算机的输出设备。

A. 打印机　　　　　B. 显示器　　　　　　C. 绘图仪　　　　　　　　D. 扫描仪

二、判断题

1. 微型计算机技术快速发展，但至今仍遵循冯·诺依曼结构的基本原理。　　　（　　　）

2. 计算机的体积越大，其功能越强。　　　　　　　　　　　　　　　　　　（　　　）

3. 计算机的主机包括 CPU、内存和硬盘三部分。　　　　　　　　　　　　　（　　　）

4. 微机的性能指标中的内存容量是指 RAM 和 ROM 的容量。　　　　　　　（　　　）

5. 操作系统是指软件与硬件的接口。　　　　　　　　　　　　　　　　　　（　　　）

6. U 盘和硬盘上的数据均可由 CPU 直接存取。　　　　　　　　　　　　　　（　　　）

7. 存取周期最短的存储器是硬盘。　　　　　　　　　　　　　　　　　　　（　　　）

8. 在裸机上直接配置应用软件是可运行的。　　　　　　　　　　　　　　　（　　　）

9. 微型计算机的硬件配置要尽量满足机器的可扩充性。　　　　　　　　　　（　　　）

10. 微型计算机的软件和硬件功能有时可以相互替代。　　　　　　　　　　（　　　）

11. 个人计算机属于小型计算机。　　　　　　　　　　　　　　　　　　　（　　　）

12. RAM 中存储的数据在断电后丢失。　　　　　　　　　　　　　　　　　（　　　）

13. 计算机的五大部件通过总线连接形成一个整体。　　　　　　　　　　　（　　　）

14. 某单位开发的人力资源管理系统属于系统软件。　　　　　　　　　　　（　　　）

15. Microsoft Word 属于系统软件。　　　　　　　　　　　　　　　　　　（　　　）

三、填空题

1. 世界上首次提出计算机存储程序体系结构的科学家是＿＿＿＿＿＿＿＿。

2. 完整的计算机系统是由＿＿＿＿＿＿＿＿和＿＿＿＿＿＿＿＿组成的。

3. 计算机能按照人们的意图自动、高速地进行操作，是因为采用了＿＿＿＿＿＿＿＿原理。

4. 人们通常说的计算机的内存容量，指的是＿＿＿＿＿＿＿＿的容量。

5. 计算机软件分为＿＿＿＿＿＿＿＿和＿＿＿＿＿＿＿＿两类。

6. 在微型计算机中，bit 的中文含义是＿＿＿＿＿＿＿＿。

7. 微型计算机的发展是以＿＿＿＿＿＿＿＿的发展为划分特征的。

8. 高级语言编写的源程序，必须由一个＿＿＿＿＿＿＿＿程序，把高级语言源程序翻译成目标程序，然后计算机才能执行。

9. 打印机可以分为针式打印机、＿＿＿＿＿＿＿＿和＿＿＿＿＿＿＿＿三种。

10. ＿＿＿＿＿＿＿＿是唯一可以被计算机硬件识别和执行的语言。

第3章 计算机操作系统

操作系统是计算机中最基本，也是最为重要的基础性系统软件，是管理计算机软硬件资源的一个平台，没有操作系统的计算机无法正常运行。Windows 10 是微软公司研发的跨平台操作系统，应用于计算机和平板电脑等设备，Windows 10 在易用性和安全性方面有了极大的提升。本章以 Windows 10 操作系统的应用为目标，概要介绍有关操作系统的基本知识和操作技巧。

本章学习目标

➤ 了解操作系统的概念、功能以及分类。
➤ 了解 Windows 10 操作系统的基本操作和系统设置。
➤ 掌握 Windows 10 操作系统的文件管理方法。

3.1 操作系统概述

操作系统是一些程序模块的集合，它负责对计算机系统中的各类资源进行集中控制和管理，使整个计算机系统协调、高效地工作。

操作系统是指管理和控制计算机硬件与软件资源的计算机程序，是直接运行在"裸机"上最基本的系统软件，任何其他软件都必须在操作系统的支持下才能运行。

操作系统负责对计算机系统的全部软硬件及数据资源进行统一控制、调度和管理；其主要作用就是提高系统的资源利用率，为用户提供友好的用户界面，从而使用户能够灵活、方便地使用计算机。

3.1.1 操作系统的基本功能

操作系统的功能主要包括处理器管理、存储管理、设备管理、文件管理和作业管理。

1. 处理器管理

中央处理器（CPU）是计算机系统的核心资源，任何计算都必须在 CPU 上进行，它的使用效率影响着整个系统的性能。计算机资源的分配以进程为基本单位，因此处理器的管理又称进程管理。

程序和进程的区别在于，程序是为实现特定目的而用计算机语言编写的一组有序指令；进程是执行起来的程序，是系统进行资源调度和分配的一个独立单位。

处理器管理的核心问题是对 CPU 工作时间的分配，在单 CPU 计算机系统中，当有多个进程请求使用 CPU 时，解决为哪个进程分配处理器就是处理器分配（又称进程调度）。这些策略因系统的设计目标不同而不同，可以按进程的紧迫程度、进程发出请求的先后次序或其他原则来确定处理器的分配原则。

2. 存储管理

存储器是计算机系统中存放各种信息的主要场所，是系统的关键资源之一，存储器能否得到有效使用，会影响整个计算机系统的性能。

操作系统的存储管理主要是对主存的管理，存储管理的主要任务：首先为各个用户作业分配内存空间；其次是保护已占空间的作业不被破坏；最后还要尽可能地共享主存空间，甚至将主存和辅存结合起来，为用户提供一个容量比实际主存大得多的虚拟存储空间，从而方便用户对计算机的使用和操作。

3. 设备管理

外围设备是计算机系统与用户以及其他系统之间信息交流的重要资源，也是系统中最具多样性和变化性的部分。通常外围设备要涉及很多品种和用法的物理设备，因此设备管理最为庞杂和琐碎。

设备管理主要负责管理各类外围设备的分配、启动和故障处理等。设备管理的主要任务是当用户请求某种设备时，应马上予以分配，并根据用户要求驱动外围设备供用户使用。例如，一般情况下，一台机器只连接一台打印机，如果要执行多个打印任务，操作系统就要保证这些打印任务能够按顺序、正确地实施。

4. 文件管理

文件是指操作系统中实现文件统一管理的一组软件和相关数据的集合。文件管理主要涉及文件的逻辑组织和物理组织、目录的结构和管理。操作系统中管理和存取文件信息的部分称为文件系统。文件系统支持文件的建立、存储、检索、调用和修改等操作，目的是解决文件的共享、保密和保护等问题，并通过便捷的用户界面，使用户能实现对文件的按名存取，而不必关心文件在外存中存放的细节。

5. 作业管理

作业是指用户在一次计算过程中或一次事务处理过程中，要求计算机系统所做工作的集合，包括要执行的全部程序模块和需要处理的全部数据。作业管理是为处理器管理做准备的，包括对作业的组织、调度和运行控制。

作业有三种状态：当作业被输入系统的后备存储器中，并建立了作业控制模块时，这种状态称为后备态；作业被作业调度程序选中并为它分配了必要的资源，建立了一组相应的进程时，这种状态称为运行态；作业正常完成或因程序出错等被终止运行时，这种状态称为完成态。

3.1.2　操作系统的分类

操作系统的种类众多，功能也相差较大，各种设备安装的操作系统可从简易到复杂。根据应用领域，可将操作系统分为三种：桌面操作系统、服务器操作系统和嵌入式操作系统。

1. 桌面操作系统

桌面操作系统主要用于个人计算机，个人计算机使用的桌面操作系统主要有 Windows、

Deepin（国产）、Mac OS 等。桌面操作系统中，微软的 Windows 系列最为广大用户所熟知，占据了大部分市场。

2. 服务器操作系统

服务器操作系统一般指安装在大型计算机上的操作系统，如 Web 服务器、应用服务器和数据库服务器等。服务器操作系统主要有管理、配置、稳定和安全等功能，在网络中处于核心部位。目前，服务器操作系统主要有 UNIX、Linux、Windows Server 和 Netware 等。

3. 嵌入式操作系统

嵌入式操作系统被广泛应用在生活的各个方面，涵盖范围从便携设备到大型固定设施，如数码相机、手机、平板电脑、家用电器、医疗设备、交通灯、航空电子设备和工厂控制设备等，还有越来越多的嵌入式系统安装有实时操作系统。嵌入式操作系统则负责嵌入式系统的全部软件/硬件资源的分配、任务调度、控制、协调系统等活动。

在嵌入式领域，常用的操作系统有嵌入式 Linux、Windows Embedded、VxWorks 等，以及广泛使用在智能手机或平板电脑等电子产品的操作系统，如 Android、iOS、Symbian、BlackBerry OS、鸿蒙系统（Harmony OS）等。

国产操作系统与国家信息安全

随着人工智能、大数据、5G 等新兴技术的发展，广大用户在体验到信息技术的巨大便利的同时，也不得不面对日益增加的信息安全威胁。网络犯罪已成为危害我国国家政治安全、网络安全、社会安全、经济安全等的重要风险之一。

操作系统被认为是计算机的"灵魂"。操作系统的安全是网络信息安全的基础，所有的信息化应用和安全措施都依赖操作系统提供底层的支撑。长期以来，我国广泛应用的主流操作系统都是进口产品，中国的操作系统起步较晚，大部分计算机依赖于进口操作系统，安全性不能得到保障，长此以往，会对我国国家安全与经济社会安全造成巨大威胁。2014 年，美国微软公司停止了对 Windows XP SP3 操作系统提供服务支持，引发全社会对信息安全的担忧。而 2020 年 Windows 7 服务支持的终止又一次成为推动国产操作系统发展的契机。

国产操作系统主要是以 Linux 为基础二次开发的操作系统。历经近 20 年研发，大浪淘沙，国产操作系统已经在诸多领域取得了长足的进步，无论在产品的功能性、稳定性、兼容性还是在单一产品的性能上都有了质的飞跃。目前性能比较稳定的国产操作系统有深度（Deepin）、统信（UOS）和中标麒麟等系统。其中 UOS 系统的用户群体主要为政府机构、事业单位、国企等，其致力于为用户提供更安全、可靠的使用环境；它支持纯国产 CPU（龙芯 3A5000），与非国产系统相比，如 Windows，硬件兼容和软件生态方面的差距正在不断缩小。然而，工具软件生产商的软件适配带来的技术难点，以及国产计算平台的资源稀缺、技术服务获得难、开发者少等生态发展方面的问题，使得众多国产操作系统发展之路任重而道远。

国产操作系统替代进口操作系统绝非一朝一夕之举，需要企业厂商、行业从业者、科研学者等一众砥砺前行，探索实践，打造新时代、新场景、新需求下的安全操作系统，建设我国自主的信息技术生态服务体系，使之成为保障国家安全和国民经济发展的重要支撑。

3.2　Windows 10 基本操作

3.2.1　Windows 10 简介

微软公司开发的 Windows 10 是一个具有图形用户界面的单用户多任务操作系统。Windows 被称为"视窗操作系统"，其第一个版本发行于 1985 年，时至今日，Windows 已经占据世界个人计算机操作系统的垄断地位。

2015 年，微软公司发布了 Windows 10，该版本目前应用最为广泛。作为新一代跨平台及设备应用的操作系统，Windows 10 由于操作简单、界面友好，被广泛应用于台式机和平板电脑等设备。较以前的版本，Windows 10 在易用性和安全性方面有了极大的提升，除了针对云服务、智能移动设备和自然人机交互等新技术进行融合，它还对固态硬盘、生物识别和高分辨率屏幕等硬件进行了优化完善与支持。

Windows 10 融合了个人计算机、平板电脑和智能手机三大平台，包括家庭版（Home）、专业版（Professional）、企业版（Enterprise）、教育版（Education）、移动版（Mobile）、企业移动版（Mobile Enterprise）和物联网核心版（IoT Core）等七个版本。家庭版能够满足大部分消费者和个人计算机用户需求，适合个人或家庭计算机用户。企业版则要满足商务场合的复杂需求，是各个版本中功能最多的一个。

3.2.2　Windows 10 桌面

Windows 10 系统启动之后，用户看到的界面就是 Windows 10 桌面，用户对计算机的控制都是通过桌面来实现的。在布局上，Windows 10 桌面依旧延续了 Windows 7 风格，但外观与色调迥然不同。Windows 10 桌面包括桌面图标、桌面背景、任务栏和"开始"按钮等组成元素，如图 3.1 所示。

图 3.1　Windows 10 桌面组成

1. 桌面图标

桌面图标是带有文字性说明且具有执行性的计算机图形。将鼠标指针移动到图标上，将出现文件或程序的名称、内容、时间和位置等文字信息。桌面图标主要包括系统图标、快捷图标和文件/文件夹图标。

1）系统图标

系统图标是指对应系统程序、系统文件或文件夹的图标，包括【此电脑】、【回收站】、【控制面板】和用户文件夹等图标。常用系统图标的功能如表 3.1 所示。

表 3.1　常用系统图标的功能

名称	功能
此电脑	用户访问计算机资源的一个入口，双击该图标，可以打开 Windows 10 的资源管理器程序。通过它来访问硬盘、光盘、可移动硬盘以及连接到计算机的其他设备
回收站	Windows 10 自动生成的硬盘中的特殊文件夹，存放被删除的文件或文件夹。若有需要，可还原误删的文件
控制面板	可以进行系统设置和设备管理，用户可以根据自己的喜好，设置 Windows 外观、语言、时间和网络属性等，还可以进行添加或删除程序、查看硬件设备等操作
用户文件夹	Windows 10 会自动为每个用户账户建立文件夹，根据当前登录的用户账户名称来命名，该文件夹含有"视频""图片""文档""联系人"等子文件夹，可用来存放用户日常使用的文件

2）快捷图标

快捷图标是一个指向文件或文件夹的链接，快捷图标的左下角有箭头标识，用户双击快捷图标即可打开其指向的对象，可以根据自己的需要在桌面上或其他文件夹中新建快捷图标，删掉快捷图标不会影响其指向的对象。注意：当路径指向的对象更名、被删除或更改位置时，该快捷图标便不能正常使用了。

3）文件/文件夹图标

文件/文件夹图标是指用户保存在桌面的文件或文件夹。用户可以根据工作需要，在桌面上显示或隐藏系统图标。显示或隐藏系统图标的方法是：在桌面的空白处右击，在弹出的快捷菜单中选择【个性化】命令，在打开的【设置】窗口中选择【主题】，选择【桌面图标设置】，然后在打开的【桌面图标设置】对话框中选择显示或隐藏图标。

2. 任务栏

任务栏是指桌面背景底部的一条狭窄条带。任务栏一般由七个区域组成，从左到右依次为"'开始'按钮""搜索框""任务视图""快速启动区""活动任务区""系统通知区域""显示桌面"，如图 3.2 所示。在任务栏没有锁定的条件下，用户可以将任务栏拖拽至屏幕四个边的任意一边。任务栏的主要组成及其功能如表 3.2 所示。

图 3.2　任务栏的主要组成部分

表 3.2　任务栏主要组成及其功能

名称	功能
任务视图	能够以日期为时间线节点，将所有打开的应用程序界面以预览窗口的形式全部展示出来，并可点选预览缩略图快速切换应用

续表

名称	功能
快速启动区	放置经常访问的程序和文件夹，鼠标单击即可打开运行。用户可以右击桌面上某个图标，或是任务栏上已经打开的程序者文件夹，然后选择【固定到任务栏】命令，就可以将常用的对象添加至该区域。即便该程序关闭，程序按钮也会一直显示在任务栏上，用类似的方法可取消"固定显示"
活动任务区	显示所有启动成功的应用程序、文件夹和文件。系统为节省任务栏空间，同类文档启动后，在"活动任务区"仅显示一个图标。同理，"快速启动区"已经显示的图标，启动对应的程序或文件夹时，其图标则不会重复出现在"活动任务区"中
系统通知区域	包括时间、音量等系统图标和在后台运行的程序图标
显示桌面	该按钮在任务栏的右侧，是呈半透明状的区域，当鼠标停留在该按钮上时，按钮变亮，所有打开的窗口透明化，鼠标离开后即恢复原状

在任务栏空白区域处右击，然后选择快捷菜单中的【任务栏设置】命令，在打开的任务栏设置窗口中，可以设定任务栏各类功能按钮的显示方式，如图 3.3 所示。

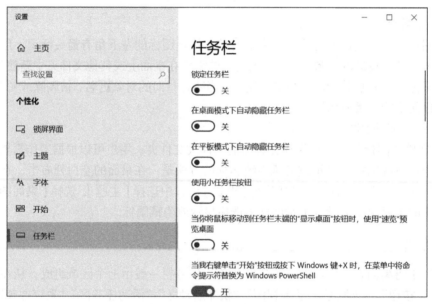

图 3.3　"任务栏"显示方式设置

相比以前版本，Windows 10 任务栏还新增了【与 Cortana 交流】、【任务视图】、【人脉】、【Windows Ink 工作区】和【触摸键盘】。用户可以根据个人使用习惯，在"任务栏"空白处右击，弹出任务栏设置快捷菜单，选择或取消这些功能按钮选项前面的勾选状态，任务栏即可显示或隐藏这些功能按钮。

3. "开始"按钮

"开始"按钮位于桌面的左下角、任务栏的最左端，鼠标单击"开始"按钮，或是按键盘上的 Win 键，或是按【Ctrl+Esc】组合键，窗口左下角即可展开一个矩形区域，该区域被称为"开始"屏幕。"开始"屏幕由"开始"菜单和动态磁贴面板两部分组成，如图 3.4 所示。

图 3.4　"开始"屏幕

1）"开始"菜单

"开始"菜单位于"开始"屏幕的左侧窗格，它显示了系统中安装的所有程序，这些程序以名称的首字母进行分类排序。"开始"菜单窗格的左下侧是固定程序区域，这里纵向显示常用的操作项目，如图 3.4 所示。这个区域至少要显示【用户名】和【电源】两个选项，【用户名】用于更改用户设置、锁定及注销账户。【电源】选项用于设置睡眠、重启及关机等操作。

向"固定程序区域"添加其他文件夹的方法：右击"任务栏"空白处，在弹出的快捷菜单中选择【任务栏设置】，即可打开"开始"菜单设置窗口，在左侧列表中选择【开始】，再单击【选择哪些文件夹显示在"开始"菜单上】命令，在弹出的设置窗口中勾选，所选择的相关项目就会添加到【电源】按钮的上方，如图 3.5 所示。

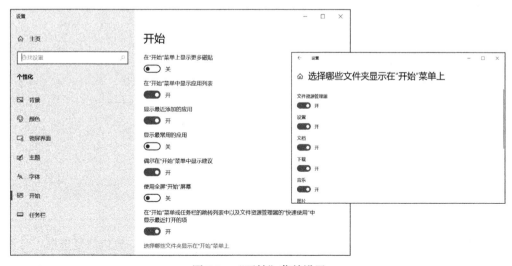

图 3.5　"开始"菜单设置

2）动态磁贴面板

动态磁贴面板位于"开始"屏幕的右侧窗格，磁贴对应各种应用程序，每个磁贴既有图片又有文字，并以动态效果展开或折叠，如图 3.4 所示。根据具体需要，用户可以对磁贴进行添加、删除或分组管理等。

如果要增加磁贴，只需在"开始"菜单中右击相应的对象，然后在弹出的快捷菜单中选择【固定到"开始"屏幕】，对应的磁贴就会添加到动态磁贴面板中。如果要删除某个磁贴，右击该磁贴，在快捷菜单中选择【从"开始"屏幕取消固定】即可。

用户还可将磁贴进行分组管理，使磁贴的显示更为整齐。新增磁贴分组的方法：单击鼠标将一个磁贴拖拽到另一个磁贴上，当后者变大时，松开鼠标，两个磁贴就可以合并创建成为一个新的分组，后续也可以将其他磁贴移至现有的分组中，这与手机屏幕图标的分组相似。

删除分组的方法：右击分组磁贴，在弹出的快捷菜单中选择【从"开始"菜单中取消固定文件夹】，分组以及组内的磁贴就会一起删除。

3.2.3　Windows 10 窗口

窗口是 Windows 操作环境中最基本的操作对象。当用户打开文件、文件夹或启动某个程序时，这些对象都会以一个矩形区域的形式显示在屏幕上，这就是窗口。Windows 10 窗口可以分为三种类型：应用程序窗口、文件夹窗口和对话框窗口。

1. 窗口的组成

应用程序和文件夹的窗口较为相似，此类窗口显示的是应用程序或文件夹运行时的工作界面。以【此电脑】文件夹窗口为例，双击【此电脑】图标，就可以看到该窗口的视图，窗口的界面组成如图 3.6 所示。

图 3.6　窗口的组成部分

对话框是用户与系统对话和交换信息的场所，对话框的工作区一般包括复选框、列表框、下拉式列表框、文本框、选项卡和命令按钮等操作元素。当然不同的对话框所包含的元素和元素的数量都不尽相同，这就造成了对话框的多样性。

用户在对话框中和系统交换信息，以实现相关功能，图 3.7 显示的是 Word 2010 中【字体】对话框的界面组成情况。用户可以使用鼠标操作，也可以通过按 Tab 键或者【Shift+Tab】组合键，在对话框中顺序选择不同的选项，最终通过单击【确定】或【取消】按钮来执行或取消相关操作。

图 3.7　对话框的组成

2. 窗口的基本操作

窗口的基本操作主要有打开和关闭窗口、调整窗口大小、移动窗口、排列窗口和切换窗口等。用户可以用鼠标或者键盘对窗口进行最大化、最小化、关闭、移动和切换等操作。

1）最小化、最大化（恢复）和关闭窗口

双击【此电脑】图标，打开【此电脑】窗口。窗口的右上方分别是最小化、最大化（恢复）和关闭三个操作按钮，单击可执行相应命令，还可按【Alt+F4】组合键来关闭窗口。

2）移动及自由调节窗口大小

用户通常为了进行多窗口的操作，需要改变窗口的位置和大小，只需将光标移至窗口上方标题栏的空白处，长按鼠标左键，拖拽标题栏将窗口拖至任意位置。还可将光标移至窗口边缘，鼠标指针变成双向箭头，然后按鼠标左键，拖向任意方向延伸或收缩，调整窗口至合适大小。

对话框是一种特殊的窗口，与其他类别的窗口相比，相同之处是都有标题栏和关闭按钮，可以移动和关闭；不同之处是对话框的大小固定不变，或者有最小限制。

3）切换活动窗口

在 Windows 10 中，多个窗口可以同时打开，显示在最前面、当前被操作的窗口是活动窗口。切换活动窗口的方法有多种，如单击任务栏处的窗口缩略图标，或按【Alt+Tab】组合键在各个窗口之间进行轮流切换。用户也可以按【Win+Tab】组合键，进入任务视图显示方式，选择和打开其他任意窗口。

3.2.4　Windows 10 菜单

Windows 10 菜单是将命令用列表的形式组织起来，当用户需要执行某种操作时，只要从中选择对应的命令项即可进行操作。

Windows 10 设有"开始"菜单、右键快捷菜单、应用程序菜单（下拉菜单）和窗口控制菜单等四类菜单，这些不同类别的菜单包含了大量颇具针对性的操作内容，能够为用户提供非常便捷的操作途径。

用户单击窗口的"菜单名"即可弹出下拉菜单；右击对象即可弹出快捷菜单；单击窗口左上角的控制菜单按钮或按【Alt+Space】组合键即可弹出控制菜单。"开始"菜单前面已经详细介绍，这里不再赘述。

在菜单中常常显示一些标记符号，表 3.3 列出的是这些符号的名称及其含义。

表 3.3　菜单命令中的常见符号及其含义

名称	含义
灰色命令	表示在当前状态下不能使用
命令后的组合键	表示可以直接使用该组合键执行命令
命令后的">"	表示该命令有下一层子菜单
命令后的"..."	表示执行该命令会弹出对话框
命令前的"√"	表示此命令有两种状态：已执行和未执行。有"√"标识，表示此命令已执行；反之为未执行
命令前的"●"	表示一组命令中，有"●"标识的命令当前被选中

图 3.8　剪贴板历史记录

3.2.5　Windows 10 剪贴板

剪贴板是内存中的一块区域，是 Windows 10 内置的工具，能够在各种应用程序之间传递和共享来自拷屏、剪切或复制的信息，剪贴板中能够存放多种类别的信息，如文字、图形、视频等。

Windows 10 剪切板一次性能保存 25 条不同类型的信息，保存在剪贴板上的信息，只有再剪贴或复制另外的信息、停电、退出 Windows 10 或有意清除时，才能被更新或清除。默认情况下，用户可以对最后一条信息进行一次或多次粘贴操作。如果用户需要粘贴其他历史信息，可以按【Win+V】组合键打开剪贴板窗口，查看剪贴板的历史记录，单击选择其中一条历史信息，即可完成粘贴操作，剪贴板窗口如图 3.8 所示。

3.2.6 Windows 10 任务视图和虚拟桌面

任务视图与虚拟桌面是 Windows 10 中新增的功能，二者突破了老版本单一桌面的局限，为用户的日常操作提供更多虚拟空间，方便用户以模块化的方式管理文件，从而为提高工作条理性和效率创造了条件。

1. 任务视图

任务视图可将所有打开的应用程序界面以预览窗口的形式全部展示出来，并可点选预览缩略图快速切换窗口。

用户只要按【Win+Tab】组合键就可调出任务视图，如果使用具有触摸功能的笔记本电脑，则从屏幕左侧边缘向右轻划，即可打开任务视图（屏幕分辨率至少要 1024×768），这一点与手机终端调出全部任务窗口的方式类似。

任务视图是老版本的"任务切换"或【Alt+Tab】组合键功能的延伸和扩展。事实上 Windows 10 允许任务切换和任务视图并存，并且这两个功能相互补充。二者使用上的区别是：使用"任务切换"只能在当前打开的应用窗口之间进行切换，而任务视图可以在多个窗口中进行选择性打开，相比之下，后者更加灵活。

此外，任务视图能够以时间线为顺序保留历史操作记录，如果笔记本电脑具有触摸屏功能，用户上下滑动手指就可以选择要操作的任务，手指轻触即可快速进入指定应用或者关闭某个应用。这种模块化和时间线的方式确实为用户提供了便利，丰富了使用体验感。

2. 虚拟桌面

Windows 10 虚拟桌面是指可以虚拟出多个桌面，让同一个工作模块运行的程序放在一个桌面，其他工作模块的程序放在其他桌面。拓展出来的多个虚拟界面，第一能够解决现代办公环境下更多程序运行导致的任务栏空间不足的问题；第二能针对很多工作需要进行并行处理，能帮助用户对已打开的任务窗口进行模块化和分组式管理提供技术支持。

对虚拟桌面可以进行查看、更名和删除操作，具体操作方法是：按【Win+Tab】组合键，进入虚拟桌面显示方式下，首先看到的是第一个虚拟桌面，画面靠上部分是多个桌面的缩略方框，一个任务视图对应一个虚拟桌面，最后一个方框中间出现"+"字样，单击该方框，即可添加一个虚拟桌面；虚拟桌面的默认名称为"桌面数字"，单击"桌面数字"，即可修改虚拟桌面的名称；单击"×"，可以删除该虚拟桌面。

用户还可以在虚拟桌面之间移动应用窗口，实现重新分配窗口。例如，将第一个虚拟桌面的窗口移至新增的桌面，具体操作方法是：切换回第一个桌面，右击第一个任务的缩略图，在弹出的快捷菜单中选择【移动到】|【新建桌面】命令，即可将该任务窗口移动到新增的虚拟桌面中。

3.3 Windows 10 基本设置

为了满足用户日常的工作需求，操作系统要为用户提供良好的交互界面，还要为用户提供方便的系统管理工具。在 Windows 10 环境下，用户可以采用两种途径进行系统设置：第一种是【设置】窗口；第二种是"控制面板"。相比较而言，"控制面板"的设置内容更具细节化，用户可以直接管理账户、添加/删除程序、设置系统属性、设置系统日期/时间，以及安装、管理和设置硬件设备等。

3.3.1 启动"控制面板"

启动"控制面板"的方法通常有两种。

方法一：单击"开始"按钮，在"开始"菜单的左下侧区域中单击【设置】命令，打开【设置】窗口，在该窗口的搜索框中输入"控制面板"按 Enter 键即可打开控制面板。

方法二：单击"开始"按钮，在"开始"菜单中选择【Windows 系统】|【控制面板】命令，即可看到【控制面板】视图，如图 3.9 所示。

图 3.9　【控制面板】视图

3.3.2 安装/卸载应用程序

用户如果要安装应用程序，首先要下载应用程序，在安装包中找到安装文件，一般为"Setup.exe"或"Install.exe"。用户双击和运行安装文件，根据安装向导即可完成。

如果需要卸载计算机已有的应用程序，切记不能直接删除该程序的安装文件夹，正确的方法是：打开【控制面板】|【程序】|【程序和功能】。在【程序和功能】窗口中，用户可以浏览系统已经安装的程序列表，右击要删除的程序，在弹出的快捷菜单中选择【卸载/更改】即可。

3.3.3 个性化外观

个性化外观是指对系统桌面以及各个操作元素的外观，如背景、颜色、锁屏界面、主题、字体、开始菜单和任务栏等方面进行个性化设置，使得系统界面更符合个人需要，操作上更具便捷性。

个性化外观设置的操作方法：用户使用【Win+I】组合键，在打开的【设置】窗口中单击【个性化】项目组图标，进入个性化设置页面，在该页面中可进行相应设置。"开始"菜单和"任务栏"的个性化设置已经在前文进行详述，这里不再赘述。

1. 背景设置

桌面背景，又称壁纸。设置桌面背景的具体操作方法是：单击"开始"菜单中的【设置】

命令，在打开的【设置】窗口中单击【个性化】图标，进入个性化设置页面，在左侧选择【背景】选项，在右侧窗格选择背景图片，如选择【幻灯片放映】，还要选择合适的图片更换方式、图片切换频率等，最终完成桌面背景的设置，如图 3.10 所示。

图 3.10　个性化设置窗口

2. 颜色设置

颜色设置是指对组成桌面的窗口、菜单等元素的相关位置进行颜色更改。用户可以通过主题设置进行统一化的颜色设置，这里讲的是用户自己选择颜色来设置，其具体操作方法是：进入个性化设置页面，单击左侧窗格的【颜色】，在右侧窗格选择深色、浅色或自定义颜色，窗口、菜单等操作元素相关位置的颜色即可改变，单击后等待几秒延迟即可生效。

3. 桌面主题设置

桌面主题是背景、字体、颜色、声音和其他窗口元素的预定义的集合，它可使用户的桌面设置具有统一风格。Windows 10 提供了多种风格的主题，设置主题的方法是：进入个性化设置页面，在左侧窗格单击【主题】，右侧窗格中选择性单击【更改主题】下方的缩略图，然后等待几秒延迟之后即可生效。

4. 锁屏界面设置

锁屏设置的目的是保护显示器。屏幕保护主要有三个作用：保护显示器、保护个人隐私、省电。设置锁屏界面的具体操作步骤如下：进入个性化设置页面，左侧单击【锁屏界面】，右侧窗格就会显示锁屏界面的设置方式，单击【屏幕保护程序设置】链接，即可打开【屏幕保护程序设置】对话框，在【屏幕保护程序】下拉列表中选择适合的保护程序，并在【等待】中设置屏幕保护的启动时间。

3.3.4　账户设置

Windows 10 系统创建新账户通常有两种方式：一种是不需要登录的用户账户创建，另一种是用电子邮件（电话号码）来创建用户。两者的主要区别：后者的数据和一些信息不能同步，两者在其他方面的使用效果完全一样。账户设置需要在联网情况下进行。

1. 新建账户

本书介绍（不需要邮件或电话号码）创建用户的方法，具体操作步骤如下：

（1）打开"开始"菜单，选择【设置】命令，在打开的【设置】窗口中单击【帐户】[①]项目组图标，即可打开账户设置面板。

（2）在账户设置窗口中依次单击【家庭和其他用户】【将其他人添加到这台电脑】。接下来单击【我没有这个人的登录信息】，进入下一步。浏览须知，根据实际情况，选择性单击【同意并继续】按钮。进入【创建帐户】对话框。

（3）在【创建帐户】对话框中单击【添加一个没有 Microsoft 帐户的用户】。单击下一步，在弹出的账户信息窗口中，输入用户名和密码，然后输入如果忘记密码时所需要提示的信息，单击下一步，即可完成账户添加。用户在登录 Windows 10 界面时可以看到该账户的名称，选择登录、输入密码即可进入该账户的系统空间。

2. 更改用户登录方式

用户当然可以根据需要，定期更改登录方式、账户图片和账户类型，创建账户密码、更改账户密码和删除账户，以及设置家长控制等，具体方法：在【设置】窗口中单击【帐户】图标，进入账户设置面板，在左侧窗格单击【登录选项】，然后在右侧窗格进行指纹、人脸和密码等登录设置。

3.3.5　时间和语言设置

Windows 10 的时间和语言设置包括时间和日期、语言、区域以及语音设置。用户可以根据工作和操作习惯，进行相关设置，具体操作方法是：右击任务栏最右端的时间日期显示区域，在弹出的快捷菜单中单击【调整日期/时间】，即可打开日期和时间设置窗口，用户在日期和时间设置窗口中完成相关设置。

注意：如果要更改时间和日期，则要在日期和时间设置窗口的右侧窗格先关闭【自动设置时间】，然后单击【更改】按钮，在弹出的【更改日期和时间】对话框中完成对系统时间的重新设置。

3.3.6　打印机和输入法设置

在 Windows 10 系统下安装打印机，可以使用控制面板的"添加打印机向导"，指引用户按照步骤来安装合适的打印机。用户可以通过光盘和互联网下载获得驱动程序，还可使用 Windows 10 系统自带的相应型号的打印机驱动程序来安装打印机，具体步骤如下。

（1）关闭计算机，通过数据线将计算机与打印机连接起来。

（2）打开【控制面板】窗口，单击【设备和打印机】项目组。

（3）打开【设备和打印机】窗口，单击【添加打印机】按钮，依照弹出的【添加设备】对

---

① 注：应为"账户"，但为了与界面保持一致，故保留"帐户"。

话框的提示完成打印机的安装。

3.3.7　磁盘维护

Windows 10 的磁盘维护工具主要包括磁盘清理、磁盘扫描和磁盘碎片整理。磁盘维护的功能是提高磁盘存取速度，优化磁盘文件存储，获得更多磁盘可用空间。

1. 磁盘清理

磁盘清理的作用是清理磁盘上的临时文件和垃圾文件，以释放磁盘空间。具体操作方法是：打开【控制面板】，单击其中的【管理工具】图标，在【管理工具】窗口的右侧窗格中双击【磁盘清理】，弹出备选的驱动器，选择要清理的驱动器，单击【确定】按钮即可启动磁盘清理。

2. 碎片整理和优化驱动器

磁盘的碎片整理和优化，就是对计算机磁盘在长期使用过程中产生的文件碎片进行重新整理，这样做可提高计算机的整体性能和运行速度。

碎片整理和优化驱动器的操作方法：打开【控制面板】，单击其中的【管理工具】，打开【管理工具】窗口，在其右侧窗格中双击【碎片整理和优化驱动器】，即可弹出如图 3.11 所示的【优化驱动器】窗口，选择其中一个驱动器，单击【优化】按钮即可进行快速优化，也可以单击【更改设置】，对磁盘进行定期的碎片整理和优化操作。

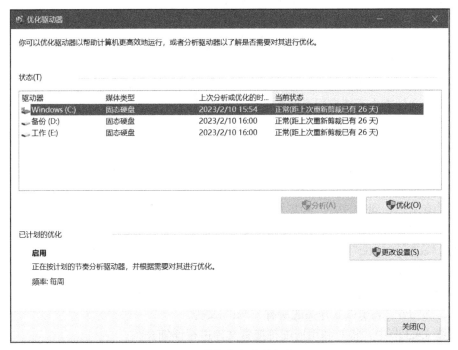

图 3.11　【优化驱动器】窗口

用户还可以直接打开【此电脑】，右击任何一个磁盘（C 盘、D 盘等），在弹出的快捷菜单中选择【属性】命令，在打开的【属性】对话框中选择【工具】选项卡，单击【优化】即可开启磁盘优化。建议普通用户 1 个月整理一次，商业用户以及服务器半个月整理 1 次。

3. 扫描修复

磁盘扫描修复的主要功能是扫描磁盘上的文件，以确保文件的完整性和可用性。具体操作方法：打开【此电脑】，右击任何一个盘（C 盘、D 盘等），在弹出的快捷菜单中选择【属性】命令，打开【属性】对话框，然后选择【工具】选项卡，单击【检查】按钮，在弹出的对话框中单击【扫描驱动器】，即可启动修复。

3.4　Windows 10 系统的文件管理

3.4.1　认识文件与文件夹

文件是一组相关信息的集合，是数据组织的最小单位。计算机中所有的信息（包括文字、数字、图形、图像、声音和视频等）都是以文件形式存放的。

1. 文件的命名

每个文件都有文件名，文件名是文件的唯一标记，是存取文件的依据。

1）文件的命名规则

（1）文件的全名由文件名与扩展名组成。文件名与扩展名用符号"."分隔。例如，在文件名"教案 3-1.docx"里，"教案 3-1"是文件名，"docx"是扩展名，表示 Word 文档类别。

（2）文件名可以使用汉字、西文字符、数字和部分符号。

（3）文件名中不能包含以下符号：\、/、"、？、*、<、>、:、|。

（4）文件名中的字符可以使用大小写，但不能利用大小写区分文件，如"ABC.TXT"与"Abc.txt"被认为是同名文件。

（5）文件名可以使用的最多字符数量为 256 个西文字符或 128 个汉字。

（6）同一文件夹内不能有同名的文件或文件夹。

（7）文件夹与文件的命名规则相同，但文件夹不需要扩展名。

2）通配符

通配符是用在文件名中表示一个或一组文件名的符号。查找文件或文件夹时，可以使用通配符代替一个或多个不确定的字符。

通配符有两种：问号"？"和星号"*"。

（1）"？"为单位通配符，表示在该位置处可以是一个任意的字符。

例如，"cd？？？.txt"表示以 cd 开头的后跟 3 个任意字符的".txt"文件，文件中有几个"？"就表示几个字符。

（2）"*"为多位通配符，表示在该位置处可以是 0 个或多个任意的字符。

例如，"a*.txt"表示以 a 开头的所有".txt"文件。

在后续 3.4.3 节中，将对利用通配符搜索文件进行详细介绍。

2. 文件的类型

文件的类型由文件的扩展名进行标识，系统对扩展名与文件类型有特殊的约定，常见的文件类型及其扩展名见表 3.4。

表 3.4　常见的文件类型及其扩展名

扩展名	文件类型	扩展名	文件类型	扩展名	文件类型
asc	ASCII 码文件	gif	图形文件	png	图形文件
avi	动画文件	hlp	帮助文件	jpg	图形文件
bak	备份文件	htm/html	超文本文件	ppt/pptx	PowerPoint 演示文稿文件
bat	批处理文件	fon	字库文件	reg	注册表的备份文件
bin	DOS 二进制文件	ico	Windows 图标文件	sys	系统文件
bmp	位图文件	ini	系统配置文件	tmp	临时文件
c	C 语言程序	lib	编程语言中的库文件	txt	文本文件
cpp	C++语言程序	mbd	Access 表格文件	wav	声音文件
dll	Windows 动态链接库	midi	音频文件	wps	WPS 文件、记录文本、表格
doc/docx	Word 文档	mp3	声音文件	wma	Windows 媒体文件
drv	驱动程序文件	mpeg	VCD 视频文件	xls/xlsx	Excel 表格文件
exe	可执行文件	obj	编程语言中的目标文件（Object）	zip	压缩文件

3. 文件的属性

文件属性主要包括三种：只读、隐藏和存档。右击文件图标，选择【属性】命令，即可打开【属性】对话框，在【常规】选项卡中可以看到文件名、文件类型、打开方式、位置、大小、占用空间、创建时间、修改时间及访问时间等常规信息。文件属性设置主要是对只读、隐藏和存档属性的设置。

（1）只读：即文件的写保护，文件只可以做"读"操作，不能对文件进行"写"操作。

（2）隐藏：隐藏文件，是为了保护某些文件或文件夹，设为【隐藏】后，该对象在默认情况下将不会显示在所存储的对应位置，即被隐藏起来了。

（3）存档：存档是用来标记文件的改动，即在上一次备份后文件的所有改动情况，一些备份软件在备份时只会备份带有存档属性的文件。用户在【属性】对话框中单击【高级】按钮，打开【高级属性】对话框即可进行存档属性的设置。

文件夹的属性设置与文件类似。

3.4.2　文件夹的结构及路径

文件夹是操作系统用来组织和管理磁盘文件的一种数据结构，是在计算机磁盘空间为了分类存储文件而建立的独立路径的目录，它提供了指向对应磁盘空间的路径地址。

1. 文件夹的结构

在 Windows 系统中，文件夹一般采用多层次结构（树状结构），如图 3.12 所示。在这种结构中，每一个磁盘有一个根文件夹，它可包含若干文件和文件夹。文件夹不但可以包含文件，而且可包含下一级文件夹，这样类推下去形成的多级文件夹结构既能够帮助用户将不同类型和功能的文件分类存储，又方便用户进行文件查找，还允许不同文件夹中的文件拥有相同的文件名。

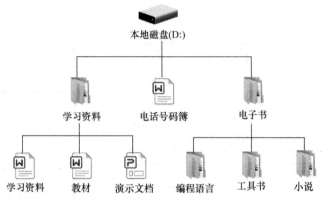

图 3.12　文件夹的树状结构

2. 文件夹的路径

用户在磁盘上寻找文件时，所历经的文件夹线路称为路径。路径分为绝对路径和相对路径。绝对路径是从根文件夹开始的路径，以"\"作为开始。例如，在 D 盘下的"歌曲"文件夹里的"画心.mp3"，文件路径显示为"D:\歌曲\画心.mp3"；相对路径是从当前文件夹开始的路径。

3.4.3　文件与文件夹管理

1. 选定文件或文件夹

1）选定单个对象

选择单个文件或文件夹只需单击要选定的对象即可。

2）选定多个对象

（1）连续对象：首先单击第一个要选择的对象，按住 Shift 键不放，单击最后一个要选择的对象，即可选择多个连续对象。

（2）非连续对象：首先单击第一个要选择的对象，按住 Ctrl 键不放，依次单击要选择的对象，即可选择多个非连续对象。

（3）全部对象：可按【Ctrl+A】组合键来选择全部文件或文件夹。

2. 新建文件或文件夹

例如，在 C 盘根目录下建立文件夹，并在此文件夹下建立文本文件，具体操作步骤如下。

（1）双击打开【此电脑】。

（2）在左侧窗格单击 C 盘图标，右侧窗格则显示 C 盘根目录的所有内容。

（3）在右侧 C 盘根目录空白处单击鼠标右键，在弹出的快捷菜单中选择【新建】命令，再单击【文件夹】命令，此时在 C 盘根目录中就建立了一个名为"新建文件夹"的文件夹。

（4）双击进入"新建文件夹"，右击【新建文件夹】窗口空白处，在弹出的快捷菜单中选择【新建】命令，再单击【文本文档】命令，此时在新建的文件夹下就建立了一个名为"新建文本文档.txt"的文本文件。

在创建文件或文件夹时，一定要记住保存文件或文件夹的位置，以便今后查找。

3. 重命名文件或文件夹

1）显示文件扩展名

默认情况下，Windows 10 系统会隐藏文件的扩展名。若用户需要查看其扩展名，就要进行相关设置，使扩展名显示出来，其具体操作步骤是：打开该文件所在的文件夹，以【此电脑】窗口为例，选择【查看】选项卡，勾选【显示/隐藏】功能组中的【文件扩展名】复选框，文件的扩展名即可显示，如图 3.13 所示。

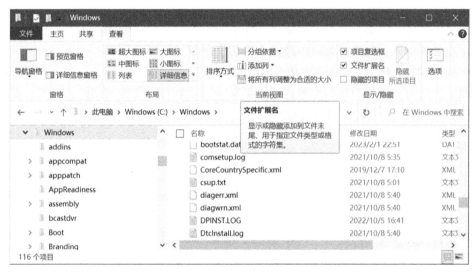

图 3.13 显示文件扩展名

2）重命名

将 C 盘根目录下的"新建文件夹"命名为"stu"，将文件夹中的"新建文本文档.txt"命名为"file.txt"。

（1）双击打开【此电脑】，双击进入 C 盘根目录。

（2）右击"新建文件夹"图标，在弹出的快捷菜单中选择【重命名】命令，在文件名文本框中将其更名为"stu"。

（3）打开"stu"文件夹，右击"新建文本文档.txt"，在弹出的快捷菜单中选择【重命名】命令，在文件名文本框中将其更名为"file.txt"。

为文件或文件夹命名时，应选取有意义的名字，尽量做到"见名知意"，修改文件名时要保留文件扩展名，否则会导致系统无法正常打开该文件。

4. 复制和剪切文件或文件夹

复制和剪切对象的操作方法相似，区别在于：复制对象是将一个对象从一个位置移到另一个位置，操作完成后，原位置对象保留，即一个对象变成两个对象放在不同位置；剪切对象是将一个对象从一个位置移到另一个位置，操作完成后，即原位置没有该对象。

1）复制

复制的方法至少有以下三种：

（1）如果要复制文件夹中的对象，需要单击选中该对象，单击【主页】菜单，选择【复制】按钮。

（2）右击该对象，在弹出的快捷菜单中选择【复制】命令。

（3）单击选中该对象，按【Ctrl+C】组合键。

按照上述方法可以将复制的对象传递到剪贴板，然后还需打开要复制到的文件夹，单击【主页】菜单中的【粘贴】按钮，或按【Ctrl+V】组合键才能完成复制操作。

2）剪切

剪切的方法也至少有以下三种：

（1）选择对象，单击【主页】菜单，选择【剪切】命令。

（2）右击该对象，在快捷菜单中选择【剪切】命令。

（3）选择对象，使用【Ctrl+X】组合键。

按照上述任意方法将剪贴的对象传递至剪贴板，然后打开要剪贴到的文件夹，单击【主页】菜单中的【粘贴】按钮，或按【Ctrl+V】组合键才能完成剪切操作。

5. 删除文件或文件夹

（1）选择要删除的对象。

（2）右击该对象，在弹出的快捷菜单中选择【删除】命令，即可删除该对象。

（3）若用户想找回文件，可通过【回收站】来还原。

删除文件或文件夹还可使用 Delete 键或【Shift+Delete】组合键。Delete 键执行临时删除指令，删除的对象可从回收站还原，后者则不经过回收站彻底删除。

6. 修改文件属性

例如，将 C 盘"stu"文件夹中的"file.txt"文件属性更改为"只读"，具体操作步骤如下。

（1）打开【此电脑】的 C 盘，找到其中创建的"file.txt"文件，右击该文件图标，在弹出的快捷菜单中选择【属性】命令。

（2）在弹出的【file.txt 属性】对话框中，勾选【只读】复选框。

7. 创建快捷方式

例如，在桌面上创建 C 盘"stu"文件夹中"file.txt"文件的快捷方式，具体操作方法是：打开【此电脑】的 C 盘，右击"C:\stu\file.txt"文件，在弹出的快捷菜单中连续选择【发送到】|【桌面快捷方式】命令。

快捷方式仅仅记录文件或文件夹所在的路径，当路径所指向的文件更名、被删除或更改位置时，快捷方式不可使用。

8. 搜索文件或文件夹

搜索即查找，例如，在计算机 C 盘中查找以 a 开头的文本文档，具体操作方法如下。

（1）双击打开【此电脑】窗口，在导航区打开 C 盘，右侧窗格显示 C 盘内容。

（2）在搜索输入栏中输入"a*.txt"，单击搜索按钮，即可启动搜索功能，窗口右侧窗格下方显示的是搜索结果，如图 3.14 所示。

（3）执行搜索功能的同时，【此电脑】菜单栏中会临时出现【搜索工具栏】，用户还可以设置搜索方式，从而缩小搜索范围，提高搜索的精度和效率。

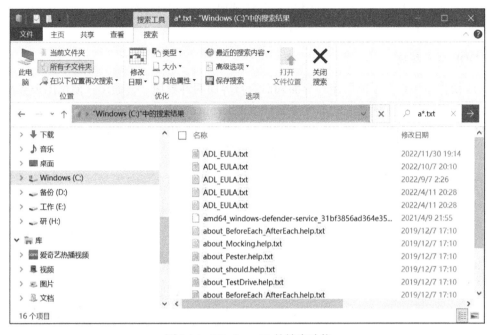

图 3.14　Windows 10 的搜索功能

3.5　统信操作系统概述

操作系统作为信息技术的基础和灵魂，是整个信息化体系建设的关键技术之一，国产操作系统在构建新时代自主信息系统生态中起着举足轻重的作用。通过多年来国家的引导和支持，国产操作系统在技术和产业上得到发展，生态体系不断壮大，其中的典型代表——统信（UOS）操作系统及其应用生态也日趋成熟，主要应用于办公、社交、影音娱乐、开发工具、图像处理等领域，在政企单位、关键行业及个人用户市场得到了广泛应用。

UOS 操作系统包括专业版、教育版、家庭版和社区版四个版本，本书以 UOS 操作系统 V20 专业版为例，简述 UOS 操作系统的产品信息、硬件配置以及桌面环境等内容。

1. UOS 操作系统 V20 专业版简介

UOS 操作系统是基于 Linux 内核，由统信软件技术有限公司研发，具有独立发展能力的多用户、多任务的操作系统，它能够提供高效简洁的人机交互界面、美观易用的桌面应用和安全稳定的系统服务。2022 年 3 月 25 日，统信软件正式发布统信 UOS 操作系统 V20 专业版（1050）。2022 年 8 月，统信桌面操作系统 V20 专业版得以再次更新。

UOS 操作系统专业版本符合国人的审美标准和使用习惯，兼具美观易用、安全可靠和高稳定性等应用特点，具有较好的软硬件兼容性以及日渐广泛的应用生态支持。该系统支持多种 CPU 架构和多种 CPU 品牌；上架千余种应用软件；基于 Wine 技术，无缝迁移 Windows 常规应用；适配千余种外设产品，致力于为服务对象提供成熟的信息化解决方案。

安装 UOS 操作系统的最低硬件配置如下。

CPU 频率：2GHz 或更高的处理器。

内存：至少 2GB 运行内存，4GB 以上时达到最佳性能的推荐值。

硬盘：至少有 64GB 的闲置存储空间。

2. DDE 桌面环境

UOS 操作系统集合了图形用户界面和命令行界面两种界面。普通用户使用图形界面无疑是便利的。UOS 操作系统集成的深度桌面环境（deepin desktop environment，DDE）就是图形用户界面。DDE 桌面环境主要包括桌面背景、任务栏和桌面图标等，桌面组成情况如图 3.15 所示。下面主要介绍任务栏、启动器和控制中心的功能。

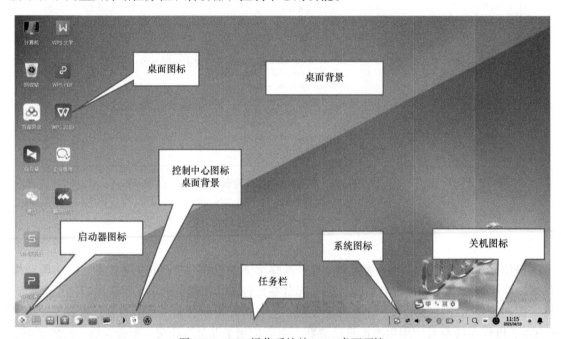

图 3.15　UOS 操作系统的 DDE 桌面环境

1）任务栏

任务栏是指位于桌面底部的长条形矩形区域，分为三部分：左侧的启动器区域（打开所有应用的窗口），中部为常用应用的驻留区，右侧为一些常用的系统小组件，如声音、时间、蓝牙、WiFi 等。

2）启动器

启动器是负责维护和管理 UOS 操作系统中所有软件的核心部件，集成了浏览器、文件管理器、应用商店、音乐、影院、截图录屏、看图、相册以及控制中心等应用软件和工具。启动器有两种显示模式——菜单模式和全屏平铺模式。启动器的两种显示模式切换灵活，用户可以选择自己喜欢的显示模式，单击启动器图标打开启动器菜单，即可进入其菜单模式，如图 3.16 所示。单击启动器菜单右上角的显示模式切换按钮，可将启动器转换为全屏平铺模式。

启动器可以帮助用户快速启动应用软件，因此启动器被看作各类应用软件的便捷管理工具。除此之外，启动器还具有以下常用的软件管理功能：将应用软件的快捷方式添加至桌面；将应用软件添加至任务栏或从任务栏移除；将应用软件的启动方式设置为"开机自动启动"；直接通过启动器卸载该应用软件等。

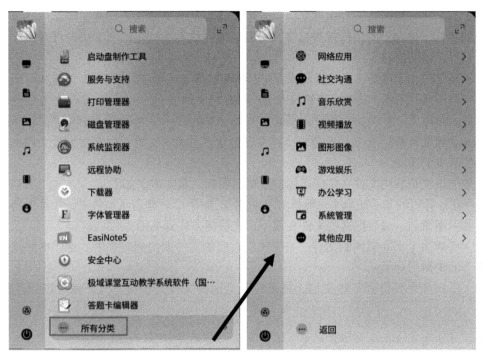

图 3.16　启动器的菜单模式

3）控制中心

控制中心主要包括账户设置、Union ID 设置和显示设置等功能。用户可以在启动器中查找并打开控制中心，当然也可以通过单击任务栏中的控制中心图标将其打开，打开控制中心后，其界面如图 3.17 所示。

图 3.17　控制中心的界面

3.6　扩展实训——利用文件夹快捷图标整理桌面图标

　　人们为了第一时间打开程序或文档，习惯于将大量的文件直接放置在计算机桌面上。随着时间的推移，桌面上的图标越来越多，桌面终究会放不下，也不利于快速打开文件，然而这还不是最严重的问题。

　　那么还是先来了解什么是计算机桌面吧！桌面是指显示器主屏幕区域，它包括"开始"菜单、任务栏和桌面图标，其中桌面图标（用户保存的文件或文件夹），一般存放在 C 盘里面用户名下的【桌面】文件夹内。因此，桌面其实是计算机系统 C 盘中的一个文件夹，一些突发故障可能会导致计算机系统 C 盘损坏，桌面图标也容易丢失，所以用户将大量文件放在桌面将会面临丢失的风险。

　　合理的做法是利用文件夹快捷图标整理桌面图标，具体做法如下：

　　（1）在计算机的非系统盘（一般指 D 盘或者 E 盘等），新建若干文件夹，并且根据日常工作内容和习惯命名，然后把这些文件夹逐一发送快捷方式到桌面。

　　（2）将桌面上不同类别的文件一一拖拽到对应的文件夹快捷方式中。这样桌面就只剩下为数不多的快捷图标了。

　　（3）用户如果要打开某些文档，只要打开桌面的文件夹快捷方式，就可以快速找到该文件。

　　提示：使用文件夹快捷方式整理桌面图标，带来两大好处：第一是计算机的桌面图标更加整齐和有条理，这会使用户使用计算机更加有序和高效；第二是避免了丢失桌面文件的风险。因为一些突发故障会导致计算机系统 C 盘损坏，桌面上都是快捷方式，真实文件其实是在 D 盘或 E 盘，快捷方式的删除当然不会导致文件丢失。

习　　题

一、单项选择题

　　1. 处理器管理最核心的问题是（　　　）。
　　A. 对硬件资源的管理　　　　　　　　B. 对软件资源的管理
　　C. 对 CPU 时间的分配　　　　　　　　D. 对作业的调配
　　2. 以下（　　　）不能作为微机操作系统使用。
　　A. UNIX　　　　　　B. Linux　　　　　　C. iOS　　　　　　　D. 鸿蒙系统
　　3. Windows 10 操作系统是（　　　）。
　　A. 单用户多任务操作系统　　　　　　B. 单用户单任务操作系统
　　C. 多用户单任务操作系统　　　　　　D. 多用户多任务操作系统
　　4. 在 Windows 10 系统的各个版本中，支持功能最少的版本是（　　　）。
　　A. 家庭普通版　　　　　　　　　　　B. 家庭高级版
　　C. 专业版　　　　　　　　　　　　　D. 旗舰版

5. 在计算机中，文件是存储在（　　　）。

A. 磁盘上的一组相关信息的集合　　B. 内存中的信息集合

C. 存储介质上一组相关信息的集合　D. 打印纸上的一组相关数据

6. Windows 10 系统提供的用户界面是（　　　）。

A. 批处理界面　　　　　　　　　B. 交互式的字符界面

C. 交互式的菜单界面　　　　　　D. 交互式的图形界面

7. 在 Windows 10 系统中，将打开窗口拖动到屏幕顶端，窗口会（　　　）。

A. 关闭　　　　B. 消失　　　　C. 最大化　　　　D. 最小化

8. 在 Windows 10 系统中，显示桌面的组合键是（　　　）。

A. Win+D　　　　　　　　　　B. Win+P

C. Win+Tab　　　　　　　　　D. Alt+Tab

9. 在 Windows 10 系统中，如果窗口表示一个应用程序，则打开该窗口是指（　　　）。

A. 显示该应用程序的内容　　　　B. 运行该应用程序

C. 结束该应用程序的运行　　　　D. 显示并运行该应用程序

10. 在 Windows 10 系统中，下列文件名正确的是（　　　）。

A. My file1.txt　　　　　　　　B. file1/

C. A<B.C　　　　　　　　　　D. A>B.DOC

11. Windows 10 系统对文件的组织结构采用（　　　）结构。

A. 树状　　　　B. 网状　　　　C. 环状　　　　D. 层次

12. 要选定多个不连续的文件（文件夹），要先按（　　　）。

A. Alt 键　　　　B. Ctrl 键　　　　C. Shift 键　　　　D.【Ctrl+Alt】组合键

13. 在 Windows 系统中，【Ctrl+C】是（　　　）命令的组合键。

A. 复制　　　　B. 粘贴　　　　C. 剪切　　　　D. 打印

14. 在 Windows 10 系统中，以下哪个操作是不允许的（　　　）

A. 一次删除多个文件　　　　　　B. 同时选择多个文件

C. 一次复制多个文件　　　　　　D. 同时显示多个文件夹内容

15. 在 Windows 10 系统中，"磁盘碎片整理程序"的主要作用是（　　　）

A. 修复损坏的磁盘　　　　　　　B. 缩小磁盘空间

C. 提高文件访问速度　　　　　　D. 扩大磁盘空间

二、判断题

1. 安装了操作系统才能安装其他应用软件。　　　　　　　　　　　（　　）

2. 任何一台计算机都可以安装 Windows 10 系统。　　　　　　　　（　　）

3. 正版 Windows 10 系统不需要安装安全防护软件。　　　　　　　（　　）

4. 国产操作系统是国家信息安全和国民经济发展的重要支撑。　　　（　　）

5. 直接关闭计算机电源，会损坏 Windows 10 系统。　　　　　　　（　　）

6. Windows 10 系统的文件名不能用大写字母。　　　　　　　　　（　　）

7. 在 Windows 10 系统中，呈灰色显示的菜单命令在当前状态下不能使用。（　　）

8. 对话框是用户与系统对话和交换信息的场所，其操作方法与窗口相同。（　　）

9. Windows 10 系统的动态磁贴实质上是应用程序的快捷图标。　　（　　）

10. 用户看不到设置了隐藏属性的文件。　　　　　　　　　　　（　　　）

三、填空题

1. 操作系统的主要功能有处理器管理、存储管理、作业管理、_____、_____。

2. 计算机资源的分配是以_____为基本单位的，因此处理器的管理又称为_____管理。

3. 设备管理主要负责管理各类外围设备，包括_____、启动和_____。

4. 要安装 Windows 10，系统磁盘分区必须为_____格式。

5. Windows 10 的系统图标包括_____、_____、_____和用户文件夹等。

6. Windows 10 的窗口可以分为三类：_____、_____和对话框窗口。

7. 在 Windows 10 系统中，桌面主题是_____、_____、颜色、_____和其他窗口元素的预定义的集合，它可使用户的桌面设置具有统一风格。

8. Windows 10 系统的屏幕保护主要有三个作用：_____、保护个人隐私、_____。

9. 快捷图标仅仅记录_____，当路径所指向的文件更名、被删除或更改位置时，快捷方式则不可使用。

10. Windows 10 的"剪贴板"是一个可临时存放来自_____、_____或复制的信息，最多可存储_____次信息。

第 4 章　WPS 文字编辑

WPS Office 是金山软件股份有限公司推出的办公软件，是我国拥有自主知识产权的民族软件代表。WPS Office 正版软件可以从 WPS 官方网站下载，有 Windows、Mac、Linux、Android、iOS 等多个版本，是一款跨平台的办公软件。用户注册 WPS 账号后可获得免费的云存储空间，开启文档云同步，即可通过计算机或移动设备随时随地查看和处理办公文档，同时支持多人在线协作办公。本书重点介绍 2023 年版 WPS Office。

WPS 文字是 WPS Office 的核心功能之一，是一款功能强大的文字编辑软件，不仅可以进行简单的文字处理、表格绘制、图文并茂的文档制作，还可以进行长文档排版和邮件合并等特殊版式的编排。

本章学习目标

> ➢ 掌握 WPS 文档的基本操作。
> ➢ 掌握输入与编辑文本的操作方法。
> ➢ 掌握文本、段落以及页面格式的设置方法。
> ➢ 掌握图文混排文档的创建和编辑。
> ➢ 掌握表格文档的创建和编辑。
> ➢ 掌握邮件合并、样式的应用及目录的创建。

4.1　WPS 文档的基本操作

本节主要介绍 WPS 文字文档的基本操作，包括新建文档、保存文档、设置文档的显示方式、文档的输出与转换、打印文档等。

4.1.1　新建文档

计算机安装 WPS Office 后，用户可以通过单击【开始】菜单|【WPS Office】|【WPS Office】命令，或者双击桌面上的 WPS Office 快捷方式启动应用程序并打开 WPS Office 主界面。在 WPS Office 工作界面左侧选择【新建】|【新建文字】，即可进入 WPS 文字新建窗格。

WPS 文字可以创建三种形式的文档，分别是空白文档、在线文档以及根据模板创建文档。①创建在线文档：用户需要注册并登录 WPS 账号，将文档保存到该账户的云存储空间中，用户可以使用计算或移动设备（需要安装 WPS Office 应用程序或使用金山文档微信

图 4.1　设置文档分享

小程序等）随时随地查看和编辑文档。点击在线文档右上角的【分享】按钮还可以设置文档分享权限、范围及方式，将文档分享给其他用户进行协同办公，如图 4.1 所示。②根据模板创建文档：WPS 提供了大量设计精美且适合国人使用习惯的在线模板。模板分为收费版和免费版，使用收费版模板需要单次购买或开通会员获得下载权限；使用免费模板，可在搜索文本框中输入"免费"，单击【搜索】按钮，选择合适的免费模板下载即可。③创建空白文档：单击【空白文档】，启动 WPS 文字工作界面，自动建立一个名为"文字文稿 1"的文档。

WPS 文字工作界面主要包括快速访问工具栏、标签栏、选项卡、标尺、功能区、文档编辑区及状态栏等，如图 4.2 所示。

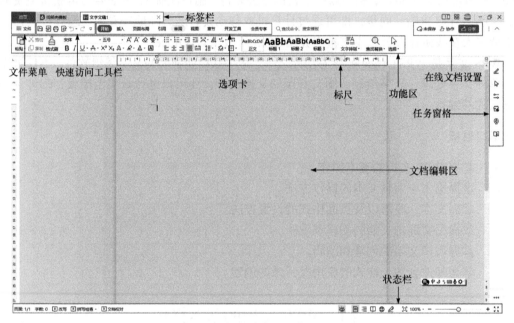

图 4.2　WPS 文字的工作界面

1. 标签栏

标签栏用来显示用户正在编辑文档的文件名。

2. 文件菜单

单击【文件】菜单，弹出下拉功能列表，选择相应的命令即可实现文档的保存、新建、输出为 PDF、打印、分享文档、文档加密等操作。

3. 快速访问工具栏

快速访问工具栏用来存放常用的命令按钮，如保存、输出为 PDF、打印等，实现快捷操作。如果需要添加或删除命令按钮，可以单击快速访问工具栏右侧的 ▽ 按钮，在打开的下拉列表中选中相应的选项，前面有对钩的选项即可显示在快速访问工具栏中。

4. 选项卡

WPS 文字工作界面默认包括【开始】【插入】【页面布局】【引用】【审阅】【视图】【章节】【开发工具】【会员专享】等主选项卡。除了主选项卡之外，系统还提供了特殊选项卡，只有在编辑特定的对象时才会出现。例如，在选定并编辑图片时工作界面会出现【图片工具】选项卡。

5. 功能区

功能区位于选项卡的下方，其作用是实现对文档的快速编辑。功能区集中显示了对应选项卡的功能集合，包括常用按钮和下拉列表。切换选项卡，功能区会显示不同的内容。用户可以根据爱好和习惯重新设置功能区里的按钮和命令，方法为：单击【文件】|【选项】，打开【选项】对话框，切换至【自定义功能区】标签，可根据需要添加或删除按钮和下拉列表，设置完成后单击【确定】按钮。

6. 标尺

标尺主要用于测量和对齐文档中的对象，还可以通过拖动标尺上的滑块快速调整段落对齐方式，如左缩进、右缩进及首行缩进等。

7. 文档编辑区

文档编辑区是输入和编辑文字的区域，操作和结果都显示在该区域。

8. 状态栏

状态栏左侧显示当前文档的工作状态，包括页码、字数等，右侧是视图切换按钮和显示比例调节滑块等，可设置文档显示方式。

4.1.2　保存文档

为了将文档资料长期保存，在编辑文档的过程中应及时保存文档。保存文档主要有以下三种方式。

1. 对新建文档进行保存

单击快速访问工具栏中的【保存】按钮，或者选择【文件】|【保存】命令，如果是新建文档，将会弹出【另存文件】对话框。存储地址可选择左上角的【我的云文档】、【共享文件夹】或者【此电脑】，在【位置】下拉列表中选择存储路径，在【文件名称】文本框中输入名称，在【文件类型】下拉列表中选择合适的类型，单击【保存】按钮。

2. 将已有文档保存到其他存储路径

选择【文件】|【另存为】命令，系统会打开【另存为】对话框，在位置下拉列表中选择存储路径，在【文件名称】文本框中输入文件的名称，单击【保存】按钮。

3. 修改已有文档后进行保存

单击【文件】|【保存】，或单击快速访问工具栏上的【保存】按钮，或按【Ctrl+S】组合键均可保存已有文档。

> 提示：WPS 文字的专用格式扩展名为"wps"。同时 WPS 全面兼容微软 Word 格式（"*.doc"

和 "*.docx"），内容显示无差别。如果希望文档在 WPS 和 Word 两种组件中均能打开和编辑，保存文档时【文件类型】选择 "Microsoft Word 文件（*.docx）"选项。

4.1.3　设置文档的显示方式

文档的显示方式即以什么样的形式展示在屏幕上。用户可以选择不同的视图模式或不同的显示比例来显示文档。当然文档显示方式的改变并不影响文档的编辑操作。

1. 视图模式

WPS 提供了 6 种视图模式用于显示文档，即页面视图、全屏显示、阅读版式、写作模式、大纲视图、Web 版式。单击【视图】选项卡，选择视图模式，可以在不同的视图模式之间进行切换，如图 4.3 所示，也可以单击状态栏右侧的视图按钮👁 🗎 ☰ 📖 🌐 ✎ 进行切换。

图 4.3　【视图】选项卡

1）页面视图

页面视图是 WPS 的默认视图模式，显示效果和打印效果基本一致，具有"所见即所得"的效果。

2）阅读版式视图

阅读版式视图模拟了书本阅读方式，即以类似书本的分栏样式显示文档。为方便用户阅读，该视图界面提供了【目录导航】【批注】【突出显示】等工具。

3）Web 版式视图

Web 版式视图是以网页的形式显示文档，适用于发送电子邮件、创建和编辑 Web 网页。文档在 Web 版式视图模式下和使用浏览器打开文档显示的效果相同。

4）大纲视图

大纲视图是显示文档框架结构的视图模式，可以纵览整篇文档的全局、查看并调整文档的层次结构、设置文本的大纲级别等。

5）写作模式视图

写作模式视图界面比较简洁，提供了写作过程中可能用到的素材推荐、文档校对、导航窗格、统计、公文工具箱、文学工具箱、历史版本、设置、反馈和投票中心等功能，如图 4.4 所示。

图 4.4　写作模式【通用】选项卡

6）全屏显示视图

全屏显示视图是将文档内容放映在整个屏幕内，可方便用户阅读，减少干扰。

2. 显示比例

在 WPS 中，用户可以根据需要随时调整文档的显示比例，例如，为了看到全貌而缩小文档显示比例，或是为了关注局部而放大文档显示比例。调整显示比例的方法主要有以下两种。

（1）切换至【视图】选项卡，选择【100%】、【页宽】、【单页】或【多页】等选项，或单击【显示比例】选项，打开【显示比例】对话框，设置显示比例。

（2）用鼠标拖动位于状态栏右侧的【显示比例】滑块   ，调整文档的显示比例。

4.1.4 文档的输出与转换

WPS 提供了文档输出与转换功能，能够将文档输出转换为 PDF 文件、演示文稿或者图片等格式。下面以输出转换为 PDF 格式为例，介绍文档输出与转换的操作步骤。

（1）打开需要输出与转换的文档。

（2）单击【文件】|【输出为 PDF】命令。

（3）弹出【输出为 PDF】对话框，选中文档，在【保存位置】下拉列表中设置文档的存储位置，单击【开始输出】按钮。

4.1.5 打印文档

在正式打印文档之前，为了确保满意的打印效果，最好进行打印预览。打印预览可单击快速访问工具栏中的【打印预览】按钮，或者单击【文件】|【打印】|【打印预览】选项，在打开的页面中可预览文档的打印效果，页面上方显示【打印预览】选项卡，如图 4.5 所示。

图 4.5　【打印预览】选项卡

预览文档总体效果可以选择【打印预览】|【多页】或【显示比例】选项，仅预览当前页面选择【单页】选项。可根据实际需要及预览效果设置合适的【纸张类型】【纸张方向】【页边距】【打印机】等。

预览确认文档无误后，便可进行打印设置并最终打印文档。单击【文件】|【打印】按钮，或者按【Ctrl+P】组合键，打开如图 4.6 所示【打印】对话框，设置打印页码范围、份数等参数，单击【确定】按钮，执行打印操作。

提示：系统默认的打印范围为打印所有页，如图 4.6 所示，更改打印范围可以在【页码范围】中选择【当前页】、【所选内容】或【页码范围】选项。如果选中【页码范围】，则需要

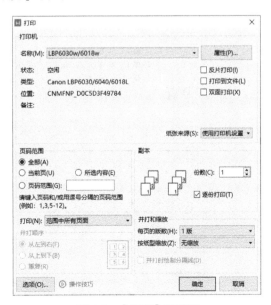

图 4.6　【打印】对话框

在右侧的文本框中输入欲打印的页码，可使用英文状态下的","和"-"确定打印的范围。例如，打印文档的第2页、第4页、第6页，在文本框中输入"2,4,6"；打印文档的第2页至第8页，则在文本框中输入"2-8"。

4.2　输入与编辑文本

文本是 WPS 文档最基本的组成部分，常见的文本内容包括基本字符、特殊字符、时间和日期等。输入与编辑文本是 WPS 文字软件中最常见的操作。

4.2.1　输入文本

1. 输入基本字符

新建或打开文档后，文本编辑区中有一个呈闪烁状的短竖线，即插入符。插入符决定了文本的输入位置。将插入符移动至有文本的位置，移动光标并单击鼠标左键即可；将插入符移动至文本编辑区的空白处，初学者一般会使用空格键或 Enter 键移动，更高效的方法是在空白处双击鼠标左键，插入符即可移动到光标所在的位置。插入符移动至需要的位置，就可以输入基本字符了。

2. 输入特殊字符

在编辑文档时，经常需要输入一些图形化的符号使文档内容更加丰富美观。一般的符号可以通过键盘输入，但一些特殊符号则需要单击【插入】|【符号】，在下拉列表中选择符号，如图 4.7 所示，也可以单击【插入】|【符号】|【其他符号】，打开【符号】对话框输入，如图 4.8 所示。下面以输入选择复选框"☑"符号为例，介绍输入特殊字符的操作过程。

图 4.7　插入符号下拉列表　　　　　　　　　　图 4.8　【符号】对话框

（1）将插入符移动至需要插入特殊符号的位置，单击【插入】|【符号】。

（2）弹出下拉列表，在【自定义符号】列表中寻找。

（3）选择复选框符号"☑"。

插入选择复选框符号后，如果单击该符号，显示为取消打钩状态"□"，再次单击，显示为打钩状态"☑"。

> 提示：也可以利用网络资源输入特殊字符，例如，在符号大全网（http://www.fhdq.net）找到特殊符号❀　，复制粘贴即可实现特殊字符的输入。

3. 设置时间和日期

选择【插入】选项卡，单击【日期】下拉按钮，弹出【日期和时间】对话框，在【可用格式】列表框中选择其中的一种格式，单击【确定】按钮，如图 4.9 所示。在【日期和时间】对话框中，勾选【自动更新】复选框，今后每次打开文档，刚刚插入的日期和时间将自动更新为系统日期和时间。

4.2.2　编辑文本

1. 选定文本

在 WPS 中排版通常要遵守"先选择，再设置"的原则，即在进行移动、复制、格式设置等操作之前，首先需要选定操作对象。用户可以利用鼠标、键盘等方式选定操作对象，被选定的对象以灰色为底纹突出显示。若要取消选定，只需要在文档的任意位置单击鼠标即可。选定操作对象的方法如下所述。

（1）使用鼠标。用户按住鼠标左键拖过文本即可选定任意数量的文本，在该行的左侧的选定

图 4.9　选择日期和时间

区单击可选定一行文本，双击可选定一个段落，三击可选定整个文档。

（2）使用键盘。用户使用键盘，或者使用键盘与鼠标配合选定文本，可极大地提高工作效率。常用的快捷操作如下所述。

① 选定整篇文档：按【Ctrl+A】组合键。

② 选定连续的文本：将插入符定位到文本起始位置，按住 Shift 键的同时，单击文本末尾位置。

③ 选定不连续的文本：选择一段文本，按住 Ctrl 键的同时，继续选择其他文本。

④ 选定矩形区域的文本：按住 Alt 键的同时按住左键拖出矩形区域，如图 4.10 所示，选定矩形区域中的文字。

2. 插入和改写文本

WPS 文本编辑有插入和改写两种状态。系统默认状态为插入，如需切换为改写状态，右

严谨	做人要严于律己，做事要谨慎行之
创新	创新是一个民族进步的灵魂
团结	独木不成林，众人拾柴火焰高
拼搏	平凡的生活需要拼搏，只有拼搏，才能走出不平凡的路

图 4.10　选定矩形区域中的文字

击状态栏的空白处，在弹出的快捷菜单中选择并开启【改写】选项，或者按 Insert 键，也可切换至改写状态。在改写状态下，插入符由闪烁状的短竖线加宽变为闪烁状的方框，方框宽一个字符，以黑色底纹突出显示，此时输入的文本会替换插入符覆盖的文本。

> 提示：按 Insert 键可以切换插入和改写两种状态。初学者在编辑文本时，有时误按 Insert 键，会疑惑输入的内容自动吞噬已有的文本，原因是当前处于改写状态，此时需要再次按 Insert 键切换至插入状态。

3. 删除文本

用户删除文本时，如果数量较少，移动插入符至需要删除文本的位置，按 Backspace 键删除插入符左侧的字符，按 Delete 键删除插入符右侧的字符。如需删除的文本数量较多，可以先选定文本，然后按 Delete 键或 Backspace 键删除。

在编辑文档时，有时需要从网页中复制粘贴文本，这些文本一般包含大量的空格、空行、换行符等多余的符号，逐个删除特别浪费时间，使用文字排版功能，可以高效快捷地完成删除操作。以批量删除文本中的空格为例，使用文字排版功能删除操作如下：

（1）选定文本，单击【开始】|【文字排版】。

（2）在下拉列表中单击【删除】命令。

（3）在右侧列表中选择【删除空格】命令，如图 4.11 所示。

4. 复制与移动文本

用户可以使用【开始】选项卡中的【复制】、【剪切】和【粘贴】命令实现文本的复制和移动操作，也可以使用复制【Ctrl+C】、剪切【Ctrl+X】和粘贴【Ctrl+V】组合键复制和移动文本。使用【粘贴】命令完成粘贴操作后，文本右下角会出现【粘贴选项】提示栏，如图 4.12 所示，用户可根据需要选择不同的粘贴选项。

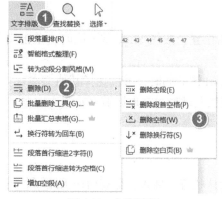

图 4.11　文字排版　　　　　　　　　　　　　　　图 4.12　【粘贴】选项

【保留源格式】：粘贴文本的格式不变，将保留源格式。

【匹配当前格式】：粘贴文本的格式将与目标格式一致。

【只粘贴文本】：不仅源格式会被去掉，同时还会删除图片等非文本对象。

> 提示：
> 当用户在同一个文档中进行短距离的复制和移动操作时，可使用鼠标拖动的方法，具体操作步骤如下：
> （1）选中要复制或移动的文本。
> （2）将鼠标指针移到选中区域内，使指针变成斜向上的白色空心箭头。
> （3）按住鼠标左键拖动文本到新的位置即可实现文本的移动。如果按住 Ctrl 键的同时按住鼠标左键拖动，则可实现文本的复制。

4.2.3　查找与替换文本

当某些文本需要批量编辑修改时，使用查找和替换功能来实现，不仅能够显著提高工作效率，而且可以避免遗漏。

1. 查找文本

将光标定位至文档起始位置，单击【开始】|【查找替换】按钮，或者按【Ctrl+F】组合键，打开【查找和替换】对话框，如图 4.13 所示。

（1）在【查找】选项卡【查找内容】文本框中输入需要查找的文字。

（2）单击【突出显示查找内容】按钮。

（3）打开下拉列表，选择【全部突出显示】。

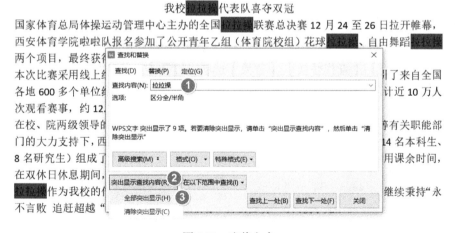

图 4.13　查找文本

2. 替换文本

单击【开始】|【查找替换】下拉按钮，在弹出的选项中选择【替换】选项，或按【Ctrl+H】组合键，弹出【查找和替换】对话框，如图 4.14 所示。

（1）在【替换】选项卡【查找内容】和【替换为】文本框中分别输入相应文字。

（2）单击【查找上一处】和【查找下一处】按钮，可在查找到的内容之间依次切换。

（3）单击【替换】可替换当前查找到的内容。

（4）单击【全部替换】按钮可实现批量替换。

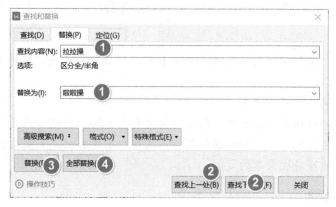

图 4.14　【查找和替换】对话框

3. 替换文本格式

用户还可以查找或替换限定格式的文本。下面以替换文本格式为例，操作步骤如下。

（1）单击【开始】|【查找替换】|【替换】选项，在【查找内容】和【替换为】文本框中分别输入文字。

（2）将插入符放置在【替换为】文本框中，单击【格式】按钮，则对话框向下展开。

（3）设置字体等格式，设置的格式会显示在【替换为】文本框下面。

（4）单击【替换】或【全部替换】按钮，即可完成文本格式的替换。

4. 替换特殊格式

文档中的段落标记、制表符、空格等特殊格式需要批量编辑修改时，也可使用查找和替换功能来实现。下面以删除文档中的所有空行为例，操作步骤如下。

（1）单击【开始】|【查找替换】|【替换】选项，打开【查找和替换】对话框，如图 4.15所示。将光标定位在【查找内容】文本框中，单击【特殊格式】按钮。

图 4.15　利用"查找与替换"功能删除空行

（2）弹出下拉列表，选择【段落标记】。

（3）在【查找内容】文本框自动输入"^p"，重复步骤（2），自动输入"^p^p"。

（4）将光标定位在【替换为】文本框中，重复步骤（2），自动输入"^p"。

（5）连续单击【全部替换】按钮，直到系统提示"全部完成。完成 0 处替换。"。

> 提示：
>
> 使用查找与替换功能删除文档中的所有空格，操作步骤稍有不同，方法如下。
>
> （1）单击【开始】|【段落】组|【显示/隐藏编辑标记】下拉列表，勾选【显示/隐藏段落标记】，即可显示空格标记。
>
> （2）选择一个空格，按【Ctrl+C】组合键复制。
>
> （3）单击【开始】|【查找替换】|【替换】选项，将光标定位在【查找内容】文本框中，按【Ctrl+V】组合键粘贴，在【替换为】文本框中留空，不输入任何内容。
>
> （4）单击【全部替换】。

4.2.4　撤销与恢复操作

WPS 文字有自动记录历史操作步骤的功能，可撤销已执行的操作步骤，也可以恢复被撤销的操作步骤。

单击快速访问工具栏中的撤销按钮，或者按【Ctrl+Z】组合键，可撤销上一步操作。如果撤销多步，可以重复按【Ctrl+Z】组合键，或单击撤销下拉列表，选择需要撤销的步骤。恢复操作和撤销操作类似，单击快速访问工具栏中的恢复按钮，或按【Ctrl+Y】组合键，使文档恢复至"撤销"操作之前的状态。

4.3　设　置　格　式

在编辑文档时，为了使文档更加美观，往往还需要设置格式，包括设置字符格式、段落格式、项目符号与编号、首字下沉、分栏、页面格式等。

4.3.1　设置字符格式

字符可以是一个汉字，也可以是一个字母、一个数字或一个单独符号，设置字符格式主要包括设置字符的字体、大小、粗细及颜色等。用户可以通过以下 4 种方式设置字符格式。

1. 通过浮动工具栏设置

选中字符对象后松开鼠标，文字上方会出现一个矩形框，即浮动工具栏，其中包含最常用的格式设置工具按钮，如图 4.16 所示。将鼠标光标移动至浮动工具栏，单击工具按钮即可设置字符格式。

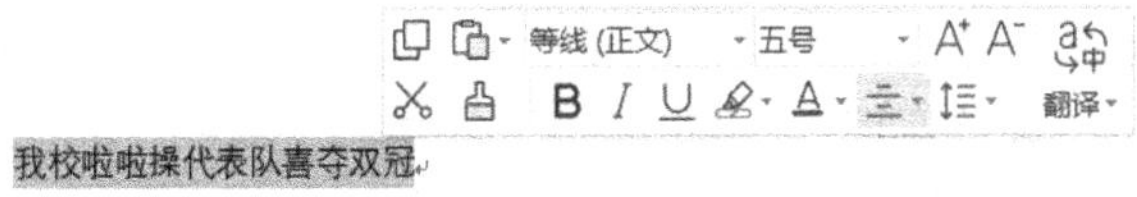

图 4.16　浮动工具栏

2. 通过【字体】组常用工具按钮设置

切换至【开始】选项卡，利用【字体】组中的常用工具按钮来设置字体、字号、加粗、倾斜等格式，如图 4.17 所示。

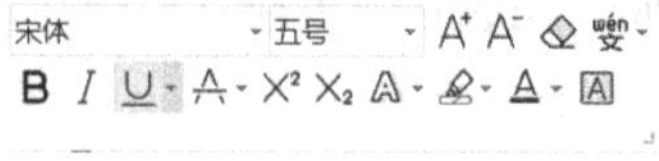

图 4.17　【字体】组

3. 通过【字体】对话框设置

单击【开始】|【字体】组右下角的功能扩展按钮┙，弹出【字体】对话框，除了可以设置常用字符格式外，还可设置文本效果及字符间距等格式，如图 4.18 所示，设置【字体】为"华文琥珀"，【字号】为"一号"，【字形】为"加粗"，【字体颜色】为"巧克力黄，着色 2"。

以设置文本效果为例，在【字体】对话框中，单击【文本效果】按钮，弹出【设置文本效果格式】对话框，如图 4.19 所示。标题文字设置【效果】|【阴影】为"左上角透视"，显示效果如图 4.20 所示。

图 4.18　【字体】对话框　　　　　　　图 4.19　设置文本效果

我校啦啦操代表队喜夺双冠

图 4.20　标题字体格式设置效果

4. 通过【中文版式】按钮设置

WPS 提供了具有中文特色的中文版式功能，包括"拼音指南""带圈字符""字符边框""合并字符""双行合一""调整宽度""字符缩放"等功能。其中"拼音指南""带圈字符""字符边框"可通过【开始】|【字体】组对应按钮设置，如图 4.21 所示，而"合并字符""双行合一""调整宽度""字符缩放"效果则需要通过【开始】|【段落】组中的【中文版式】按钮设

置，如图 4.22 所示。图 4.23 为中文版式功能的一些应用实例。

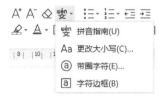

图 4.21　字体组中文版式

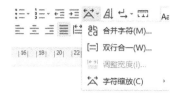

图 4.22　段落组中文版式

图 4.23　中文版式应用效果

> 提示：有时在网络或传统纸媒上看到好看的字体，但不知道具体名称，可以在求字体网等网站拍照上传图片，即可自动识别陌生的字体。如果字体下拉列表中没有所需的字体，说明系统尚未安装该字体，可以在网络中搜索字体文件（扩展名为"ttf"），下载后安装。下面简要介绍在 Windows 环境下安装字体的方法。
> 方法一：选择要安装的字体文件，右击，在弹出的快捷菜单中选择【安装】选项。
> 方法二：按【Ctrl+C】组合键复制要安装的字体文件，打开"C:\Windows\Fonts"文件夹，该文件夹用来存放已安装的所有字体，按【Ctrl+V】组合键执行粘贴命令即可安装。

4.3.2　设置段落格式

段落是构成整个文档的骨架，由文字、图片、图形等加上由按 Enter 键生成的段落标记↵构成。如果文档中段落标记未显示，单击【开始】|【段落】组中的【显示/隐藏编辑标记】下拉列表，选择【显示/隐藏段落标记】即可显示段落标记。

设置段落格式可以使文档结构更加清晰，层次更加明了，增强文档的可读性。段落格式设置包括段落的对齐方式、缩进方式、行间距和段间距等。在进行段落格式设置时，如果只对一个段落进行设置，通常不用选定，只需将光标置于段落中的任意位置即可。如果对多个段落同时进行设置，需要遵循"先选择，再设置"原则，即先选择多个段落，再设置段落格式。通常情况，段落格式可通过以下四种方式进行设置。

方法一：通过常用工具按钮设置。选择【开始】|【段落】组中的常用工具按钮，如图 4.24 所示。

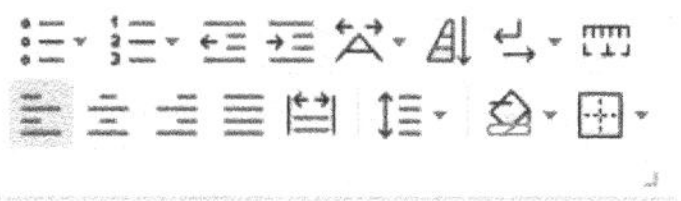

方法二：通过浮动工具栏设置。操作方法与字符格式的设置相同。

图 4.24　段落组中常用工具按钮

方法三：通过【段落】对话框设置。单击【开始】|【段落】组右下角的功能扩展按钮⌐，弹出【段落】对话框，在对话框中进行设置，如图 4.25 所示。

方法四：使用段落布局设置。

（1）单击【开始】|【段落】组|【显示/隐藏编辑标记】，选中【显示/隐藏段落布局按钮】选项，如图 4.26 所示。此时，光标所在的段落左侧出现段落布局图标。

图 4.25　【段落】对话框

（2）单击段落布局图标，即可进入段落布局模式，拖动鼠标或单击微调按钮可调整段落缩进、段前/段后间距等，如图 4.27 所示。

图 4.26　显示/隐藏段落布局按钮　　　　　　　图 4.27　使用段落布局设置格式

（3）设置完成后，单击右上角的退出段落布局按钮，退出段落布局模式。

1. 设置段落对齐方式

段落对齐是指文档边缘的对齐方式，一般有 5 种段落对齐方式，分别是左对齐、居中对齐、右对齐、两端对齐、分散对齐，系统默认的对齐方式是两端对齐。

（1）左对齐：段落文本靠页面左边界对齐。

（2）居中对齐：段落文本与页面中心对齐。

（3）右对齐：段落文本靠页面右边界对齐。

（4）两端对齐：系统根据需要增加或缩小字符间距，使段落文本与页面的两端对齐，不满一行的文本靠页面左边界对齐。

（5）分散对齐：段落中所有行的文本等间距地分散并布满在各行中。

提示："分散对齐"和"两端对齐"只有最后一行显示方式不同，"分散对齐"最后一行的文本会均匀分布在左右边界之间，而"两端对齐"最后一行为靠页面左边界对齐。

2. 段落缩进

设置段落缩进即调整段落两端与页边距的距离，有左缩进、右缩进、首行缩进和悬挂缩进等 4 种方式。设置段落缩进标记可以使文档更加清晰易读。

（1）左缩进：段落中所有行的左边界向右缩进。

（2）右缩进：段落中所有行的右边界向左缩进。

（3）首行缩进：段落首行文字相对其他行向内缩进。一般情况下，首行缩进设置两个字符。

（4）悬挂缩进：段落中除首行外其他行向内缩进。

用户还可以通过水平标尺快速设置段落的缩进方式及缩进量，如图 4.28 所示，拖动各标记可直观地调整段落缩进。

图 4.28　标尺

3. 设置行距和段间距

行距是一行底部到下一行底部之间的距离，可设置为以下几种方式。

（1）单倍行距：系统默认方式。行距为所使用文字大小的 1 倍，行距会随着文字字号大小的变化而自动调整。

（2）多倍行距：行距在单倍行距的基础上增加指定的倍数。

（3）固定值：行距为固定值，不会随字号大小而改变。

（4）最小值：行距不小于设定的值，可随字号的变大而自动加大。

段间距分为段前间距和段后间距。本段首行与上段末行之间的距离为段前间距，本段末行与下段首行之间的距离为段后间距。

4.3.3　利用格式刷复制格式

格式刷的主要功能是实现格式复制，即将选定的文字、段落等对象的格式复制并应用到其他对象上。操作方法：选中文字，单击【开始】|格式刷按钮 ，鼠标就变成了一个小刷子的形状，用这把小刷子"刷"过的文字格式就变得和之前选中的文字格式一样了。如果选中的是一个段落，格式刷复制包含段落和文字在内的所有格式。双击格式刷，鼠标会一直呈现为小刷子的形状，可以多次应用复制的格式，待编辑完成后按 Esc 键或再次单击格式刷按钮即可恢复到正常编辑状态。

4.3.4　设置项目符号和编号

使用项目符号和编号可使文档条理清晰，层次分明。创建项目符号和编号的方法基本相同，单击【开始】|【段落】组中的【项目符号】 或【编号】 按钮即可。WPS 还支持自定义项目符号，操作方法：选中文字，单击【开始】|【段落】组中的【项目符号】|【自定义项目符号】，如图 4.29 所示，设置字体和符号，单击【确定】按钮即可。图 4.30 为应用自定义项目符号的效果图。

图 4.29　自定义项目符号列表 　　　　　图 4.30　自定义项目符号应用效果

4.3.5　设置首字下沉

首字下沉是将段落开头的第一个字或若干字母设置为大号文字，并以下沉或悬挂的方式显示，是报纸杂志中经常使用的一种格式设置效果。设置首字下沉可以使文档更引人注意，操作步骤如下所述。

（1）将光标放在需要设置首字下沉的段落，选择【插入】|【首字下沉】。

（2）弹出【首字下沉】对话框，在【位置】处选择【下沉】或【悬挂】选项，设置【下沉行数】和【距正文】的距离，如图 4.31 所示。

> 提示：若希望取消首字下沉的设置，在【首字下沉】对话框中，选择【位置】选项下的【无】，即可取消。

图 4.31　【首字下沉】对话框

4.3.6　设置页面格式

页面设置主要在【页面布局】选项卡中进行，可设置纸张大小、纸张方向、页边距、背景、页面边框、分栏等，如图 4.32 所示。下面以设置分栏、页面边框和底纹、插入页眉和页脚、插入页码为例，介绍页面格式的设置方法。

图 4.32　页面布局选项卡

1. 设置分栏

分栏是指按排版需求将文本分成若干个条块，使文档错落有致，版面更为美观，增加可读性。用户可以将每一栏作为一节对待，这样就可以对每一栏单独进行格式设置。图 4.33 是从正文第二段开始设置分栏后的效果图，操作步骤如下。

（1）选中需要分栏的文本，打开【页面布局】|【分栏】下拉列表，选择【更多分栏】命令。

（2）打开【分栏】对话框，设置【栏数】为 "2"，勾选【分隔线】复选框，其他选项使用默认设置，如图 4.33 所示。

（3）设置完成后单击【确定】按钮。分栏效果如图 4.34 所示。

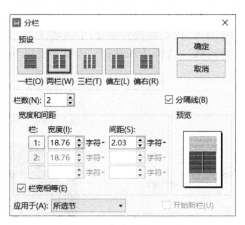

图 4.33　【分栏】对话框

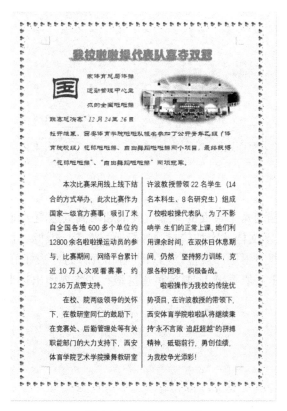

图 4.34　页面设置效果

2. 设置页面边框和底纹

（1）单击【页面布局】|【页面边框】，弹出【边框和底纹】对话框，切换至【页面边框】选项卡。

（2）在【艺术型】边框中选择如图 4.35 所示的边框样式，设置【宽度】为 "15"，【应用于】选择"整篇文档"。

（3）单击【确定】按钮。

3. 设置页面背景

（1）单击【页面布局】|【背景】|【其他背景】|【纹理】。

（2）打开【填充效果】对话框，选择【羊皮纸】，如图4.36所示。

（3）单击【确定】按钮。

图 4.35　设置页面边框

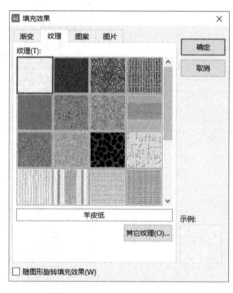

图 4.36　设置页面背景

4. 插入页眉和页脚

页眉和页脚是指文档的每个页面的顶部、底部和两侧页边距（即页面上打印区域以外的空白空间），通常用于显示文档的附加信息，如标题、作者、徽标、页码、时间、日期等。得体的页眉和页脚会使文档显得更加规范。插入页眉和页脚的方法如下。

（1）单击【插入】|【页眉页脚】，激活页眉区域，工作界面出现【页眉页脚】选项卡，如图4.37所示。

图 4.37　插入页眉和页脚

（2）在页眉文本框中插入文字、图标等内容。

（3）单击【页眉页脚】|【页脚】命令，或单击【页眉页脚切换】命令，输入页脚内容。

（4）设置完成，单击【页眉页脚】|【关闭】命令。

5. 插入页码

单击【页眉页脚】|【页码】或单击【插入】|【页码】选项，打开【页码】下拉列表，选择合适的样式即可插入页码。

4.4　图 文 混 排

WPS 不仅可以对文字进行排版，还可以通过插入图片、艺术字、文本框、图形等对象制作图文并茂的文档效果。本节通过制作如图 4.38 所示的宣传海报文档，学习制作图文混排文档的方法。

图 4.38　图文混排制作效果

4.4.1　准备工作

制作宣传海报文档，在插入图片、文本框、艺术字等对象之前，需要进行页面设置。本案例纸张大小选择系统默认的"A4"，纸张方向也选择默认的"纵向"，仅需要设置页面边框和页面背景，操作步骤如下所述。

（1）单击【页面布局】|【页面边框】，弹出【边框和底纹】对话框，切换至【页面边框】选项卡。

（2）在【艺术型】边框中选择相应的边框样式。

（3）单击【页面布局】|【背景】|【其他背景】|【渐变】。

（4）打开【填充效果】对话框，在【渐变】选项卡下，【颜色】选择【预设】，【预设颜色】选择【薄雾浓云】。

4.4.2　图片的插入与编辑

1. 插入图片

WPS 可以插入本地图片、来自扫描仪图片、手机图片/拍照、稻壳网站等图片。本案例插入了一张本地图片，操作方法如下。

（1）选择【插入】|【图片】|【本地图片】按钮，打开【插入图片】对话框。

（2）在弹出【插入图片】对话框，指定图片位置，选择需要插入的图片文件。

（3）单击【打开】按钮。

> 提示：在 WPS 文字中插入图片、形状等对象有很多限制，很难自由移动，可以通过先插入画布，然后将图片、形状等对象放置在画布的方式来实现。
>
> （1）单击【插入】|【形状】|【新建绘图画布】命令，此时光标所在的位置会新建一张画布。
>
> （2）拖动画布周围的控点，调整画布大小。
>
> （3）选中画布，单击【插入】选项卡中图片、形状等按钮，即可在画布中插入并自由移动各种对象了。

图 4.39　图片快速工具栏

2. 选定图片

在对图片进行设置之前，首先应选定图片。单击图片的任意位置，图片右侧出现图片布局等快速工具栏，用来设置图片格式，同时图片四周显示 8 个控点，用来调整图片大小，如图 4.39 所示。另外，WPS 工作界面中激活【图片工具】选项卡，也可以通过该选项卡设置图片格式，如图 4.40 所示。

图 4.40　【图片工具】选项卡

3. 设置图片环绕方式

图片插入成功后，默认的环绕方式为【嵌入型】，通常无法移动图片的位置，用户可以将图片环绕设置为【文字环绕】方式中的一种，即可轻松地将其移动到文档中的其他位置。设置完成后，用鼠标将图片拖放至页面中间的位置。

> 提示：WPS 中图片的环绕方式有 3 种类型，7 种形式。
>
> （1）嵌入型：图片被看作一个字符嵌入在段落中，和字符一样会受到行间距和文档网格等设置的影响。
>
> （2）文字环绕型：包括四周型环绕、紧密型环绕、穿越型环绕、上下型环绕等四种形式，

文字会基于该图片环绕在它的周围，当拖动图片时，文字会根据图片的位置发生变化。

（3）浮动型：包括浮于文字上方和衬于文字下方两种形式，用户无论怎么移动图片，文字排版都不会受到影响。

在插入图片之后，如果修改图片前面的文本，图片的位置会发生改变，如果希望将图片固定在文档的特定位置，可以选中图片，单击图片右上角的【布局选项】按钮，选择文字环绕中的任意类型，选中【固定在页面上】。

4. 调整图片

用户如需对图片格式进行调整，使图片更加符合整个文档的风格，一般需要使用【图片工具】选项卡提供的功能。在本案例中，需要设置图片的背景为透明色，使图片很好地和背景融为一体，操作方法如下。

（1）选中图片，单击【图片工具】|【设置透明色】命令。

（2）鼠标光标变成吸管的样式，在背景区域单击，即可删除图片背景颜色。

4.4.3　形状的插入与编辑

为了使重要信息引人注目，本案例插入了一个"箭头"形状，操作方法如下。

（1）单击【插入】|【形状】，打开【形状】下拉列表。

（2）在【箭头总汇】分类中选择一个形状，此时鼠标光标变成黑色实心十字形，按住鼠标左键拖动，即可绘制一个形状。

（3）选中形状，激活如图 4.41 所示【绘图工具】选项卡，设置样式为【细微效果.矢车菊蓝，强调颜色 5】，如图 4.42 所示。

（4）右击形状，选择【添加文字】快捷菜单，在文本框中输入"扫码"。

图 4.41　【绘图工具】选项卡

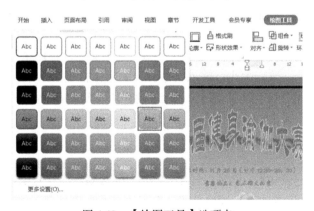

图 4.42　【绘图工具】选项卡

4.4.4　艺术字的插入与编辑

在报纸、广告、请柬、节目单等文档中经常会使用各式各样的艺术字，给文档增添了强烈的视觉冲击效果。WPS插入艺术字后系统会激活【文本工具】选项卡（图4.43）和【绘图工具】选项卡（图4.41），所有编辑和处理图形的方法对艺术字也适用，具体操作步骤如下：

（1）单击【插入】|【艺术字】按钮，在弹出的下拉列表中选择一种预设样式的艺术字。

（2）文档中即插入文本框并提示"请在此放置您的文字"。

（3）输入文字内容"第六届健身瑜伽大赛"，设置【字体】为【华文隶书】，【字号】为【48】号。

（4）选中艺术字，用鼠标拖动艺术字至合适的位置，调整艺术字边框的控点，改变艺术字的大小。

（5）单击【文本工具】|【文本效果】|【转换】|【弯曲】|【到V形】，设置艺术字弯曲样式。

（6）单击【文本工具】|【文本效果】|【阴影】|【透视】|【左上对角透视】，设置艺术字阴影效果。

图4.43　【文本工具】选项卡

4.4.5　文本框的插入与编辑

文本框是存放文本、表格、图形等对象的容器。用户可随时将文本框移动到页面中的任何位置，也可以设置文字环绕方式，还可以进行放大或缩小等操作，因此文本框是实现文本、表格、图形等对象精确定位的有力工具。插入文本框后，系统激活【文本工具】选项卡和【绘图工具】选项卡，操作方法和艺术字类似。

在本案例中，插入了2个文本框，分别显示时间地点和主办方信息，效果如图4.38所示，操作步骤如下：

图4.44　文本框形状填充

（1）单击【插入】|【文本框】|【预设文本框】|【横向】。

（2）鼠标光标变成黑色实心十字形，按住鼠标左键拖动，即可绘制一个横向文本框。

（3）选中文本框，用鼠标拖动至合适的位置，调整文本框边框的控点，改变大小，输入文字，设置字体格式。

（4）选中文本框，激活【文本工具】选项卡，设置【形状填充】为【无填充颜色】（图4.44），设置【形状轮廓】为【无边框颜色】。

4.4.6　二维码的插入与编辑

二维码利用图形记录文本、网址、名片、WiFi、电话等数据符号信息，使用电子扫描设备如手机、平板电脑等，可自动识别读取信息，实现信息的自动处理，具有存储信息量大、保密性高等特点。WPS可以快速生成二维码，操作方法如下：

（1）单击【插入】|【更多】|【二维码】，打开【编辑二维码】对话框。

（2）在【输入内容】文本框中输入健身瑜伽比赛报名网址"https://www.wjx.top/vm/mBg930o.aspx"，在右下角根据需要设置颜色、嵌入Logo、嵌入文字、选择图案样式等，如图4.45

所示，设置完成后单击【确定】按钮，即可生成二维码。用户通过扫描该二维码，可打开报名网址，提交报名信息。

图 4.45　插入二维码

4.4.7　插入图表

　　WPS 为用户提供了流程图、脑图、智能图形等各种图表，用以丰富文档的内容，提高可读性，使文档更加形象生动。下面以智能图形为例介绍 WPS 插入图表的方法。

　　（1）单击【插入】|【智能图形】，打开【智能图形】对话框，如图 4.46 所示。

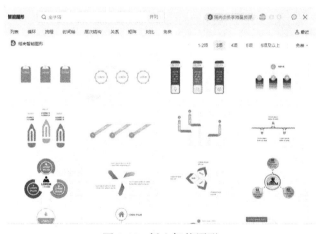

图 4.46　插入智能图形

　　（2）单击右侧【免费】类别，可以看到系统提供了大量设计精美并可免费使用的智能图形。选择一个图形插入文档中，根据实际需要修改即可使用。

4.5　制　作　表　格

　　表格作为日常工作中一种常见的简明扼要的信息表达方式，具有结构严谨、效果直观、信息量大等特点。表格由行和列组成，表格中容纳资料的基本单元简称为"单元格"，单元格可容纳文本、图形、图片等信息。

4.5.1 创建表格

WPS 提供了多种创建表格的方法。

1. 通过示意表格创建表格

切换至【插入】选项卡，单击【表格】按钮，打开表格下拉列表，如图 4.47 所示。在"插入表格"栏中拖动鼠标，文档编辑区中随即可预览表格创建效果，选择行列数，单击即可插入一张表格。

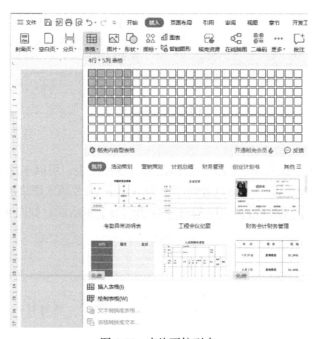

图 4.47 表格下拉列表

2. 根据模板创建表格

单击【插入】|【表格】按钮，打开下拉列表，可以看到【稻壳内容型表格】中列出了许多表格模板（有收费和免费两种类型），选择一个模板，即可生成表格。

图 4.48 【插入表格】对话框

3. 插入指定行列数的表格

如果插入的表格有较多的行和列，选择【插入】|【表格】|【插入表格】选项，打开【插入表格】对话框，如图 4.48 所示，分别输入表格行数和列数，单击【确定】按钮即可插入表格。

4. 手动绘制表格

对于一些不规则的表格，可以使用绘制表格的方法来创建表格。选择【插入】|【表格】|【绘制表格】选项，这时

鼠标变为一支笔的形状，拖动鼠标可以在页面中绘制表格边框线。绘制表格时，激活【表格工具】选项卡（图 4.49）和【表格样式】选项卡（图 4.50）。表格绘制完成后，按 Esc 键或再次单击【表格工具】|【绘制表格】按钮。如果绘制了多余的边框线，可以使用【表格工具】|【擦除】按钮删除。

图 4.49　【表格工具】选项卡

图 4.50　【表格样式】选项卡

5. 将文本转换成表格

若将文本转换成表格，数据之间需要由特殊的分隔符（如空格、逗号、制表符、段落标记等）分隔开，且分隔符不能用全角字符，具体操作步骤如下：

（1）选定需转换成表格的文本。

（2）单击【插入】|【表格】|【文本转换成表格】选项，弹出如图 4.51 所示的对话框。

（3）单击【确定】按钮即可生成表格。

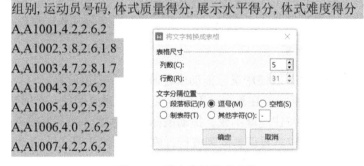

图 4.51　将文本转换成表格

4.5.2　编辑表格

1. 在表格中移动光标位置

在表格中移动光标的位置，可按键盘上的"←"键和"→"键，还可以按 Tab 键，每次可以向右移动一个单元格，如果按住 Shift 键的同时再按一下 Tab 键，则向左移动一个单元格。

2. 选定表格内容

选定表格中的单元格、列、行或整个表格，方法如表 4.1 所示。此外，也可单击【表格工具】|【选择】下拉列表进行选择。

表 4.1　选定表格方法

选定对象	操作
一个单元格	单击单元格左端的选定标记↗
一行	单击该行的左侧
一列	光标移动到某列顶端呈现↓时单击
多个单元格、行或列	在要选定的单元格、行或列上拖动鼠标
选定整个表格	单击表格左上角的⊞图标

3. 删除表格对象及内容

（1）删除表格内容：首先选定要删除的表格内容，然后按 Delete 键。

（2）删除表格、单元格、行或列：首先选定要删除的对象，或将插入符放置在需要删除的对象中，单击【表格工具】|【删除】按钮，弹出下拉列表，选择所需的命令。

4. 在表格中插入行或列

在表格中选中某一行或某一列，单击【表格工具】选项卡中的【在下方插入行】【在上方插入行】【在左侧插入列】【在右侧插入列】按钮，即可在表格中插入行或列。

提示：如果需要在表格最下方增加行或在最右侧增加列，WPS 还提供了一种快速简便的方法，即选中表格，表格右侧和下方出现 + 加号，单击加号即可实现增加行或列。

5. 改变表格的行高和列宽

改变表格的行高和列宽可以使用鼠标拖动或者通过命令按钮设置。

（1）使用鼠标拖动。将鼠标放在需要调整的线条上，如果是竖线，光标变成╫形状；如果是横线，光标变成÷形状。按住左键不放，拖动鼠标，到达适合的宽度或高度后松开左键。

（2）通过命令设置。选定需要调整的列或行，单击【表格工具】|【自动调整】，在弹出的下拉列表中选择【适应窗口大小】、【根据内容调整表格】、【行列互换】、【平均分布各行】或者【平均分布各列】。如果对行高和列宽有精确的要求，则可在【高度】和【宽度】文本框里输入具体的数值。

6. 单元格的合并或拆分

制作表格时经常需要合并或拆分单元格。操作方法遵循"先选择，后操作"的原则，首先选定要操作的单元格，然后切换至【表格工具】选项卡，选择【合并单元格】或者【拆分单元格】。若是拆分单元格，将打开【拆分单元格】对话框，设置需要拆分的列数和行数即可。

7. 设置对齐方式

为了使表格更加美观，通常需要设置表格和单元格的对齐方式。

1）表格的对齐方式

将插入符定位到表格中，单击【表格工具】|【表格属性】按钮，弹出【表格属性】对话

框，选择【表格】选项卡，在【对齐方式】栏中选择对齐方式。

2）单元格的对齐方式

将插入符定位到单元格中，单击【表格工具】|【对齐方式】下拉列表，其中显示了 9 种对齐方式，选择所需的对齐方式即可。

8．设置斜线表头

绘制斜线表头可以单击【表格样式】|【绘制斜线表头】按钮，打开【斜线单元格类型】对话框，如图 4.52 所示，选择一个斜线表头，单击【确定】按钮。

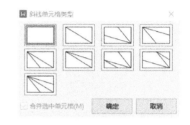

图 4.52　绘制斜线表头

4.5.3　格式化表格

1．套用表格样式

WPS 提供了多种表格样式，可以根据需要套用样式。将插入点定位在表格中，单击选择【表格样式】|【样式】下拉按钮，在弹出的下拉列表中选择一种样式即可。本案例选择了【浅色样式 1-强调 5】样式。

图 4.53　设置边框和底纹

2．设置表格边框和底纹

设置底纹的方法是，选中表格或单元格，单击【表格样式】|【底纹】下拉列表，选择底纹颜色。设置边框的方法类似，单击【表格样式】|【边框】下拉列表，选择一种边框类型。将插入点定位在表格中，单击【表格样式】|【边框】|【边框和底纹】，弹出【边框和底纹】对话框，也可以设置表格边框和底纹，如图 4.53 所示。本案例为了使标题行醒目显示，设置标题行单元格的底纹为"橙色"。

3．表格的跨页处理

若一张表格在一个页面中无法全部显示，就会出现表格跨页问题。为了防止表格在另一页缺少标题行，可以选中表格或将插入符定位在标题行，单击【表格工具】|【重复标题行】按钮，即可在另一页面自动添加标题行，如图 4.54 所示。

4.5.4　表格中的数据计算

用户可以对表格中的数值型数据进行简单计算，如求和、求平均值等。下面以计算"裁判打分汇总表"的"总分""平均分"为例，介绍表格数据计算的操作步骤。

1．快速计算

（1）由于第一行是标题行，不需要计算，因此选中表格第二行至最后一行的"体式质量得分""展示水平得分""体式难度得分"单元格。

裁判打分汇总表

组别	运动员号码	体式质量得分	展示水平得分	体式难度得分	总分
A	A1010	4	2.3	1	
A	A1009	4.2	2.7	2	
A	A1008	3.9	2.8	2	
A	A1007	4.2	2.6	2	
A	A1006	4.0	2.6	2	
A	A1005	4.9	2.5	2	
A	A1004	3.2	2.6	2	
A	A1003	4.7	2.8	1.7	
A	A1002	3.8	2.8	1.8	
A	A1001	4.2	2.6	2	
B	B1020	4.2	2.6	2	
B	B1019	4.2	2.6	2	
B	B1018	13.6	2	1	
B	B1017	4.0	2.3	2	
B	B1016	4.4	2.6	2	
B	B1015	4.2	2.6	2	
B	B1014	4.8	2.9	2	
B	B1013	4.2	2.6	2	

组别	运动员号码	体式质量得分	展示水平得分	体式难度得分	总分
B	B1012	4.2	2.6	2	
B	B1011	3.8	2.3	1	
C	C1030	4.4	2.6	2	
C	C1029	4.3	2.8	1.9	
C	C1028	4.8	2.6	2	
C	C1027	4.2	2.3	1	
C	C1026	4.6	2.6	2	
C	C1025	4.1	2.6	1.8	
C	C1024	4.2	2.6	2	
C	C1023	4.8	2.9	1.9	
C	C1022	4.2	2.6	2	
C	C1021	4.2	2.6	1.5	

图 4.54　裁判打分汇总表

（2）单击【表格工具】|【快速计算】|【求和】，即可完成所有运动员总分的计算。

（3）选中表格第二行至最后一行的"体式质量得分""展示水平得分""体式难度得分"单元格，单击【表格工具】|【快速计算】|【平均值】。

（4）系统在表格下方自动插入一行，同时将分类计算的平均分显示在该行。

提示：快速计算除了求平均值和求和，还可以求最大值、最小值，操作类似。快速计算的结果会显示在后一个单元格，若没有后一个单元格，系统会新增加一行或一列显示计算结果。如果需要进行更加复杂的计算或设置计算结果的格式，则需要使用接下来介绍的"插入公式计算"方法。

2. 插入公式计算

（1）将光标置于"总分"列最后一行的单元格中。

（2）单击【公式】按钮，打开【公式】对话框，如图 4.55 所示，在【公式】文本框中输入"=AVERAGE(ABOVE)"（也可以利用辅助选项输入，单击【粘贴函数】选择"AVERAGE"，单击【表格范围】选择"ABOVE"）。

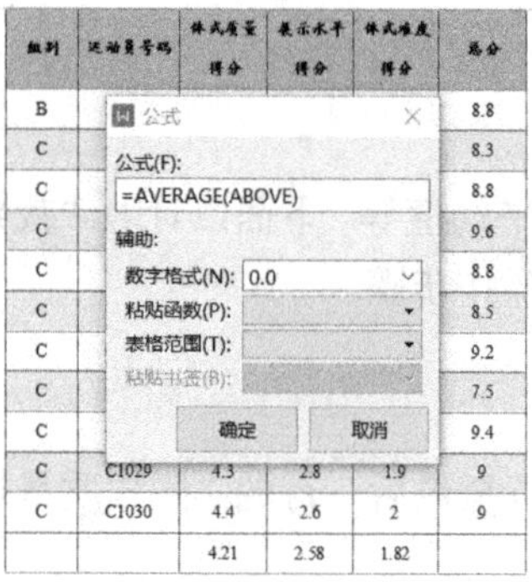

（3）单击【数字格式】文本框，可设置单元格格式，本案例输入"0.0"表示保留一位小数，也可单击【数字格式】下拉列表选择单元格格式。单击【确定】按钮，即可求出所有运动员"总分"的平均成绩。

图 4.55　插入公式

提示：若表格中的原始数据有变动，则保存公式的单元格不能实时自动更新计算结果，需要用户手动更新。操作方法是选中保存公式的单元格右击，在弹出的快捷命令中选择【更新域】命令。

4.5.5　表格中的数据排序

在 WPS 中，可以按照递增和递减的顺序将表格的内容按数字、笔画、拼音及日期进行排序。

按照比赛规则，需要对打分表格进行数据排序，操作步骤如下。

（1）选中成绩单表格除最后一行（平均分行）之外所有的行。

（2）切换至【表格工具】选项卡，单击【排序】按钮，打开【排序】对话框，如图 4.56 所示。

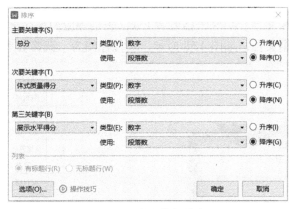

图 4.56　表格数据排序

（3）设置【主要关键字】为"总分""降序"，【次要关键字】为"体式质量得分""降序"，【第三关键字】为"展示水平得分""降序"，单击【确定】按钮完成排序。

提示：由于本案例在排序前使用了表格样式，数据排序后需要重新应用表格样式，设置标题行的颜色填充等格式。

4.6　高　级　应　用

WPS 文字是一款功能强大的文字编辑软件，除了常用功能之外，本节主要介绍邮件合并、使用样式和插入目录等高级功能。

4.6.1　邮件合并

在日常生活和工作中，有时需要批量制作邀请函、奖状、出入证、成绩单等内容大体相同的文档，利用邮件合并功能，可以从一个范文文档快速生成结构相似的内容区块，让工作更有效率。

使用邮件合并功能，需要准备两个文档，一个主文档，一个数据源文档。首先，用户需要将版式统一的文字模板保存为主文档，将内容不同部分以表格形式保存到数据文档。接着，建立邮件"合并域"，即将数据文档中的信息合并到主文档。最后批量生成若干文档，完成邮件合并。邮件合并不仅仅用于处理邮件，具有上述原理的文档都可以使用该功能批量生成文档。

下面以制作"奖状"为例，介绍制作邮件合并文档的过程。

1. 创建主文档

（1）单击【文件】|【新建】|【新建文字】，在搜索文本框中输入"奖状 免费"，选择一个免费模板。

（2）根据实际需要对奖状模板进行修改，重新设置页面布局格式，修改文字图案等元素，修改完成后另存为"奖状.wps"，如图 4.57 所示。

2. 创建数据文档

用户可以使用 WPS 文字、WPS 表格或者 Excel 表格等应用程序建立数据文档。本案例使用 WPS 表格建立了数据文档，如图 4.58 所示，文件存储为"获奖名单.xlsx"。

序号	姓名	奖项
1	陈雨婵	优秀志愿者
2	冯昱天	优秀志愿者
3	何雨瑄	优秀志愿者
4	李晨	杰出志愿者
5	李嘉莉	杰出志愿者
6	李珏锐	杰出志愿者
7	潘泽软	杰出志愿者
8	桑佳慧	优秀组织者
9	李辛杰	优秀组织者
10	张子怡	优秀组织者

图 4.57　奖状主文档　　　　　　图 4.58　数据文档

3. 建立邮件合并域

在主文档中插入合并域，具体操作步骤如下：

（1）打开主文档"奖状.wps"。

（2）单击【引用】|【邮件】，激活【邮件合并】选项卡，如图 4.59 所示。

图 4.59　【邮件合并】选项卡

（3）单击【邮件合并】|【打开数据源】，打开【选取数据源】对话框，选择数据文档"获奖名单.xlsx"。

（4）将插入符定位到主文档文字"同学"的前面，单击【邮件】|【插入合并域】下拉列表，选择"姓名"域。

（5）插入符位置出现"《姓名》"，表示姓名域插入成功。

（6）使用相同的方法，将"奖项"域插入主文档中，如图 4.60 所示。

图 4.60　插入合并域

4. 预览和打印信函

单击【邮件合并】|【查看合并数据】，弹出主文档与数据文档合并后的效果图。单击【邮件合并】|【预览结果】中的【首记录】【上一条】【下一条】【尾记录】可浏览批量生成的奖状。单击【合并到打印机】按钮便可打印全部奖状；也可单击【合并到新文档】，将所有奖状合并为一个文档，如图 4.61 所示。

图 4.61　邮件合并预览

一个人带动一群人，一群人带动一座城

　　每逢重要体育赛事，志愿服务都是赛事的重要组成部分。第十四届全运会有 1.5 万名赛会志愿者。这些被大家亲切地称为"小秦宝"的志愿者，坚守在赛场的各个角落，哪里有需要，哪里就有他们的身影。"小秦宝"以饱满的状态、贴心的服务、暖心的形象为赛事提供全方位、高质量的志愿者服务，成为第十四届全运会的靓丽名片。

　　青春之所以美好，是因为有奋斗和奉献的气息。在第十四届全运会现场，用"小秦宝"的话来说，参与志愿服务不仅能够丰富业余生活，也能积累更多社会经验、增强社会责任感、提高知识技能，是在实践中锻炼成长的有效途径。

　　一个人带动一群人，一群人带动一座城。在赛事服务中，做好每一件小事、完成好每一项任务、履行好每一项职责是"小秦宝"的承诺。无论台前还是幕后，他们用贴心周到的服务奉献爱心、温暖人心，赢得无数点赞，用青春的激情打造最美的陕西名片，向人们传递着"请放心、有我在"的青春正能量。

4.6.2　使用样式

　　样式是指字符格式和段落格式的集合。使用样式可以确保格式编排的一致性，显著提高格式编排的效率。

　　1. 查看与应用样式

　　在文档编辑区选择文本，在【开始】|【样式】组中处于选中的按钮即表示该文本应用的样式。如需应用其他内置样式，单击【样式】，打开下拉列表，从中选择一种样式即可。文本应用系统内置的【标题 1】样式后，显示效果如图 4.62 所示。

图 4.62　应用"标题 1"样式的效果

　　2. 新建与修改样式

　　1）新建样式

　　如果样式库中的样式不符合要求，可以新建样式，操作步骤如下：

　　（1）单击【开始】|【样式】组右下角的下拉按钮，在菜单中选择【新建样式】，如图 4.63 所示。

　　（2）打开【新建样式】对话框，在【名称】文本框中输入"竞赛规程一级标题"，【字体】为"黑体"，【字号】为"三号"。

　　（3）单击左下角【格式】下拉列表，选择段落，打开段落对话框，设置【首行缩进】为"无"，【大纲级别】为"1 级"。

　　（4）单击【确定】按钮，样式创建成功。

　　（5）单击【开始】|【样式】，打开下拉列表，可查看新建的样式。

　　2）修改样式

　　若要修改某一个已经存在的样式，如将"标题 1"样式前面的小黑点去掉，具体操作步骤如下：

　　（1）在【开始】选项卡【样式】组中，右击【标题 1】样式，在弹出的菜单中选择【修改样式】命令。

　　（2）打开的【修改样式】对话框如图 4.64 所示，单击左下角的【格式】按钮，选择【段落】选项。

　　（3）在弹出的【段落】对话框中，切换到【换行和分页】选项卡，取消勾选【与下段同页】、【段中不分页】复选框，单击【确定】按钮。

　　提示：样式修改成功后，应用该样式的所有对象的格式都会随之发生更改。

图 4.63　新建样式　　　　　　　　图 4.64　【修改样式】对话框

4.6.3　插入目录

编辑书籍、论文等篇幅较长的文档时，通常需要将文档分为若干章节，每个章节设置标题。WPS 提供了使用文档中的章节标题自动生成目录的功能，能够帮助用户快速掌握文档内容，纵览全文结构。

1. 创建目录

（1）将光标定位到要存放目录的位置，单击【引用】|【目录】下拉按钮，选择一种智能目录，如图 4.65 所示。

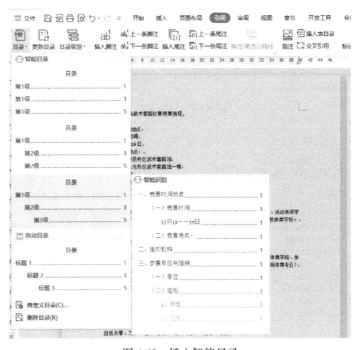

图 4.65　插入智能目录

（2）弹出【提示】对话框，如图 4.66 所示，单击【是】按钮，即可插入智能目录。

图4.66 【提示】对话框

（3）主窗口左侧出现【导航】窗格，显示的内容是系统自动添加的目录，如图 4.67 所示。如果目录不符合要求，可以手动删除目录项。操作方法是选中不需要的目录文字，单击【导航】窗格上方的减号即可删除目录项，如图4.68所示。

（4）如需添加或者调整目录级别，单击【引用】|【目录级别】按钮，打开目录级别下拉列表，如图4.69所示。

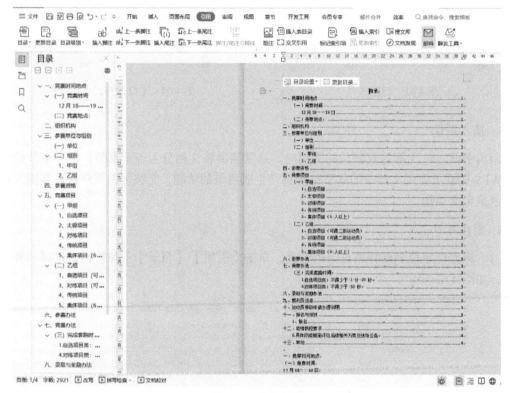

图4.67 导航窗格

图4.68 删除目录项

图4.69 设置目录级别

（5）选择文档中的一级标题文字，设置【目录级别】为【1 级目录】，选择二级标题文字设置为【2 级目录】，依此类推。

2. 更新文档目录

用户插入目录后，若因后期修改目录标题或增删正文内容导致页码变化而需要更新目录，可单击【引用】|【更新目录】，弹出【更新目录】对话框，如图 4.70 所示，选择【更新整个目录】，单击【确定】按钮。

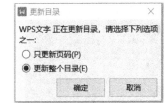

图 4.70　更新目录

4.7　拓　展　实　训

4.7.1　制作运动会开幕式看台座位安排表

运动会即将开幕，为了方便嘉宾快速找到座位，请设计如图 4.71 所示的运动会开幕式看台座位安排表。

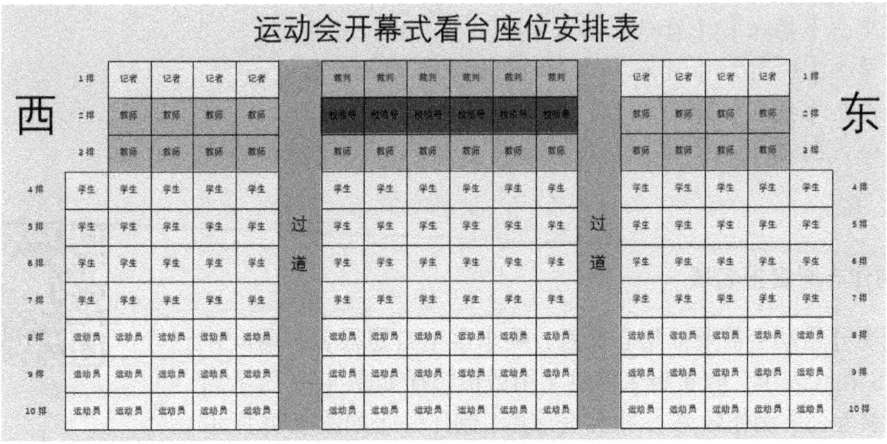

图 4.71　座位安排表

提示：

（1）插入 10×20 表格，"过道""东""西"文字显示区域，需要合并单元格。单击【表格工具】|【合并单元格】可以合并单元格。

（2）单击【表格工具】|【对齐方式】下拉列表可设置单元格对齐方式。

（3）单击【表格样式】|【边框】可以显示或隐藏表格边框。

（4）单击【表格样式】|【底纹】可以设置单元格颜色填充。

（5）相同格式的单元格也可使用格式刷复制格式。

4.7.2　制作规章制度汇编

某校对管理规章制度重新进行了修订，各部门分别提交了负责修订的规章制度，请将所有制度合并到一个文件，制作规章制度汇编，设置统一的格式，并插入封面，如图 4.72 所示。

提示：

（1）新建文档，选择【插入】|【对象】|【文件中的文字】选项，打开【插入文件】对话

图 4.72　制度汇编

框，选择多个文档，单击【打开】按钮，即可将选中的多个文档合并到一个文档中。

（2）以"正文"样式为基准，新建"制度名称""章节""制度正文"样式。方法：【开始】|【样式】组|【新建样式】。样式设置参考："制度名称"样式设置为【字体】为"黑体"，【对齐方式】为"居中对齐"，【字号】为"二号"，【大纲级别】为"1级"，【段落】|【换行与分页】|【段前分页】为勾选状态（每个规章制度名称之前加入分页符，另起一页）；"章节"样式设置为【字体】为"黑体"，【字号】为"三号"，【段落】|【大纲级别】为"2级"；"制度正文"样式设置为【字体】为"仿宋"，【字号】为"小四号"，段落首行缩进2个字符。

（3）选定文本，单击【开始】|【样式】组，应用自定义样式。

（4）单击【插入】|【页眉页脚】插入页眉。

（5）单击【插入】|【页码】插入页码。

（6）单击【引用】|【目录】|【自定义目录】插入目录。

（7）单击【插入】|【封面页】插入封面。

（8）修改封面中的文字，插入并编辑图片、形状、艺术字等元素。

4.7.3　制作志愿者报名表

学校召开运动会需要征集志愿者，要求学生自愿报名，请设计一个 WPS 在线表单，收集报名信息（用微信扫描如图 4.73 所示的二维码，参考表单制作效果），报名完成后，制作一张如图 4.74 所示的志愿者报名信息表。

运动会志愿者报名

微信扫码或长按识别，填写内容

图 4.73　报名二维码

运动会志愿者报名表

编号	姓名	性别	手机号	服务项目	证件照
1001	刘兴	男	153****8891	会务	
1002	李欣悦	女	133****5874	裁判	

图 4.74　报名表

提示：

（1）制作表单。打开 WPS Office，在【首页】页面，单击【新建】|【新建表单】，选择【表

单】|【新建空单】。

（2）打开【新建表单】主窗口。首先，输入表单标题。接着，添加题型，【常用模板】中添加"姓名""性别""手机号"；【基础题型】中添加"服务类型"【单选题】，"上传证件照制作胸牌"【图片题】。最后，单击右上角的【发布并分享】按钮。

（3）设置权限，分享二维码或链接至微信群或 QQ 群，发送给被邀请人，通知填写表单。

（4）被邀请人单击链接或扫描二维码进入表单填写页面，填写并提交信息。

（5）数据填报结束后，打开 WPS Office，在【首页】页面，单击【文档】|【我的云文档】|【应用】|【我的表单】文件夹，即可看到一个表格文件、一个表单文件和一个文件夹。其中，表格文件是收集到的姓名、性别等数据汇总信息，文件夹中保存的是用来制作胸牌的证件照。

（6）打开表格文件，选定并复制整个表格，新建一个 WPS 文字空白文档，粘贴至该文档。

（7）删除"提交时间"等列，在左侧添加"序号"列，设置表格边框、行高、行宽等格式，在表格上方添加标题、修改表格字段名称等。

4.7.4　制作志愿者胸牌

运动会志愿者报名结束后，需要为每一位志愿者设计制作一个胸牌，如图 4.75 所示。

提示：

（1）根据已有的胸牌型号，或者在网上搜索常用胸牌的型号，设置纸张大小。

（2）设置页面背景，添加艺术字、形状、文本框等元素，完成胸牌设计，保存为主文档。

（3）打开上个案例制作的"运动会志愿者报名表"，删除表格上方的"运动会志愿者报名表"标题，插入"编号"列，为志愿者分配编号，保存退出。

（4）在主文档中，单击【引用】|【邮件】，激活【邮件合并】选项卡。

（5）单击【邮件合并】|【打开数据源】，选择"运动会志愿者报名表"文件。

（6）插入姓名、编号、岗位、证件照等合并域。

（7）查看批量生成的志愿者胸牌。

（8）打印志愿者胸牌。

图 4.75　志愿者胸牌

习　　　题

一、单项选择题

1. WPS 文字专用格式文件展名是（　　　）。

A. txt　　　　　　　　B. doc　　　　　　　　C. wps　　　　　　　　D. docx

2. 在【打印】对话框，页码范围文本框中输入"1,3,5,7-9"，表示要打印（　　　）。

A. 奇数页　　　　　B. 偶数页　　　　　C. 1、3、5、7、8、9页　　　D. 第1至9页

3. 在 WPS 的编辑状态下，当前输入的字符显示在（　　　）。

A. 鼠标光标处　　　　　　　　　　B. 文件尾部

C. 插入符所在位置　　　　　　　　D. 当前行尾部

4. 在 WPS 中，按（　　　）键可以在插入和改写两种状态中进行切换。

A. Alt　　　　　B. Ctrl　　　　　　C. Shift　　　　　　D. Insert

5. 在 WPS 中，选定文本后，（　　　）拖动文本到需要处即可实现文本的移动。

A. 按住 Esc 键的同时　　　　　　B. 按住 Ctrl 键的同时

C. 按住 Alt 键的同时　　　　　　D. 无需按键

6. 在 WPS 文字中，要选定一个矩形区域，应按住（　　　）键并拖动鼠标。

A. Ctrl　　　　　B. Alt　　　　　　C. Esc　　　　　　D. Enter

7. 在 WPS 文字中，建立一个新文档，系统默认的段落格式为（　　　）。

A. 居中对齐　　　B. 左对齐　　　　C. 两端对齐　　　　D. 分散对齐

8. 在 WPS 文字中，有一个段落的最后一行只有一个字符，想把该字符合并到上一行，下述方法中（　　　）无法达到该目的。

A. 减小该段落文本的字号　　　　　B. 减小页面的左右边距

C. 减小该段落文本的字间距　　　　D. 减小该段落的行间距

9. WPS 常用工具栏中的"格式刷"可用于复制文字或段落的格式，若要将选中的文字或段落格式重复应用多次，应执行的操作是（　　　）。

A. 单击格式刷　　B. 双击格式刷　　C. 按 Ctrl 键　　　　D. 按 Esc 键

10. 利用邮件合并功能，无法完成的操作是（　　　）。

A. 编辑网页　　　B. 制作邀请函　　C. 制作信封　　　　D. 制作工资条

二、判断题

1. WPS 无需注册登录即可建立在线文档。　　　　　　　　　　　　（　　　）

2. WPS 文字只能打开一种格式的文档，即扩展名为"wps"的文档。　（　　　）

3. 在 WPS 文字中，选择某个文字后，连击两次【开始】|【字体】组中的【加粗】按钮后，文字的格式不变。　　　　　　　　　　　　　　　　　　　　　（　　　）

4. 设置段落格式时，必须选定该段落的全部文字。　　　　　　　　（　　　）

5. 按 Delete 键删除图片后，可以通过【粘贴】命令恢复删除。　　　（　　　）

6. 文本框里可以插入图片和表格。　　　　　　　　　　　　　　　　（　　　）

7. 表格和文本可以相互转换。　　　　　　　　　　　　　　　　　　（　　　）

8. 在 WPS 文字中，如果选中表格再按 Delete 键，则该表格被删除。（　　　）

9. 样式是系统内置的，无法新建样式。　　　　　　　　　　　　　　（　　　）

10. 插入目录后，如果有文字或页码有改变，只能删除后重新插入。（　　　）

三、填空题

1. 在文档编辑时，如需插入页眉和页脚，并观看效果，应使用＿＿＿＿＿视图方式。

2. WPS 文档在打印之前最好进行＿＿＿＿＿，以确保满意的打印效果。

3. 使用【开始】选项卡中的＿＿＿＿＿命令，可以将 WPS 文字文档中的一个关键词改变为另一个关键词。

4. 可以单击快速访问工具栏中的_____按钮或者按【Ctrl+Z】组合键，撤销上一步操作。

5. 将鼠标光标移动到文档左侧的选定区选定某行的内容，则鼠标的操作是_____。

6. 在 WPS 中，段落标记是在按键盘_____键之后产生的。

7. 段落对齐方式可以有左对齐、右对齐、_____、_____和_____五种方式。

8. 设置_____是将段落开头的第一个字或若干字母设置为大号文字，并以下沉或悬挂的方式显示。

9. 在 WPS 文字中，要插入页眉、页脚，可以选择【_____】|【页眉和页脚】组中的按钮。

10. 利用_____功能，可以将一个范文文档快速生成结构相似的内容区块。操作时需要有两个文档，一个是主文档，另一个是_____文档。

第5章 WPS 表格处理

WPS 表格是国产办公软件 WPS Office 的重要组成部分，可以将庞大的数据以表格或图表直观展示，且具有强大的数据计算与分析功能，被广泛应用于管理、统计、财经、金融等众多领域。

本章学习目标

- ➢ 掌握 WPS 表格的创建。
- ➢ 掌握公式和函数的使用方法。
- ➢ 掌握数据的排序、筛选、分类汇总和数据透视表的基本操作。
- ➢ 掌握图表的创建和编辑。
- ➢ 掌握工作表的页面设置和打印。

5.1 WPS 表格的创建

WPS 表格能够进行各种类型数据的处理，数据表格的创建是数据分析和管理的基础。

5.1.1 WPS 表格工作界面

WPS 表格的工作界面与 WPS 文字的工作界面类似，主要包括标签栏、选项卡、功能区、编辑区、工作表区以及状态栏等，如图 5.1 所示。下面只介绍编辑区和工作表区，其他区域的功能与 WPS 文字基本相同，这里不再赘述。

1. 编辑区

名称框：用来显示当前活动单元格的名称或函数名称，如选中 A1 单元格，则名称框中显示 "A1"，也可以根据名称寻找单元格。

插入函数按钮 fx：单击该按钮，将打开【插入函数】对话框，用于选择所需函数并将其插入公式中。

浏览公式结果按钮 Q：在单元格中输入公式后，单击该按钮在编辑栏显示公式计算结果，再次单击该按钮，则编辑栏显示公式。

编辑栏：用于显示当前单元格中输入或编辑的内容，也可以在编辑栏中创建各种复杂的计算公式。

2. 工作表区

工作表区是用来编辑和处理数据的区域，位于窗口的中间位置，由列标、行号、单元格、工作表标签和滚动条组成。列标和行号分别在工作区的上方和左边，工作表内每个小方块形成一个单元格。工作表标签显示工作表的名称，如 "Sheet1"。

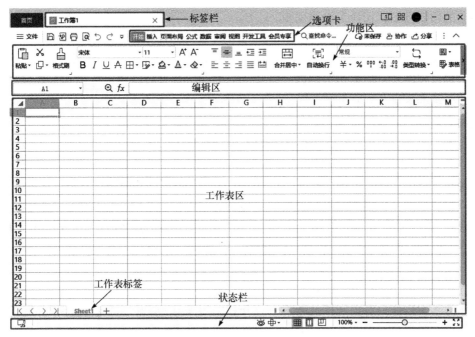

图 5.1　WPS 表格工作界面

5.1.2　工作簿、工作表、单元格的概念

1. 工作簿

工作簿是 WPS 表格中创建的文档，新建的工作簿以"工作簿 1"命名，若继续创建工作簿，则将以"工作簿 2""工作簿 3"等命名，工作簿的名称即文档名显示在标签栏处。WPS 表格文件扩展名是"et"。

2. 工作表

工作表是显示在工作簿窗口中由行和列构成的表格。默认情况下，一张新建的工作簿包含 1 个工作表"Sheet1"，若继续创建工作表，则将以"Sheet2""Sheet3"等命名，工作表名称显示在其左下方的工作表标签处，当前正在使用的工作表称为活动工作表。工作表的行号显示在表格左侧，依次用数字 1、2、…、1048576 表示；列标显示在表格上方，依次用字母 A、B、…、XFD 表示。

3. 单元格

单元格是工作表的最小组成单位，所有的数据都存储在单元格中。工作表编辑区中每一个长方形的小格就是一个单元格，每一个单元格用其所在的列标和行号标识，如 A1 单元格表示位于第 A 列第 1 行的单元格。

工作簿、工作表和单元格之间存在包含与被包含的关系。工作簿就像是日常生活中的账本，而账本中的每一页账表就是一个工作表，账表中的一个方格就是一个单元格。

5.1.3　工作簿视图

在 WPS 表格中，可根据需要在状态栏右边单击不同的视图按钮，或在【视图】选项卡中单击相应的功能按钮，切换工作簿视图。

普通视图：WPS 表格的默认视图，可查看工作表，并能执行数据录入、统计和创建图表等操作。

分页预览视图：可以显示表格四周蓝色的分界线以及页数，将鼠标放在分界线处拖动，可以更改分页的区域。

页面布局视图：应用该视图，工作表会以数据表格在页面中的视图形式展现，方便查看数据在页面中的位置，并可以单击【添加页眉】【添加页脚】【单击可添加数据】等按钮进一步操作。

全屏显示视图：用于全屏显示文档，以便最大限度地呈现表格数据。

阅读模式视图：该模式可以方便地查看与当前单元格处于同一行和同一列的数据，如选中某一个单元格，则与此单元格处于同一行、同一列的数据都被填充颜色突出显示。单击【阅读模式】右侧倒三角按钮可以更改填充颜色。

5.1.4　工作簿的基本操作

工作簿基本操作中有关文档的新建、打开和关闭等与 WPS 文字操作类似，此处不再赘述，下面主要对保存和保护工作簿进行简单介绍。

1. 保存工作簿

单击快速访问工具栏中的保存按钮或按【Ctrl+S】组合键，在打开的【另存文件】对话框中设置工作簿的保存位置及文件名，单击【保存】按钮即可。如果需要更改原有文件的保存位置或文件名，可选择【文件】|【另存为】命令，打开【另存文件】对话框进行更改。

> 提示：一般情况下，【另存文件】对话框下方的【文件类型】可选择 "Microsoft Excel 文件(*.xlsx)" 选项；如果将文档保存为 WPS 表格的专用文件格式，则可选择 "WPS 表格 文件(*.et)"。

2. 保护工作簿

可以通过添加密码对工作簿的结构等进行保护，防止他人删除、移动或添加工作表等。

切换至【审阅】选项卡，单击【保护工作簿】按钮，打开【保护工作簿】对话框，可选择是否采用加密方式来保护工作簿，若采用加密的方式，则在 "密码（可选）" 文本框中输入密码，如输入 "1234"，如图 5.2 所示，单击【确定】按钮，打开【确认密码】对话框，在【重新输入密码】文本框中再次输入 "1234"，单击【确定】按钮。

返回工作表，右击工作表标签，在弹出的快捷菜单中可看到【插入工作表】【删除工作表】等多个命令均呈现灰色，即处于不可执行的状态，表明该工作簿的结构不能更改。

如果要撤销工作簿的保护，单击【撤销工作簿保护】按钮，输入之前设置的密码即可。

5.1.5　工作表的基本操作

工作表是数据显示和分析的主要区域，掌握工作表的操作有助于数据的输入、编辑和管理。工作表的操作主要包括选择、新建、删除、重命名、移动或复制、显示/隐藏工作表、保护工作表等。

1. 选择工作表

单击某个工作表标签，即可选择该工作表。

2. 新建工作表

方法一：单击工作表标签右侧【新建工作表】按钮，末尾工作表之后就会插入一个新的工作表。

方法二：选择某一工作表标签，右击，在弹出的快捷菜单中选择【插入工作表】命令，打开【插入工作表】对话框，如图 5.3 所示，设置插入数目及位置，单击【确定】按钮。

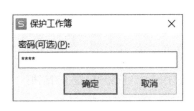

图 5.2　【保护工作簿】对话框

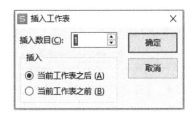

图 5.3　【插入工作表】对话框

3. 删除工作表

右击要删除的工作表标签，在弹出的快捷菜单中选择【删除工作表】命令。

4. 重命名工作表

右击需要重命名的工作表标签，在弹出的快捷菜单中选择【重命名】命令，或双击需要重命名的工作表标签，则该标签以高亮显示，输入新的名称，按 Enter 键即可。

5. 移动或复制工作表

方法一：选择某工作表标签，按住鼠标左键不放，沿着工作表标签拖动鼠标指针到所需位置，松开鼠标左键，即可将该工作表移动到指定位置。如果在拖动鼠标过程中，按住 Ctrl 键，即可复制一个工作表。

方法二：右击某工作表标签，在弹出的快捷菜单中选择【移动或复制工作表】命令，打开【移动或复制工作表】对话框，从中选择目标工作簿，并设置工作表的粘贴位置，以及是复制还是移动工作表（勾选【建立副本】复选框表示复制），如图 5.4 所示，设置完成后单击【确定】按钮。

6. 显示/隐藏工作表

选择要隐藏的工作表标签，右击，在弹出的快捷菜单中选择【隐藏工作表】命令。如果要取消被隐藏的工作表，右击任意一张工作表标签，选择快捷菜单中的【取消隐藏工作表】命令，在弹出的【取消隐藏】对话框（图 5.5）中选择要取消隐藏的工作表，然后单击【确定】按钮可将隐藏的工作表显示出来。

图 5.4　【移动或复制工作表】对话框　　　　　图 5.5　【取消隐藏】对话框

7. 保护工作表

文档中的数据如果不希望他人更改，或者只能在某些单元格填写数据，可以进行工作表的保护。

选择【审阅】选项卡，单击【保护工作表】按钮，弹出【保护工作表】对话框，输入密码，单击【确定】按钮，打开【确认密码】对话框，再次输入密码确认。

完成工作表保护后，如果对工作表中的数据进行修改，则屏幕弹出"被保护单元格不支持此功能"的提示信息。

保护后的工作表如果需要重新编辑，只需单击【审阅】选项卡的【撤销工作表保护】命令，如果之前未设置密码，则工作表保护直接被撤销；如果已设有密码，则弹出【撤销工作表保护】对话框，输入密码，单击【确定】按钮即可。

5.1.6　单元格的基本操作

单元格是工作表中最基本的单位，单元格的操作主要包括选择单元格、合并与拆分单元格、插入与删除单元格等。

1. 选择单元格

选择单个单元格：单击单元格即可选中该单元格，此时该单元格以绿色加粗边框标记。

选择整行或整列：将鼠标指向要选中的行号或列标上，当光标变成黑色箭头时单击即可。

选择连续单元格区域：选择起始单元格（如 A1），按住鼠标左键不放，拖动鼠标至目标单元格（如 D6），松开鼠标左键；或者在选择起始单元格后按住 Shift 键，再单击目标单元格，均可选择从 A1 到 D6 的连续单元格区域，表示为"A1:D6"。

选择多个不连续单元格：按住 Ctrl 键，依次单击需要选择的单元格即可。例如，先单击一个单元格（如 A1），然后再按住 Ctrl 键的同时单击其他单元格（如 C5 和 F6），这样就可以同时选择 A1、C5 和 F6 这三个不连续的单元格，表示为"A1,C5,F6"。

提示：表示单元格区域的冒号、逗号要使用半角符号，否则在公式引用时会出现错误。

选择所有单元格：单击工作表左上角列标和行号交叉处的按钮◢或按【Ctrl+A】组合键。

2. 合并与拆分单元格

合并单元格：选择需要合并的单元格，单击【开始】选项卡的【合并居中】按钮，则这些单元格合并为一个单元格且数据居中显示。WPS 表格还提供了"合并单元格""合并内容""按行合并"等功能，可单击【合并居中】按钮右下方的下拉按钮▾，在弹出的列表中按需选择，如图 5.6 所示。

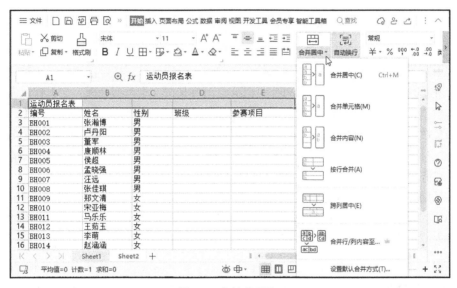

图 5.6　合并单元格

拆分单元格：选择合并后的单元格，单击【开始】选项卡的【合并居中】按钮右下方的下拉按钮▾，在弹出的列表中选择【取消合并单元格】选项。如果勾选【拆分并填充内容】选项，则拆分后的所有单元格填充相同的内容。

3. 插入与删除单元格

插入单元格：右击单元格，弹出快捷菜单，将鼠标移至【插入】命令，其下一级子菜单命令如图 5.7 所示，按需选择即可。

删除单元格：右击单元格，弹出快捷菜单，将鼠标移至【删除】命令，其下一级子菜单命令如图 5.8 所示，按需选择即可。

图 5.7　【插入单元格】命令选项

图 5.8　【删除单元格】命令选项

5.1.7　数据的录入与填充

WPS 表格支持多种类型数据的输入，包括数值、文本、货币、日期、时间、百分比等。每种数据类型都有其特定的格式和输入方法，对于序号等有规律的数据，还可以利用自动填充功能进行高效输入。

1. 录入数据

WPS 表格中录入数据可使用三种途径：①选择单元格后直接录入数据；②双击单元格，将插入点定位至要插入的位置进行录入；③选择单元格，然后将鼠标移至编辑栏单击后录入数据。以上三种途径录入完数据后按 Enter 键即可。

录入文本：文本是包括任何文字或字母以及数字、空格和特殊符号的组合。对于以"0"开头或 11 位以内的纯数字序号，如果要将其作为文本输入，应在首位数字前添加一个英文状态下的单引号，超过 11 的数字文本序号，WPS 表格会自动将其按文本类型处理，文本默认靠左对齐。

录入数值：常规数值可以按数学中的数据表达方式录入即可，数据还可以以不同的格式显示，如整数、小数、分数、百分比、科学记数和货币等。分数的录入使用"0□分子/分母"（□表示"空格"）的格式，例如，要输入 1/3，则以"0□1/3"的形式输入。默认情况下，数值自动右对齐。

输入日期、时间：WPS 表格中日期的录入格式一般为 yyyy-mm-dd 或 yyyy/mm/dd，如 2023-10-1 或 2023/10/1。时间默认格式为 hh:mm:ss，若要采用 12 小时制，需要在时间后加一空格并输入"AM"或"PM"，分别表示上午或下午，如 8:20 AM。

> 提示：如果要输入系统当前日期，按【Ctrl+;】组合键；如果需要输入当前时间，按【Ctrl+Shift+;】组合键；同时输入日期和时间时，则要在日期和时间之间加一个空格。

2. 自动填充数据

当要输入重复数据或具有一定规律的数据或序列时，可以使用 WPS 表格提供的自动填充数据功能来提高工作效率。

1）使用填充柄快速填充表格数据

在单元格中输入数据，将鼠标指针移至该单元格右下角，指针变成实心十字形，将其称为填充柄或填充控制柄，此时按住左键，拖动填充柄至目标单元格后释放鼠标左键，即可完成数据填充，如图 5.9（a）所示，也可在下拉填充后根据需要选择其他填充形式，如图 5.9（b）所示。

（a）填充相同数据

（b）填充序列数据

图 5.9　填充相同数据和序列数据

　　提示：WPS 表格预设了一部分序列，其查看方式为选择【文件】|【选项】命令，打开【选项】对话框，在该对话框的左侧列表中选择【自定义序列】项，则右侧出现系统已有的序列，如图 5.10 所示。

图 5.10　【自定义序列】列表

　　2）使用【序列】对话框填充

　　选定含有初始值的单元格，单击【开始】选项卡，选择【填充】按钮，在打开的下拉列表中选择【序列】选项，打开【序列】对话框，如图 5.11 所示。在"类型"栏中选择填充序列类型，并为填充序列指定步长值（序列增加或减少的数量）和终止值（填充序列的最后一个值，用于限定输入数据的有效范围），单击【确定】按钮。

　　例如，填充一个等比数列，在 A1 中输入"1"，将其选择后打开【序列】对话框，【序列产生在】中选择"列"，【类型】栏中选择"等比序列"，【步长值】文本框中输入"2"，【终止值】文本框中输入终止值"1024"，单击【确定】按钮，则在 A1 至 A11 单元格依次填入 1、2、4、8、…、1024。

5.1.8　设置数据有效性

　　设置单元格的数据有效性，可以通过限定数据内容、范围等规范数据输入，其操作步骤如下：

　　（1）选择需要设置的单元格区域。

　　（2）选择【数据】|【有效性】按钮，打开【数据有效性】对话框。

　　（3）在【设置】选项卡中进行设置，例如，在【允许】下拉列表中选择"序列"，在"来源"框中输入"男,女"，单击【确定】按钮。

提示：在输入"男,女"时，选项之间用英文逗号隔开，如图 5.12 所示。

图 5.11　【序列】对话框　　　　　　　　图 5.12　文本有效性设置

设置完单元格的数据有效性后，如果在该区域单元格输入不允许的数据，则屏幕出现错误提示信息。另外，对于设置的序列单元格，还可以单击单元格右侧的下拉箭头选择相应数据进行录入。

表格文件的创建和数据的规范输入有利于后序数据的处理，下面创建一个名为"学生信息表.xlsx"的工作簿，学生的基本信息如图 5.13 所示，具体操作如下：

（1）启动 WPS 表格，创建一个空白工作簿。

（2）在工作表 Sheet1 的 A1、A2～H2 单元格中依次输入"学生基本信息表""学号""姓名""性别""出生日期""政治面貌""民族""身份证号""专业"。

（3）在 A3 单元格输入"'230101001"，使用填充柄拖动至 A17 单元格。

（4）选中 C3 至 C17 单元格，参照图 5.12 所示设置该区域的数据有效性；同理，设置 E3 至 E17 单元格的数据有效性，在【来源】中输入"群众,共青团员,中共党员"。这两列数据可通过单击单元格右侧下拉箭头选择相应数据进行录入。

	A	B	C	D	E	F	G	H
1	学生基本信息表							
2	学号	姓名	性别	出生日期	政治面貌	民族	身份证号	专业
3	230101001	侯倩	女	2004/4/18	共青团员	蒙古族	6211032004 0418****	舞蹈表演
4	230101002	刘思雨	女	2004/9/28	中共党员	汉族	1456242004 0928****	舞蹈表演
5	230101003	梁佳伟	男	2005/7/12	共青团员	汉族	6231022004 0712****	舞蹈表演
6	230101004	马旭阳	男	2004/9/24	中共党员	回族	3423022004 0924****	舞蹈表演
7	230101005	张雨轩	男	2005/5/29	共青团员	汉族	6329012005 0529****	舞蹈表演
8	230101006	孙妍	女	2004/7/25	共青团员	汉族	3446212004 0725****	舞蹈表演
9	230101007	李海洋	男	2005/1/21	共青团员	汉族	3723022005 0121****	舞蹈表演
10	230101008	王欣然	女	2005/3/12	共青团员	满族	4262812005 0312****	舞蹈表演
11	230101009	赵瑞坤	男	2004/1/3	共青团员	汉族	6115232004 0103****	舞蹈表演
12	230101010	李鑫磊	男	2005/5/31	共青团员	汉族	6201342005 0531****	舞蹈表演
13	230101011	李子濛	女	2005/8/15	群众	汉族	6111022005 0815****	舞蹈表演
14	230101012	栗家悦	女	2004/3/20	共青团员	汉族	1527032004 0320****	舞蹈表演
15	230101013	刘意茹	女	2003/10/12	共青团员	回族	6118242003 1012****	舞蹈表演
16	230101014	张琦	女	2005/7/26	共青团员	汉族	6201122005 0726****	舞蹈表演
17	230101015	柳沛林	男	2005/8/24	群众	汉族	4232012005 0824****	舞蹈表演

图 5.13　学生基本信息表

（5）选择 G3 至 G17 单元格，打开【数据有效性】对话框，单击【设置】选项卡，在【允许】下拉列表中选择"文本长度"，在【数据】下拉列表中选择"等于"，在【数值】文本框中输入"18"，单击【确定】按钮，完成该区域文本长度为 18 的设置，之后输入每一位学生的身份证号。

（6）在 H3 单元格输入"舞蹈表演"，使用自动填充功能录入该列其他单元格的数据。

（7）双击工作表标签 Sheet1，输入"学生基本信息"，按 Enter 键完成工作表的重命名。

（8）按【Ctrl+S】组合键，打开【另存文件】对话框，将文件保存为"学生信息表.xlsx"。

> ### WPS 表格中的中国特色
>
> WPS Office 被誉为"国民软件"，具有产品容量小、功能强大、兼容性好，以及提供免费个人版等优点，而且始终兼顾国人办公习惯，在 WPS 表格中就内置了具有中国特色的若干功能。
>
> 自动识别文本类型：默认情况下，在 Excel 单元格中输入数字超过 11 位时，会自动将其转换为科学记数法，超过 15 位时后三位全部记为 0，这对 18 位身份证号的输入不太友好，而 WPS 表格会自动识别长数字，将 18 位身份证号作为文本完整保存。
>
> 身份证提取出生日期、年龄、性别：在处理个人信息时，经常会需要通过身份证号提取出生日期、年龄、性别等。在以往的 Excel 中，需要多个函数嵌套完成，而在 WPS 表格中，可以直接选择【常用公式】中的相关功能，简单快捷。
>
> 数字特殊表示：在【单元格格式】对话框中，单击左侧分类中的【特殊】项，则在右侧显示出"邮政编码""中文小写数字""人民币大写""单位：万元"等符合中文数字表达的数据格式，方便用户使用。
>
> 计算个税：2019 年我国对个税政策进行了新的调整，除了更改起征点和阶梯式税率间距以外，还增加了个税扣除项目，计算较为复杂，WPS 表格在【常用公式】中提供了不同时段个税的计算公式，直接套用即可。
>
> WPS 表格中诸多中国化的特色功能具有很好的用户体验，贴近中国用户的使用需求，助力国人高效处理表格数据。目前，WPS Office 移动版已覆盖全球超过 220 个国家和地区，这不仅是 WPS 的骄傲，也是我们国产办公软件的骄傲！

5.2　格　式　化

为了更加清晰、美观地表达数据，通常需要对表格格式进行设置。WPS 表格中的格式化主要包括设置单元格格式、调整表格行高和列宽、套用表格格式、使用条件格式等。

5.2.1　设置单元格格式

数据输入后，可以采用以下两种方式对数据类型及格式进行修改。

方法一：通过【开始】选项卡修改。可以利用【开始】选项卡中的字体功能按钮、对齐功能按钮及数据格式功能按钮进行设置，如图 5.14 所示。

方法二：通过【单元格格式】对话框修改。右击单元格，在弹出的快捷菜单中选择【设置

图 5.14　【开始】选项卡相关功能按钮

单元格格式】命令，打开【单元格格式】对话框，可以在该对话框的【数字】【对齐】【字体】等选项卡中进行设置，图 5.15 和图 5.16 分别为【数字】选项卡和【对齐】选项卡。

图 5.15　【单元格格式】对话框【数字】选项卡

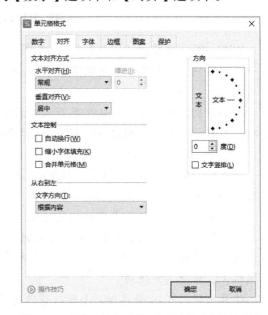

图 5.16　【单元格格式】对话框【对齐】选项卡

5.2.2　调整表格行高和列宽

WPS 表格中，可以根据需要调整表格的行高和列宽，操作方法如下：

将光标移至两行（或两列）分隔线上，此时光标变成上下（或左右）双向箭头，按住鼠标左键拖拽到合适位置即可实现行高或列宽的调整；另一种方法是通过单击【开始】选项卡中的【行和列】按钮，选择下拉列表中的【行高】【列宽】命令进行精确设置。

> 提示：可以通过【行和列】下拉列表中的【最适合的行高】【最适合的列宽】选项快速设置适合的行高及列宽。

5.2.3　套用表格格式

利用 WPS 表格提供的自动套用格式功能可以快速实现单元格及表格的多重格式设置。

单元格样式应用：选中单元格区域，切换至【开始】选项卡，选择【单元格样式】按钮，在打开的下拉列表中选择所需样式即可。

表格样式应用：选中单元格区域，切换至【开始】选项卡，选择【表格样式】按钮，打开【预设样式】列表，系统提供了不同的色系样式，包括"浅色系""中色系""深色系"，可根据需要选择某色系下的某一样式，在打开的【套用表格样式】对话框中确认表数据的来源及套用样式方式，一般为默认选项，单击【确定】按钮即可。

图 5.17 是学生基本信息数据格式设置后的效果，其中表格样式套用"表样式浅色 20"，A1 单元格样式套用"强调文字颜色 1"，然后设置 A1～H1 单元格"合并居中"，字体为"方正姚体"，字号为"18"，加粗；选中 A2～H17 单元格，设置居中对齐。

	A	B	C	D	E	F	G	H
1	学生基本信息表							
2	学号	姓名	性别	出生日期	政治面貌	民族	身份证号	专业
3	230101001	侯倩	女	2004/4/18	共青团员	蒙古族	62110320040418****	舞蹈表演
4	230101002	刘思雨	女	2004/9/28	中共党员	汉族	14562420040928****	舞蹈表演
5	230101003	梁佳伟	男	2005/7/12	共青团员	汉族	62310220050712****	舞蹈表演
6	230101004	马旭阳	男	2004/9/24	中共党员	回族	34230220040924****	舞蹈表演
7	230101005	张雨轩	男	2005/5/29	共青团员	汉族	63290120050529****	舞蹈表演
8	230101006	孙妍	女	2004/7/25	共青团员	汉族	34462120040725****	舞蹈表演
9	230101007	李海洋	男	2005/1/21	共青团员	汉族	37230220050121****	舞蹈表演
10	230101008	王欣然	女	2005/3/12	共青团员	满族	42628120050312****	舞蹈表演
11	230101009	赵瑞坤	男	2004/1/3	共青团员	汉族	61152320040103****	舞蹈表演
12	230101010	李鑫磊	男	2005/5/31	共青团员	汉族	62013420050531****	舞蹈表演
13	230101011	李子濛	女	2005/8/15	群众	汉族	61110220050815****	舞蹈表演
14	230101012	栗家悦	男	2004/3/20	共青团员	汉族	15270320040320****	舞蹈表演
15	230101013	刘意茹	女	2003/10/12	共青团员	回族	61182420031012****	舞蹈表演
16	230101014	张琦	女	2005/7/26	共青团员	汉族	62011220050726****	舞蹈表演
17	230101015	柳沛林	男	2005/8/24	群众	汉族	42320120050824****	舞蹈表演

图 5.17　套用表格格式效果图

5.2.4　使用条件格式

WPS 表格中的条件格式功能是将工作表中所有满足特定条件的单元格按照指定格式突出显示，方便查看表格内容。

例如，以醒目的方式显示成绩高于 90 分的数据（图 5.18），主要操作步骤如下：

（1）选定单元格区域"C2:G8"。

（2）单击【开始】选项卡中的【条件格式】按钮，从弹出的下拉列表中选择【突出显示单元格规则】命令，在子菜单中选择【大于】命令，打开【大于】对话框。

（3）在【为大于以下值的单元格设置格式】下方的文本框中输入"90"，并在【设置为】列表中选择【浅红填充色深红色文本】项，如图 5.19 所示，单击【确定】按钮。

	A	B	C	D	E	F	G
1	学号	姓名	英语	形式与政策	舞蹈生理学	音乐创编	专项理论与实践
2	230101001	侯倩	89	76	85	92	91
3	230101002	刘思雨	85	80	74	71	80
4	230101003	梁佳伟	91	85	80	89	86
5	230101004	马旭阳	83	96	90	92	89
6	230101005	张雨轩	74	72	89	56	76
7	230101006	孙妍	87	91	77	89	81
8	230101007	李海洋	54	86	41	88	76

图 5.18　"条件格式"应用效果

图 5.19　设置格式

WPS 表格还提供了"数据条""色阶""图标集"等多种不同的条件格式样式，其中"数据条"中的样式如图 5.20 所示。另外，如果想选择更多类型的规则，可以在【突出显示单元格规则】的子菜单中选择【其他规则】命令，打开【新建格式规则】对话框，如图 5.21 所示，选择相应的规则及格式，单击【确定】按钮。

图 5.20　【条件格式】中的【数据条】样式　　　　图 5.21　【新建格式规则】对话框

5.3　公式与函数

WPS 表格单元格中，除了能够直接输入数据，还可以通过输入公式得到数据的计算结果，对于某些特定的问题，插入系统预设的函数将极大地方便数据的处理。通过公式与函数进行数据计算是 WPS 表格的一项非常重要的功能。

本节以"篮球专业课成绩表"为例，介绍 WPS 表格中公式与函数的使用方法，原始数据如图 5.22 所示。

	A	B	C	D	E	F	G	H
1	学号	姓名	平时得分	理论得分	技术得分	总成绩	名次	备注
2	202201001	龙浩然	89	76	82			
3	202201002	唐国安	95	86	88			
4	202201003	赖嘉禧	63	75	67	总成绩=平时得分×20%+理论得分×20%+技术得分×60%		
5	202201004	白俊	96	84	80			
6	202201005	郑嘉祯	93	86	85			
7	202201006	杨梓懿	87	81	78			
8	202201007	江元忠	92	78	85			
9	202201008	索晋鹏	88	82	93			
10	202201009	陆弘益	97	88	92			
11	202201010	胡波涛	80	74	68			
12	202201011	任伟	94	80	75			
13	202201012	高英豪	86	78	90			
14	202201013	卢鸿振	87	73	85			
15	202201014	易鹏翔	96	91	92			
16	202201015	吴纬	45	45	53			
17	202201016	武嘉颖	81	72	78			
18	202201017	薛承望	86	80	80			
19	202201018	姚睿	75	64	62			
20	202201019	易学义	87	72	70			
21	202201020	段高邈	93	85	93			
22	202201021	蒋学博	62	40	48			
23	202201022	钱景焕	94	85	82			
24	202201023	黄宏扬	85	91	86			
25	202201024	戴良才	90	79	68			
26	202201025	梁煜	74	68	95			
27	202201026	侯宇寰	92	82	88			
28	202201027	余文彬	79	70	68			
29	最高分							
30	最低分							
31	平均分							

图 5.22　篮球专业课成绩表

5.3.1　公式的使用

在单元格中输入正确的计算公式后，其计算结果会立即显示，如果公式中引用的单元格数据发生改变，系统会自动根据公式更新计算结果。

1. 公式的基本概念

公式是工作表中进行数值计算的等式，输入时以"="开始。

公式的格式："=表达式"。

表达式一般由常量、单元格引用、函数、括号及运算符组成。

2. 公式中的运算符

公式中的运算符主要包括引用运算符、算术运算符、文本运算符、比较运算符等，当一个公式中出现多个运算符参与运算时，则存在优先顺序，其优先级及含义如表 5.1 所示。公式中相同优先级的运算符，将从左到右进行计算。需要指定运算顺序时，可用小括号括起相应部分。

表 5.1　公式中的运算符

优先级	运算符名称	表示形式及含义
1	引用运算符	:（冒号）、,（逗号）
2	算术运算符	+（加）、-（减）、*（乘）、/（除）、%（百分比）、∧（乘方）
3	文本运算符	&（文本字符串连接）
4	比较运算符	=、>、<、>=、<=、<>（不等于）

> 提示：在编辑公式时，用鼠标选择公式中的连续区域时，WPS 表格自动插入运算符":"，如果用户选择不连续的单元格或区域，WPS 表格自动插入运算符","。

3. 单元格的引用

在公式中，可使用单元格的地址引用来获取单元格中的数据，单元格引用有三种类型："相对引用""绝对引用""混合引用"。

相对引用：公式中的单元格地址随公式的复制而发生相应的变化，引用格式形如"A1"，例如，C1 单元格的公式为"=A1+B1"，如将该公式复制到 C2 单元格时变为"=A2+B2"，如将公式复制到 D1 单元格时变为"=B1+C1"。相对引用是 WPS 表格默认的单元格引用方式。

绝对引用：公式中的单元格地址随公式的复制不发生任何变化，引用格式形如"$A$1"。例如，C1 单元格有公式为"=$A$1+$B$1"，如将该公式复制到 C2 单元格时仍为"=$A$1+$B$1"，将公式复制到 D1 单元格时仍为"=$A$1+$B$1"。

混合引用：单元格地址中既有相对引用部分，又有绝对引用部分，引用格式形如"$A1"或"A$1"。例如，C1 单元格有公式为"=A$1+$B1"，如将该公式复制到 C2 单元格时变为"=A$1+$B2"，如将公式复制到 D1 单元格时为"=B$1+$B1"。

> 提示：将光标定位在公式中的单元格地址前或后按 F4 功能键，即可快速实现相对引用、

绝对引用及混合引用之间的转换。

4. 公式的输入

公式的输入通常有以下两种途径：

（1）在单元格直接输入公式。在选定单元格中输入公式后按 Enter 键确认。例如，要计算图 5.22 中第一位同学的总分，在 F2 单元格中输入“=C2*20%+D2*20%+E2*60%”，如图 5.23 所示，按 Enter 键，则 F2 单元格中显示总成绩“82.2”。

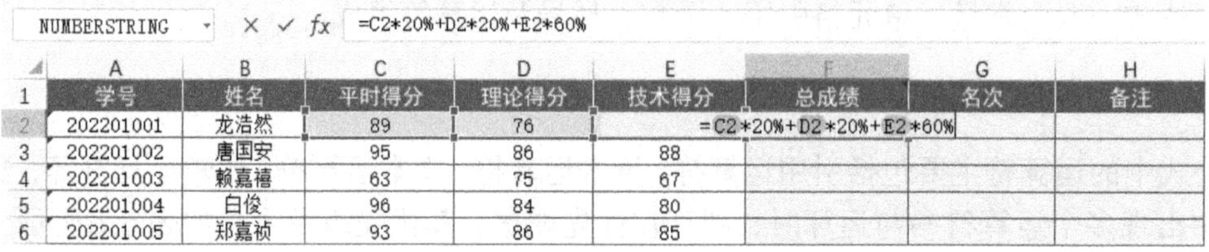

NUMBERSTRING　×　✓　fx　=C2*20%+D2*20%+E2*60%

	A	B	C	D	E	F	G	H
1	学号	姓名	平时得分	理论得分	技术得分	总成绩	名次	备注
2	202201001	龙浩然	89	76		=C2*20%+D2*20%+E2*60%		
3	202201002	唐国安	95	86	88			
4	202201003	赖嘉禧	63	75	67			
5	202201004	白俊	96	84	80			
6	202201005	郑嘉祯	93	86	85			

图 5.23　在单元格中输入公式

（2）在编辑栏输入公式。选中要输入公式的单元格，在编辑栏中输入公式，按 Enter 键或单击编辑栏的输入按钮。例如，计算第二位同学的总分，单击 F3 单元格，在编辑栏中输入“=C3*20%+D3*20%+E3*60%”，如图 5.24 所示，按 Enter 键，则 F3 单元格显示该同学的总成绩。

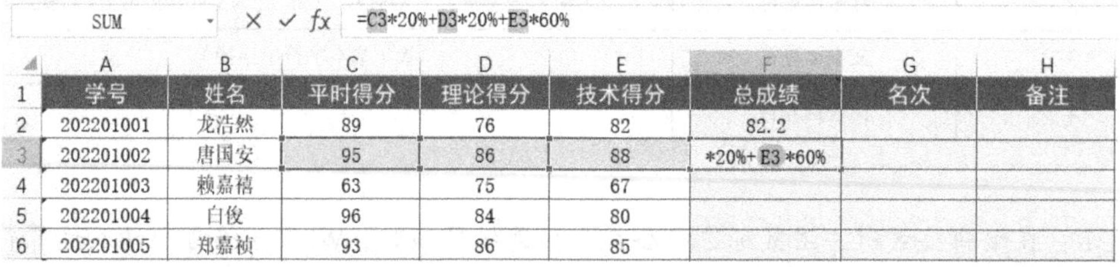

SUM　×　✓　fx　=C3*20%+D3*20%+E3*60%

	A	B	C	D	E	F	G	H
1	学号	姓名	平时得分	理论得分	技术得分	总成绩	名次	备注
2	202201001	龙浩然	89	76	82	82.2		
3	202201002	唐国安	95	86	88	*20%+E3*60%		
4	202201003	赖嘉禧	63	75	67			
5	202201004	白俊	96	84	80			
6	202201005	郑嘉祯	93	86	85			

图 5.24　在编辑栏输入公式

提示：公式中含有单元格时，可通过单击某单元格快速准确地输入该单元格地址。

5. 公式的复制

与常量数据填充相同，公式也可以使用填充柄进行自动填充，从而快速成批输入公式。例如，通过复制 F2 单元格的公式计算其他学生的总成绩，其操作步骤如下：

（1）单击选中 F2 单元格。

（2）光标靠近 F2 单元格右下方，使其变为实心十字形，即鼠标指针成为填充柄，按住左键不放并向下拖至 F28 单元格，释放鼠标即可通过自动填充的方式快速复制公式到“F3:F28”单元格区域中。

5.3.2　函数的使用

函数是 WPS 表格内部预先定义好的功能模块。WPS 表格提供了财务、日期与时间、数学与三角函数、统计、查找与引用、数据库、文本、逻辑、信息、工程等类别的数百个函数，可以满足许多领域数据处理与分析的要求。函数的最终返回结果为值。

1. 函数的格式

函数的一般格式为：函数名（参数 1，参数 2，…）

在使用函数时一般应注意以下几点：

（1）每个函数都有唯一的函数名，函数名表达该函数的功能，如 SUM。

（2）函数名后面必须有一对括号。

（3）参数可以是常量、单元格引用、表达式或其他函数。

（4）参数可以有，也可以没有；可以有一个，也可以有多个。

2. 常用函数

WPS 表格函数丰富且使得数据处理简单方便，表 5.2 介绍了几个常用函数。

表 5.2　常用函数

函数名	功能	示例	返回值
SUM	求参数的和	=SUM(1,2,3)	6
AVERAGE	求参数的平均值	=AVERAGE(1,2,3)	2
MAX	求参数的最大值	=MAX(1,2,3)	3
MIN	求参数的最小值	=MIN(1,2,3)	1
IF	判断一个条件是否满足，满足返回一个值，否则返回另一个值	=IF(1>2,"成立","不成立")	不成立
ABS	求参数的绝对值	=ABS(−1)	1
TODAY	求系统的日期	=TODAY( )	系统当天日期
LEFT	从一个文本字符串第一个字符开始返回指定数目的字符	=LEFT("张三",1)	张
RIGHT	从一个文本字符串最后一个字符开始返回指定数目的字符	=RIGHT("张三",1)	三
MID	从一个文本字符串中指定的位置开始，返回指定长度的字符串	=MID("610113201801201234",7,8)	20180120

3. 输入函数

函数的输入方法主要有手工输入和插入函数两种，如果熟悉使用函数的语法规则，可以直接在单元格内或在编辑栏中直接输入；如果要输入比较复杂的函数或者为了避免在输入过程中产生错误，可以使用【插入函数】对话框输入函数，这样也比较容易设置函数的参数。

1）直接输入

与输入公式一样，输入函数可以在单元格或编辑栏中直接输入，例如，利用函数计算图 5.22 中 C29 单元格的值，可以在该单元格直接输入"=MAX(C2:C28)"。

2）插入函数

选定要输入函数的单元格，单击编辑栏中的插入函数按钮或通过【公式】选项卡下的插入函数按钮，打开【插入函数】对话框，如图 5.25 所示，在该对话框中选择要使用的函数，然后进一步设置函数参数，从而得到所需的计算结果。

例如，以图 5.22 所示的统计数据为例，介绍插入函数的具体应用方法。

（1）插入 MAX 函数，计算三项得分与总成绩的最高分。选取 C29 单元格，单击编辑栏中的插入函数按钮，打开【插入函数】对话框，在【或选择类别】下拉列表中选择"全部"选项，从【选择函数】列表中选择 MAX 函数，单击【确定】按钮，打开【函数参数】对话框，光标定位在"数值1"中等待输入，拖动鼠标选取 C2 至 C28 单元格区域或者直接输入"C2:C28"，如图 5.26 所示，单击【确定】按钮，计算出"平时得分"的最高分，向右拖动 C29 单元格的填充柄至 F29 单元格。

图 5.25　【插入函数】对话框　　　　　　　图 5.26　MAX 函数参数设置

（2）与上面的方法类似，使用 MIN 函数计算最低分，使用 AVERAGE 函数计算平均分。

（3）使用 RANK 函数计算名次。插入 RANK 函数的方法与插入 MAX 函数过程相同，RANK 函数的功能是返回某数字在一列数字中相对于其他数值的大小排名。在 G2 单元格插入排名函数 "=RANK(F2,$F$2:$F$28)" 就实现了第 1 位学生名次的计算，函数参数如图 5.27 所示。向下拖动 G2 单元格的填充柄至 G28 单元格完成其他学生名次的计算。

（4）使用 IF 函数填入备注信息。在 H2 单元格插入条件函数 "=IF(F2<60,"不及格","")"，若总成绩小于 60，则返回"不及格"，否则返回空字符串，函数参数如图 5.28 所示。向下拖动 H2 单元格的填充柄至 H28 单元格完成其他学生备注信息的填入。

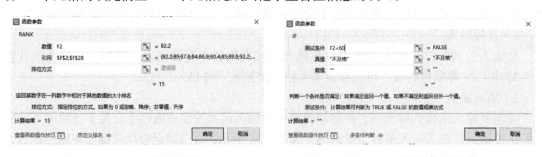

图 5.27　RANK 函数参数设置　　　　　　　图 5.28　IF 函数参数设置

5.3.3 快速计算

在数据计算中，经常需要获取求和、平均值、计数、最大值和最小值等的相关数据，涉及多个函数的操作，使用表格的"自动求和"功能，方便快捷。可以选择【开始】|【求和】下拉列表中的命令（图 5.29），也可以使用【公式】|【求和】下拉列表中的命令，进行快速计算。

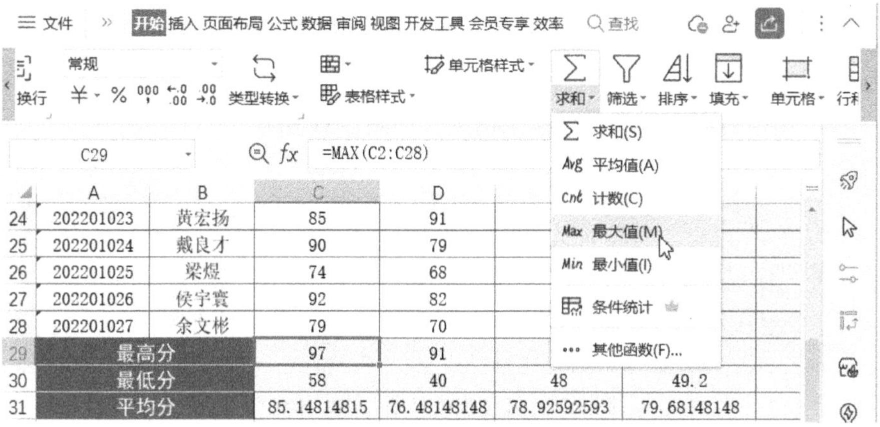

图 5.29 【求和】命令

数据处理中，有时需要临时查看计算结果而不用将其保存在工作表中，这时可以利用窗口下方的状态栏进行结果显示，选中参与计算的单元格区域，即可在状态栏中查看该区域数据的平均值、计数和求和结果。在状态栏右击会弹出设置菜单，还可以勾选需要的其他功能，如图 5.30 所示。

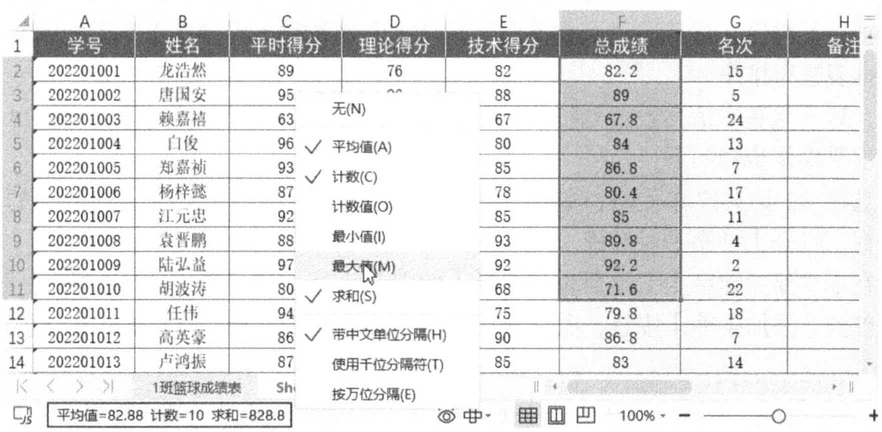

图 5.30 计算结果查看

5.4 数 据 管 理

除了数据计算，WPS 表格还有数据管理功能，用户可以通过数据排序、筛选、分类汇总等管理工具，快速直观地显示数据和更好地分析数据。

5.4.1 排序

排序是最基本的数据管理方式，可以将杂乱的数据按照指定的条件进行排列，以便快速查看到相关数据。

1. 简单排序

简单排序是将表格数据按某一列数值排序，是数据处理中最常用的排序方式。下面以图 5.17 中的学生基本信息为例进行说明。

例如，以"出生日期"降序排列学生信息，如图 5.31 所示。

	A	B	C	D	E	F	G	H
1	学生基本信息表							
2	学号	姓名	性别	出生日期	政治面貌	民族	身份证号	专业
3	230101015	柳沛林	男	2005/8/24	群众	汉族	42320120050824****	舞蹈表演
4	230101011	李子濛	女	2005/8/15	群众	汉族	61110220050815****	舞蹈表演
5	230101014	张琦	女	2005/7/26	共青团员	汉族	62011220050726****	舞蹈表演
6	230101003	梁佳伟	男	2005/7/12	共青团员	汉族	62310220050712****	舞蹈表演
7	230101010	李鑫磊	男	2005/5/31	共青团员	汉族	62013420050531****	舞蹈表演

图 5.31　按"出生日期"降序排列

单击"出生日期"列的任意一个单元格，然后单击【开始】（或【数据】）|【排序】下拉列表中的【降序】按钮即可，也可以右击"出生日期"列的任意一个单元格，在弹出的快捷菜单中选择【排序】|【降序】命令。

2. 多重排序

在对表格数据进行排序时，有时需要先按某一列数据进行排序，然后在此基础上再按另外一列数据进行排序，这就属于多重排序，多重排序就是利用【排序】对话框设置多个排序条件对数据表进行排序。

例如，对学生基本信息数据先按性别升序排列，在性别相同的情况下，再按出生日期降序排列，主要操作步骤如下：

（1）选择 A2 至 H17 单元格，单击【开始】（或【数据】）|【排序】下拉列表的【自定义排序】按钮，打开【排序】对话框。

（2）在【主要关键字】下拉列表中选择【性别】选项，"次序"为默认次序【升序】。

（3）单击【添加条件】按钮，添加次要关键字为【出生日期】，设置次序为【降序】，如图 5.32 所示。

图 5.32　【排序】对话框

（4）单击【确定】按钮。

在实际应用中，如果有需要，用户还可以继续添加次要关键字以实现更多关键字的排序，也可以单击【排序】对话框中的【删除条件】按钮删除关键字。

WPS 表格在进行自定义排序时，在默认情况下，不区分大小写，方向为按列排序，文字是按拼音排序的，如果用户有不同的需求，如对姓名需要按笔画排序，也是可以实现的。上一个例子中，如有需要按照学生姓名的笔画升序排序，则只需要单击【排序】对话框中的【选项】按钮，在弹出【排序选项】对话框中按照图 5.33 进行设置即可，图 5.34 是数据按姓名的笔画升序排序后的部分效果截图。

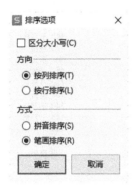

图 5.33　【排序选项】对话框

	A	B	C	D	E	F
1	学生基本信息表					
2	学号	姓名	性别	出生日期	政治面貌	民族
3	230101004	马旭阳	男	2004/9/24	中共党员	回族
4	230101008	王欣然	女	2005/3/12	共青团员	满族
5	230101002	刘思雨	女	2004/9/28	中共党员	汉族
6	230101013	刘意茹	女	2003/10/12	共青团员	回族
7	230101006	孙妍	女	2004/7/25	共青团员	汉族
8	230101011	李子濛	女	2005/8/15	群众	汉族
9	230101007	李海洋	男	2005/1/21	共青团员	汉族
10	230101010	李鑫磊	男	2005/5/31	共青团员	汉族
11	230101005	张雨轩	男	2005/5/29	共青团员	汉族
12	230101014	张琦	女	2005/7/26	共青团员	汉族
13	230101009	赵瑞坤	男	2004/1/3	共青团员	汉族
14	230101015	柳沛林	男	2005/8/24	群众	汉族

图 5.34　按"姓名"笔画升序排列结果

5.4.2　筛选

在数据管理中，有时需要从繁多的数据记录中检索出符合指定条件的记录（数据行），而将不符合条件的记录暂时隐藏，这时就可以应用 WPS 表格的筛选功能。WPS 表格主要有"自动筛选"和"高级筛选"两种方式。一般情况下，"自动筛选"可以满足大部分的筛选需要；不过，当需要利用复杂的条件筛选数据时，则要使用"高级筛选"。

1. 自动筛选

自动筛选是筛选最快捷的方式，根据用户设定的条件自动将符合条件的记录显示出来。

例如，在"初中 2022 届 2 班学生体质测试"数据表（图 5.35）中筛选出 50 米跑优秀的学生信息，具体操作步骤如下：

（1）选定表格中任意一个数据单元格，单击【开始】（或【数据】）|【筛选】下拉列表中的【筛选】按钮，此时各列标题右侧出现一个下拉按钮。

（2）单击列标题"50 米跑等级"右侧的下拉按钮，弹出下拉列表，将鼠标移至"优秀"项，单击"仅筛选此项"字样，如图 5.36 所示。如果单击下拉列表左下角的【分析】按钮，则在窗口右侧显示"筛选分析"窗格，如图 5.37 所示。

（3）单击【确定】按钮，完成筛选，结果如图 5.38 所示。

如果基于上例筛选结果增加"肺活量高于 3500"的筛选条件，则按如下步骤操作：

（1）单击列标题"肺活量"右侧的下拉按钮，在弹出的下拉菜单中选择【数字筛选】|【大于】选项，如图 5.39 所示，打开【自定义自动筛选方式】对话框。

	A	B	C	D	E	F	G	H	I
1	班级名称	学籍号	性别	肺活量	肺活量等级	50米跑	50米跑等级	立定跳远	立定跳远等级
2	初中2022届2班	G20220203	男	2541	及格	9.2	及格	190	及格
3	初中2022届2班	G20220204	男	2900	及格	7.9	及格	190	及格
4	初中2022届2班	G20220205	男	2100	不及格	7.7	良好	210	及格
5	初中2022届2班	G20220206	男	3000	及格	9.9	不及格	200	及格
6	初中2022届2班	G20220207	男	1566	不及格	8.2	及格	175	不及格
7	初中2022届2班	G20220209	男	2100	不及格	7.4	优秀	220	及格
8	初中2022届2班	G20220210	男	3597	良好	7	优秀	220	及格
9	初中2022届2班	G20220213	男	3514	良好	9.4	及格	190	及格
10	初中2022届2班	G20220218	男	2500	及格	8.8	及格	170	不及格
11	初中2022届2班	G20220219	男	3300	及格	8.3	及格	200	及格
12	初中2022届2班	G20220220	男	4449	优秀	7.3	优秀	240	优秀
13	初中2022届2班	G20220223	男	1800	不及格	10	不及格	150	不及格
14	初中2022届2班	G20220224	男	3120	及格	8.9	及格	190	及格
15	初中2022届2班	G20220225	男	2900	及格	7.2	优秀	235	良好
16	初中2022届2班	G20220226	男	2718	及格	8.2	及格	190	及格
17	初中2022届2班	G20220201	女	1138	不及格	12.7	不及格	145	不及格
18	初中2022届2班	G20220202	女	2627	及格	9.5	及格	175	及格
19	初中2022届2班	G20220208	女	1600	不及格	12	不及格	140	不及格
20	初中2022届2班	G20220211	女	2664	良好	11.6	不及格	150	及格
21	初中2022届2班	G20220212	女	1722	及格	11.5	及格	150	及格
22	初中2022届2班	G20220214	女	2391	及格	11.2	及格	155	及格
23	初中2022届2班	G20220215	女	2169	及格	10	及格	140	不及格
24	初中2022届2班	G20220216	女	1632	不及格	10.4	及格	145	不及格
25	初中2022届2班	G20220217	女	2674	良好	11.2	不及格	140	不及格
26	初中2022届2班	G20220221	女	2100	及格	10.2	及格	160	及格
27	初中2022届2班	G20220222	女	2024	及格	8	优秀	180	良好

图 5.35　学生体质测试数据

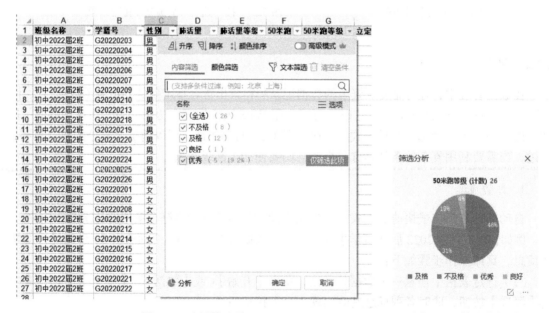

图 5.36　选择筛选项　　　　　　　　　　　　　　　　图 5.37　筛选分析图

	A	B	C	D	E	F	G	H	I
1	班级名称	学籍号	性别	肺活量	肺活量等级	50米跑	50米跑等级	立定跳远	立定跳远等
7	初中2022届2班	G20220209	男	2100	不及格	7.4	优秀	220	及格
8	初中2022届2班	G20220210	男	3597	良好	7	优秀	220	及格
12	初中2022届2班	G20220220	男	4449	优秀	7.3	优秀	240	优秀
15	初中2022届2班	G20220225	男	2900	及格	7.2	优秀	235	良好
27	初中2022届2班	G20220222	女	2024	及格	8	优秀	180	良好

图 5.38　50 米跑优秀学生信息筛选结果

（2）在【自定义自动筛选方式】对话框中"大于"右侧的文本框中输入"3500"，如图 5.40
所示，单击【确定】按钮。

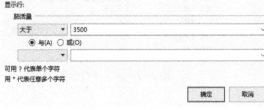

图 5.39　数字筛选　　　　　　　　　图 5.40　【自定义自动筛选方式】对话框

筛选结果如图 5.41 所示。

	A	B	C	D	E	F	G	H	I
1	班级名称	学籍号	性别	肺活量	肺活量等级	50米跑	50米跑等级	立定跳远	立定跳远等
8	初中2022届2班	G20220210	男	3597	良好	7	优秀	220	及格
12	初中2022届2班	G20220220	男	4449	优秀	7.3	优秀	240	优秀

图 5.41　增加"肺活量高于 3500"条件后的筛选结果

如果要取消自动筛选，可以再次单击【筛选】按钮。

> 提示：自动筛选每次只能对一列数据进行筛选，若要利用自动筛选对多列数据进行筛选，
> 每个追加的筛选都是基于之前的筛选结果。

2. 高级筛选

高级筛选能实现数据表中多个字段（数据列）之间复杂的筛选关系。在进行高级筛选之
前，需要在数据表区域以外的位置设置条件区域，条件区域至少有两行，首行是数据表中与
筛选相关的列标题，其他行则为筛选条件。

> 提示：条件区域中，同一行不同列单元格的条件关系为"逻辑与"，同一列不同行单元格
> 的条件关系为"逻辑或"。

例如，在学生体质测试数据表中，筛选出单项等级不及格的学生信息，主要操作步骤
如下：

（1）建立条件区域，间隔选择 E1、G1、I1 单元格，将列标题复制到数据表空白单元格，
并输入筛选条件，如图 5.42 示。

（2）单击【开始】（或【数据】）|【筛选】|【高级筛选】命令，打开【高级筛选】对

话框。

（3）在【高级筛选】对话框中，单击【列表区域】的拾取按钮，返回工作表，拖动鼠标选择筛选区 "A1:I27"；同理选择条件区 "K2:M5"，结果如图 5.43 所示。

（4）单击【确定】按钮，完成筛选。

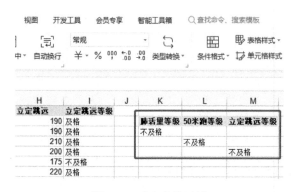

图 5.42　建立条件区域

图 5.43　"高级筛选"条件结果

5.4.3　分类汇总

分类汇总是对数据按某一列进行分类，将该列值相同的记录作为一类，再按类别进行汇总计算。

在对数据进行分类汇总前，首先要对分类字段进行排序，升序或降序均可，使分类字段值相同的记录排在一起，这样进行汇总的时候才可以将同类数据进行求和、求平均之类的汇总处理。如果不进行排序，直接进行分类汇总，则结果可能杂乱无章。

分类汇总通常分为简单分类汇总和嵌套分类汇总两类。

1. 简单分类汇总

简单分类汇总是按数据表中的某个字段仅做一种方式的汇总，这种分类汇总方式较为常用。

例如，在学生体质测试数据表中，分别计算男、女生肺活量的平均值，主要操作步骤如下：

（1）将数据按照"性别"排序，本例中按升序排列。

（2）单击【数据】选项卡中的【分类汇总】按钮，打开【分类汇总】对话框。

（3）在【分类汇总】对话框中的【分类字段】下拉列表中选择"性别"，在【汇总方式】下拉列表中选择"平均值"，在【选定汇总项】中勾选"肺活量"，如图 5.44 所示。

（4）单击【确定】按钮，分类汇总结果如图 5.45 所示。

对数据进行简单分类汇总后，可将暂时不需要的数据隐藏，以便查看统计结果。分类汇总数据表左上角出现 3 级数据显示按钮，单击按钮 "1"，只显示总计的汇总数据；单击按钮 "2"，显示每个类别及总计的汇总结果；单击按钮 "3"，则显示所有数据及汇总明细。

若要删除分类汇总，则需要再次选择【数据】|【分类汇总】按钮，在弹出的【分类汇总】对话框中单击【全部删除】按钮。

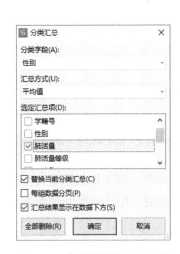

图 5.44　【分类汇总】对话框

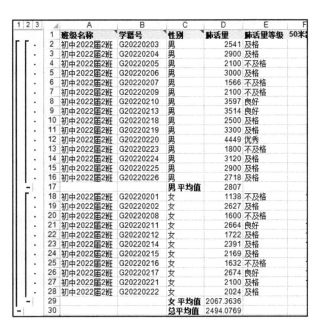

图 5.45　简单分类汇总结果

2. 嵌套分类汇总

嵌套分类汇总是指使用多个条件进行多层分类汇总，从而可以按照不同的条件对数据进行汇总。在进行嵌套分类汇总之前，同样需要根据汇总的字段将数据按一定的顺序进行排序。

例如，在上例计算男、女生肺活量平均值的基础上，再统计男、女生人数，主要操作步骤如下：

（1）如上例所示，完成男、女生肺活量平均值的计算，这是本例的第 1 次分类汇总。

（2）进行第 2 次分类汇总，单击【数据】|【分类汇总】按钮，弹出【分类汇总】对话框，在【分类字段】下拉列表中选择"性别"，将【汇总方式】设置为"计数"，在【选定汇总项】中勾选"学籍号"，取消【替换当前分类汇总】复选框勾选标记。

（3）单击【确定】按钮。

嵌套分类汇总完成后，分类汇总数据表左上角出现 4 级数据显示按钮，单击按钮"3"，显示出男、女生人数及肺活量平均值的汇总结果，如图 5.46 所示。

		A	B	C	D	E	F	G	H	I
	1	班级名称	学籍号	性别	肺活量	肺活量等级	50米跑	50米跑等级	立定跳远	立定跳远等级
	17		15	男 计数						
	18			男 平均值	2807					
	30		11	女 计数						
	31			女 平均值	2067.364					
	32		26	总计数						
	33			总平均值	2494.077					
	34									

图 5.46　嵌套分类汇总结果

提示：在进行第 2 次分类汇总时，需要将【分类汇总】对话框中【替换当前分类汇总】复选框前面的勾选标记去掉，这一步非常重要，表示不替换第 1 次分类汇总，而是基于第 1 次分类汇总结果之上的嵌套分类汇总。

5.4.4　数据透视表

数据透视表是一种交互式报表，可以对多个字段进行汇总，也可以转换行和列来查看数据的不同汇总结果，它集排序、筛选和分类汇总等功能于一体，是 WPS 表格中的一个重要工具。

例如，在学生体质测试数据表中，分别统计男、女生 50 米跑不同等级的人数，具体操作步骤如下：

（1）选取数据区域中的任意一个单元格。

（2）单击【插入】选项卡中的【数据透视表】按钮，打开【创建数据透视表】对话框，如图 5.47 所示。

（3）【请选择单元格区域】自动填入当前工作表的所有数据区域，【请选择放置数据透视表的位置】默认为"新工作表"，单击【确定】按钮。

（4）WPS 表格创建一个新的工作表，进入数据透视表设计环节，该工作表的左边是数据透视表的布局式样；右边的界面是数据透视表字段列表的任务窗格，用于设置和调整数据透视表的内容，如图 5.48 所示。

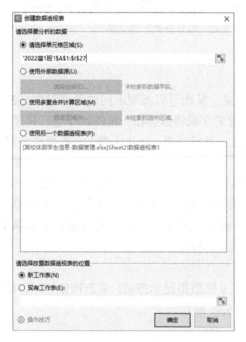

图 5.47　【创建数据透视表】对话框

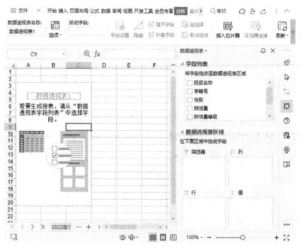

图 5.48　数据透视表布局界面

（5）在窗口右上角将"性别"字段拖动到下方【行】列表框中，同理将"50 米跑等级"字段拖动到【列】列表框中，再将"50 米跑等级"字段拖动到【Σ 值】列表框中。在拖动数据源到对应栏目的过程中，位于左边的区域将会显示数据透视表的相应内容，如图 5.49 所示。

实际应用中，可根据需要对【Σ 值】列表框中的"值汇总方式"及"值显示方式"进行修改。例如，单击图 5.49 中的【计数项:50 米跑等级】项，弹出下拉菜单，选择【值字段设置】菜单项，在打开的【值字段设置】对话框中根据所需进行计算的方式设置，如图 5.50 所示。

图 5.49　数据透视表操作结果　　　　　　　　图 5.50　【值字段设置】对话框

> 提示：单击数据透视表之外的空白单元格，右边数据透视表字段列表的任务窗格就会隐藏起来，如果需要再显示该操作界面，只需要单击数据透视表区域内的任意一个单元格。

值得一提的是，当表格中的数据源更改后，数据透视表中的数据不会同步自动更新，若要更新数据，则在选择数据透视表中任意单元格后，单击【分析】选项卡中的【刷新】按钮。

5.5　图　　表

为了更直观、形象地表现表格中数据的内在关系及数据之间的变化情况，可以将数据以图表的形式展示出来。图表和数据之间相互关联，当工作表中的数据发生变化时，图表也会相应地发生变化。

WPS 表格提供了 10 多种类型的图表，主要有柱形图、折线图、饼图、条形图、面积图、XY（散点图）等。通常，柱形图用于不同项目数据之间的比较；折线图用于表示数据随时间的变化趋势；饼图用于表示数据的百分比；条形图可用于表示数据的排名；面积图强调数据随时间的变化幅度。用户可根据数据特征及观察视角选择不同的图表类型，每一类图表又包含若干子类型。

5.5.1　创建图表

一般情况下，一个完整的图表包括图表标题、坐标轴、数据系列、图例和数据标签等。

图表标题：图表的名称。

坐标轴：x 为水平轴，通常表示分类；y 轴为垂直轴，通常表示数据。

数据系列：图表中相关数据点，每个数据系列都有不同的颜色，并可通过图例展示其含义。

图例：图例是对图表中各种符号和颜色所代表内容与指标的说明，图例多显示在图表右侧。

数据标签：通常为数据系列所对应的具体数值。

在 WPS 表格中，可以使用快捷键或功能按钮创建图表，下面分别进行介绍。

1. 使用快捷键快速创建图表

选定需要创建图表的单元格区域，即图表数据源，在键盘上按 F11 键，系统会自动将该区域的图表以新工作表的方式插入工作簿中。

例如，如图 5.51 所示的是我国 2013～2020 年脱贫攻坚战年度统计数据，建立年份与贫困人口统计图，操作步骤如下：

（1）选择年份与贫困人口数据，即选中"A1:B9"单元格。

（2）按 F11 键，系统会自动在当前工作表中插入一个柱形图，使用快捷键创建的柱形图表如图 5.52 所示。

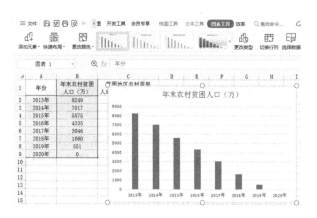

	A	B	C
1	年份	年末农村贫困人口（万）	贫困地区农村居民人均可支配收入（元）
2	2013年	8249	6079
3	2014年	7017	6852
4	2015年	5575	7653
5	2016年	4335	8452
6	2017年	3046	9377
7	2018年	1660	10371
8	2019年	551	11567
9	2020年	0	12588

图 5.51　我国脱贫攻坚战年度统计数据　　　　图 5.52　使用快捷键快速创建图表

2. 使用插入图表功能按钮创建图表

选定需要创建图表的单元格区域，单击【插入】选项卡，选择某一个类型的图表按钮，根据需要指定图表子类型，从而完成图表创建。

例如，在如图 5.51 所示的数据表中，创建年份与贫困地区农村居民人均可支配收入折线图，主要操作步骤如下：

（1）选定年份所在的 A1～A9 单元格区域，按 Ctrl 键的同时再选定 C1～C9 单元格区域。

（2）单击【插入】功能选项卡的插入折线图按钮，在弹出的列表中选择【带数据标记的折线图】子类型，如图 5.53 所示，则创建的图表以图片的形式插入当前工作表中，如图 5.54 所示。

图 5.53　选择【带数据标记的折线图】子类型

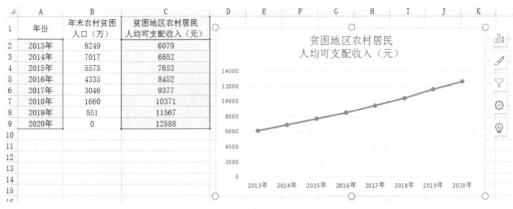

图 5.54　使用插入图表功能按钮创建的图表

5.5.2　编辑图表

在完成图表的插入后，如果图表默认的显示效果不理想，可以对图表进行适当的编辑，如更改图表的数据源、位置、类型、样式、布局及编辑表格元素等。单击选中已创建的图表，则选项卡中出现【绘图工具】、【文本工具】和【图表工具】三个绿色工具选项卡，以方便用户对图表进行更多的设置与美化。

例如，对图 5.54 所示的图表进行编辑，形成图 5.55 所示的效果，操作步骤如下：

（1）更改图表样式。选择已插入的图表，单击【图表工具】选项卡，打开【样式】下拉列表，在弹出的【预设样式】列表中选择【样式 12】，以改变图表整体的显示效果，如图 5.56 所示。

（2）添加及设置图表坐标。单击【图表工具】|【添加元素】|【坐标轴】|【主要纵向坐标轴】菜单项，则图表左侧显示出纵坐标。为了突显我国脱贫攻坚战成效，对纵坐标的初始值进行调整，选中该图表，双击纵坐标任意数字，窗口右侧显示出坐标轴的【属性】面板，单击【坐标轴选项】中的【坐标轴】字样，在下方的坐标轴选项中设置边界组的最小值为 5000，按 Enter 键，可以看出图表折线的上升趋势更加明显，如图 5.57 所示。

图 5.55　图表编辑后的效果

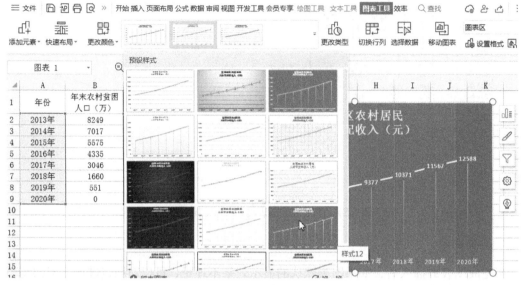

图 5.56 更改图表样式

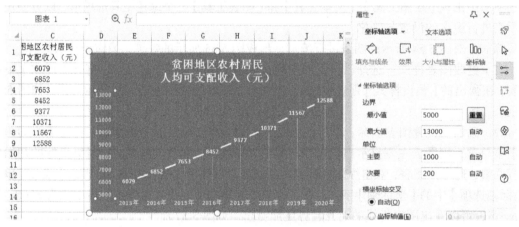

图 5.57 设置坐标轴

（3）修改数字标签格式。单击折线上任意数字标签，在【文本工具】选项卡中设置文本填充为标准色"红色"，设置形状填充为标准色"黄色"，设置字号为"11"，使数字更醒目。

（4）调整图表标题格式。与上一步操作方法类似，设置图表标题字体为"黄色"。

（5）添加网格线。单击【图表工具】|【添加元素】按钮，在打开的下拉列表中选择【网格线】|【主轴主要水平网格线】项，则图表显示出水平网格线。

提示：在创建图表时，系统默认将图表创建在当前工作表中，用户也可以根据需要，单击【图表工具】|【移动图表】按钮，打开【移动图表】对话框，选择【新工作表】，将图表移动到一个新的工作表。

我国脱贫攻坚战取得了全面胜利

2021 年，在迎来中国共产党成立 100 周年的重要时刻，我国脱贫攻坚战取得了全面胜利。9899 万农村贫困人口全部脱贫，832 个贫困县全部摘帽，12.8 万个贫困村全部出列，区域性整体贫困得到解决，完成了消除绝对贫困的艰巨任务，创造了又一个彪炳史册的人间奇迹！

党的十八大以来，我国平均每年 1000 多万人脱贫，相当于一个中等国家的人口脱贫。贫困人口收入水平显著提高，全部实现两不愁三保障，脱贫群众不愁吃、不愁穿，义务教育、基本医疗、住房安全有保障。

2013 年至 2020 年，中央、省、市县财政专项扶贫资金累计投入近 1.6 万亿元，其中中央财政累计投入 6601 亿元，全国累计选派 25.5 万个驻村工作队、300 多万名第一书记和驻村干部，同近 200 万名乡镇干部和数百万村干部一道奋战在扶贫一线。经过全党全国各族人民共同努力，最终战胜了绝对贫困。

打赢脱贫攻坚战，这在中华民族几千年发展史上实现了首次消除绝对贫困，也为人类减贫事业做出了历史性贡献，为全球减贫治理贡献了中国智慧与中国方案，谱写了人类反贫困历史新篇章。

5.5.3　插入迷你图

当表格对比数据较多时，全部纳入一张图表会显得杂乱，不利于对数据特征的观察，此时，可以应用 WPS 表格提供的迷你图功能，在一个单元格中创建一个小型的图表，每个迷你图代表所选内容的一行数据。迷你图主要包括折线图、柱形图和盈亏图。

例如，以简洁的小型图表展示每本图书在 1～6 月的销量情况，效果如图 5.58 所示，操作步骤如下：

（1）选择用来存放迷你图的单元格，本例选择 H2 单元格。

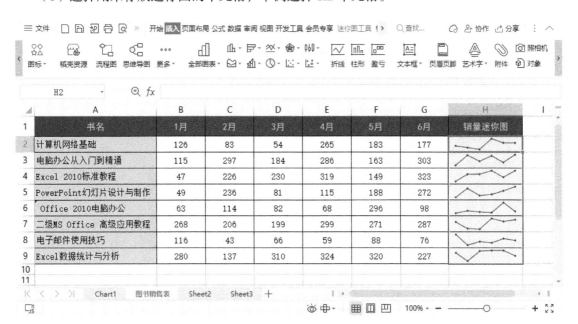

图 5.58　插入迷你图

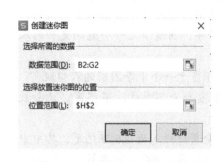

图 5.59　【创建迷你图】对话框

（2）切换到【插入】选项卡，选择【迷你图】|【折线】按钮，打开【创建迷你图】对话框。

（3）在【创建迷你图】对话框中设置【数据范围】为"B2:G2"，设置【位置范围】为$H$2，如图 5.59 所示，单击【确定】按钮关闭对话框，一个简洁的折线迷你图在 H2 单元格创建成功。

（4）利用自动填充功能，向下拖动 H2 单元格右下角的填充柄至 H9 单元格，从而快速创建一组折线迷你图。

（5）编辑迷你图。选中任意一个迷你图所在单元格，此时出现【迷你图工具】选项卡，勾选该选项卡下的【标记】复选框，则这组迷你图中的每个迷你图的数据点突出显示。

5.5.4　组合图表

组合图表将两种及两种以上的图表类型组合起来绘制在一个图表上，可以处理和分析较为复杂的数据，尤其是当不同数据的范围跨度较大或具有混合类型的数据时，使用一组组合图表可以方便地表达每一个系列的值。

例如，图 5.60 记录了某部门上半年的目标产量及实际产量，请为该部门制作组合图表，主要操作步骤如下：

（1）选择数据区域，即"A1:G3"单元格。

（2）切换至【插入】选项卡，单击【全部图表】|【全部图表】按钮，打开【图表】对话框。

（3）在【图表】对话框的左侧列表中选择【组合图】，则该对话框右侧显示组合类型的可选样式，如图 5.61 所示，选择默认样式，单击【插入预设图表】按钮即可完成组合图表的插入。

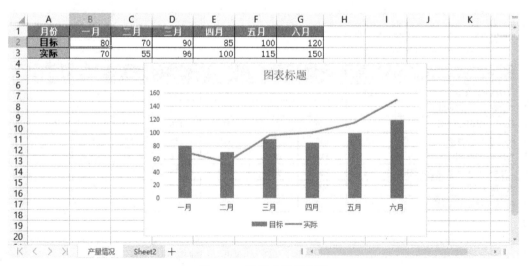

图 5.60　数据表及组合图

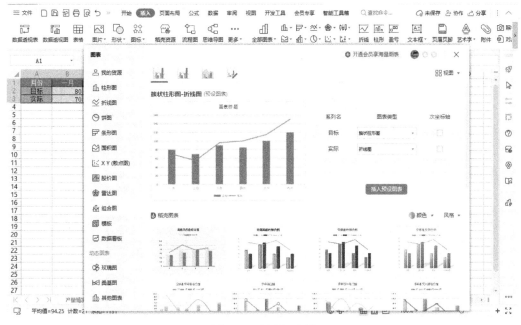

图 5.61　创建组合图

5.6　打印工作表

在 WPS 表格中编辑完工作表后，可以将工作表打印输出作为资料保存，打印工作表之前，可先进行打印效果的预览，并根据需要设置打印选项及打印区域等。

5.6.1　打印预览

打印预览可以检查工作表的打印效果是否符合所需的要求，如打印资料是否完整、位置是否合适。

选择【文件】|【打印】|【打印预览】命令，则打开当前工作表打印预览的界面，如图 5.62 所示学生信息表的打印预览结果。打印预览窗口的上方提供了相关打印设置，屏幕底部的状态栏中显示当前工作表的当前页码和总页数。如果要关闭打印预览状态，单击窗口左上角的【返回】按钮，也可以直接按 Esc 键退出。

5.6.2　打印页面设置

一般而言，在打印工作表之前需要对其页面进行设置，使打印出的工作表页面布局和表格结构更加合理。

WPS 表格中，要进行的页面设置，可以根据需要选择【页面布局】选项卡下的功能按钮（如【页边距】【纸张方向】【纸张大小】等）进行逐项设置，也可以单击【页面设置】按钮（图 5.63），打开【页面设置】对话框（图 5.64）进行综合设置。

有关页面纸张大小、方向、页边距等设置，请参照第 4 章内容，本节不做详细讲解。下面针对 WPS 表格页面设置中的特殊功能进行介绍。

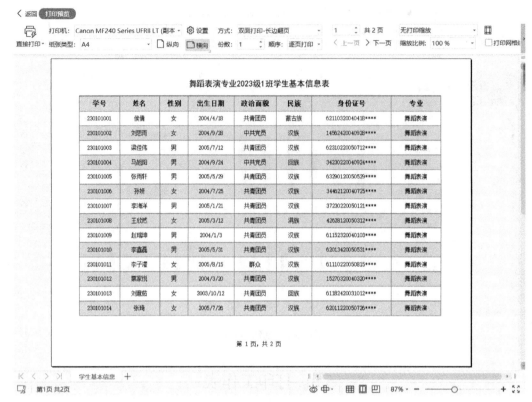

图 5.62　打印预览

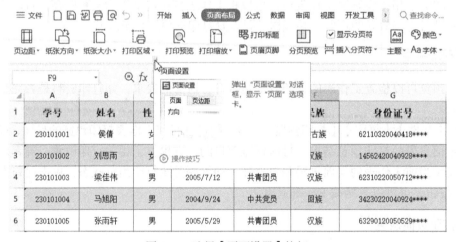

图 5.63　选择【页面设置】按钮

1. 创建页眉和页脚

可以应用【页面设置】对话框的【页眉/页脚】选项卡进行页眉和页脚的创建。

例如，要创建如图 5.62 所示的页眉和页脚效果，则在【页面设置】对话框的【页眉/页脚】选项卡中，单击【自定义页眉】按钮，打开【页眉】对话框，在"中"下面的文本框中输入页眉"表演专业 2023 级 1 班学生基本信息表"，选中已输入的文字，单击该窗口中的【字体】按钮，设置字体为"黑体"，字号为"16"，单击【确定】按钮返回，再单击【确定】按钮返回上一级对话框，单击【页脚】下拉列表，从中选择"第 1 页,共?页"选项，如图 5.65 所示，单击【确定】按钮完成操作。

图 5.64　【页面设置】对话框　　　　　　　　　　　　　图 5.65　设置页脚

2. 打印标题

在数据跨页显示中，设置打印标题可以使每一页都显示"顶端标题行"或"左端标题列"，从而方便数据查阅。

打印标题的设置方法为：选择【页面设置】对话框的【工作表】选项卡，单击"顶端标题行"或"左端标题列"右侧的拾取按钮，在工作表中选择要重复的行或列标题即可。

5.6.3　打印操作

选择【文件】|【打印】|【打印】命令，或使用【Ctrl+P】组合键，打开【打印】对话框，如图 5.66 所示，该对话框的基本功能和 WPS 文字一致，但在【打印内容】栏中打印范围的选择上略有不同，WPS 表格提供了三种选项，分别是"选定区域""整个工作簿""选定工作表"，默认为"选定工作表"，如果要打印工作表的某个数据区域，事先需选择该区域，然后选中"选定区域"单选按钮。

图 5.66　【打印】对话框

5.7 拓 展 实 训

5.7.1 建立××部门人员基本信息表

　　××部门需要收集所有人员基本信息，请输入员工编号、姓名、性别、政治面貌、身份证号相关数据并设置工作表格式，如图 5.67 所示，同时根据员工身份证号提取其出生日期及年龄信息。

编号	姓名	性别	政治面貌	身份证号	年龄	出生日期	备注
\multicolumn{8}{c}{××部门人员基本信息表}							
202001	李月	女	中共党员	61142419760420****			
202002	侯旭超	男	中共党员	11023119910602****			
202003	董明军	男	群众	61013319790114****			
202004	杨晓敏	女	中共党员	61013119850425****			
202005	王梓桐	女	群众	45062319940418****			

图 5.67　××部门人员基本信息表

　　提示：

　　（1）选中"A1:H1"单元格，应用【合并居中】按钮将该区域单元格合并，输入"××部门人员基本信息表"。

　　（2）编号数据可应用自动填充功能进行录入。

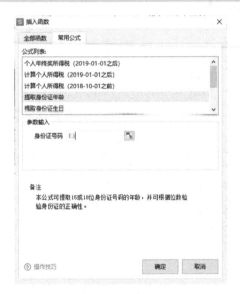

图 5.68　"提取身份证年龄"常用公式应用

　　（3）性别及政治面貌可定义数据"有效性"为"序列"，来源分别为"男,女"和"中共党员,群众"，注意各项目之间分隔符采用英文状态下的逗号。

　　（4）应用 WPS 表格的常用公式提取年龄信息。选中 F3 单元格，单击编辑栏中的插入函数按钮，打开【插入函数】对话框，切换至【常用公式】选项卡，在下方公式列表中选择"提取身份证年龄"项，在【参数输入】框内的"身份证号码"后输入"E3"，如图 5.68 所示。使用自动填充功能完成 F4 至 F7 单元格的信息录入。

　　（5）与（4）类似，应用"提取身份证生日"常用公式完成 G3 单元格数据计算，使用自动填充功能完成 G4 至 G7 单元格的信息录入。

　　（6）套用表格预设样式"中色系"中的"表样式中等深浅 9"，并进行格式修改，美化表格。

5.7.2 员工工资统计与管理

　　某公司本月职工工资保存在某工作薄的"员工工资表"中（图 5.69），请帮财务部完成如下数据统计与管理工作。

　　（1）在"技术部闫琼"之上插入一行，并在对应单元格分别输入"财务部, 王小卫, 男, 3000,

4500"。

	A	B	C	D	E	F
1	部门	姓名	性别	基本工资	奖金	应发工资
2	工程部	边永祥	男	4100	5000	
3	工程部	王刚强	男	3600	5750	
4	技术部	闫琼	女	3800	5100	
5	工程部	李小军	男	3780	5100	
6	技术部	赵志宏	男	3600	5800	
7	工程部	张媛媛	女	3300	5080	
8	技术部	张晓伟	男	3500	6250	
9	财务部	仲艳丽	女	3200	5150	

图 5.69　员工工资表

（2）在"部门"列左侧插入一列，在 A1 单元格输入"编号"，在 A2～A10 单元格输入 01～09，为"部门"列应用"姓名"列的数据格式。

（3）为 G1 单元格添加批注"应发工资=基本工资+奖金"。

（4）计算每位员工的应发工资（应发工资=基本工资+奖金）。

（5）将所有数值单元格的格式设置为"货币"。

（6）设置 1～10 行行高为 18，设置 A1～G1 单元格的底纹颜色为"浅绿"，设置 A1～G10 单元格区域的外边框为红色"双实线"。

（7）将应发工资超过 9000 的单元格设置为"浅红填充色深红色文本"醒目显示。

（8）对数据按主要关键字为"部门"、次要关键字为"姓名"进行递增排序。

（9）插入 3 张工作表，并分别命名为"自动筛选""高级筛选""分类汇总"。

（10）在"员工工资表"中筛选奖金前三位的员工信息，并将筛选结果保存在"自动筛选"工作表中。

（11）在"员工工资表"中筛选基本工资高于 4000 或财务部的员工信息，并将筛选结果保存在"高级筛选"工作表中。

（12）在"员工工资表"中汇总各部门职工的基本工资、奖金和应发工资的平均值，并将各部门汇总的明细表保存在"分类汇总"工作表中。

（13）对"员工工资表"的数据应用数据透视表计算各部门男、女职工的平均应发工资，并将结果保存在新建的工作表中，重命名该工作表为"数据透视表"。

（14）设置密码保护"员工工资表"。

提示：

（1）"编号"一列数据采用文本格式输入。

（2）单元格批注的添加方法：右击单元格，从弹出的快捷菜单中选择"插入批注"选项。

（3）应用条件格式功能醒目显示符合条件的单元格格式。

（4）奖金前三项数据的筛选可以利用筛选下拉列表的左下角【前十项】按钮完成。

（5）在【数据透视表】任务窗格中，将"部门"字段拖放至【行】列表框中，将"性别"字段拖放至【列】列表框中，将"应发工资"拖放至【∑值】列表框中，并选择【值汇总方式】为"平均值"。

5.7.3　创建投票支持率统计图

某校期末评优，用投票的方式评选"校园之星"，若要求每位学生从如图 5.70 所示的五名优秀学生候选人中任选一位进行投票，请计算每位候选人的支持率，并创建如图 5.71 所示的条形图。

	A	B	C	D	E
1	学号	姓名	系别	得票数	支持率
2	1610021	赵梦然	艺术	1257	
3	1502633	王子瑜	数学	1326	
4	1406225	张亮亮	生物	1592	
5	1508122	吴鼎盛	体育	1674	
6	1403459	何翔	外语	1086	
7					
8					

图 5.70　投票情况

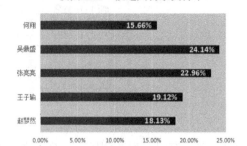

图 5.71　得票支持率条形图

提示：

（1）按照本例投票规则，支持率的计算公式为：支持率=得票数÷投票人数，并将该列数据格式设置为"百分比"。

（2）选择"姓名"和"支持率"两列数据创建"条形图"，修改图表标题，参照图 5.71 设置图表绘图区填充色为主题颜色"巧克力黄，着色 6，浅色 40%"，设置数据系列填充色为渐变色"红色-粟色渐变"。

5.7.4　创建西安城镇化人口双坐标统计图

城镇化是现代化水平的重要标志，图 5.72 所示的是西安市第四次至第七次人口普查数据，这是我国城镇化建设取得了历史性成就的一个缩影。请根据普查数据计算城镇人口比重，并绘制如图 5.73 所示的统计图。

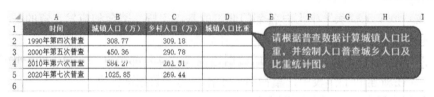

	A	B	C	D
1	时间	城镇人口（万）	乡村人口（万）	城镇人口比重
2	1990年第四次普查	308.77	309.18	
3	2000年第五次普查	450.36	290.78	
4	2010年第六次普查	584.27	262.31	
5	2020年第七次普查	1025.85	269.44	
6				

图 5.72　人口普查数据

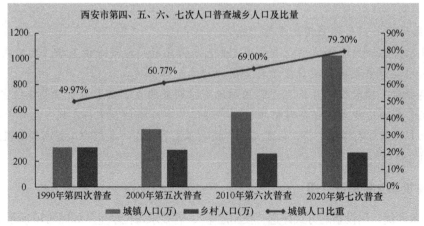

图 5.73　人口普查及城乡人口比重统计图

提示：

（1）城镇人口比例=城镇人口÷（城镇人口+乡村人口）。

（2）选中所有数据，打开【图表】对话框创建组合统计图，并选中"城镇人口比重"系列的次坐标轴。

（3）将图表的背景填充色设置为主题颜色中的"巧克力黄，着色 6，浅色 60%"。

（4）对折线的格式进行设置：颜色为"红色"、宽度"2.25 磅"、前端箭头和末端箭头为"钻石型箭头"。数据标签在折线上方显示，数据标签字体为红色，加粗，字号为 12，填充色为黄色。

（5）将图表标题格式设置黑体、16 号、红色，修改图表标题文字内容。

习　　题

一、单项选择题

1. 在 WPS 表格中，下列概念以由大到小的次序排序，正确的是（　　）。

A. 工作表、单元格、工作簿　　　　　　B. 工作表、工作簿、单元格

C. 工作簿、单元格、工作表　　　　　　D. 工作簿、工作表、单元格

2. WPS 工作簿文件的扩展名是（　　）。

A. book　　　　　　　B. et　　　　　　　C. doc　　　　　　　D. txt

3. 如果在单元格中出现一连串的"###"符号，则表示（　　）。

A. 需要重新输入数据　　　　　　　　　B. 需要调整单元格的宽度

C. 需要删除该单元格　　　　　　　　　D. 需要删除这些符号

4. 在 WPS 表格中为运动员编排号码"0604"时，应输入（　　）。

A. 0604　　　　　　　B. "0604"　　　　　　C. (0604)　　　　　　D. '0604

5. 在 WPS 表格中处理学生成绩表时，如果要对所有不及格的成绩用醒目的方式（如红色）表示，利用（　　）功能最为方便。

A. 查找　　　　　　B. 条件格式　　　C. 数据筛选　　　　　D. 定位

6. 求工作表中 A1~A6 单元格中数据的和不可用（　　）。

A. =A1+A2+A3+A4+A5+A6　　　　　　B. =SUM(A1:A6)

C. =(A1+A2+A3+A4+A5+A6)　　　　　　D. =SUM(A1+A6)

7. 在 WPS 表格中，下面不正确的说法是（　　）。

A. 输入公式首先要输入"="号　　　　　B. 求数据的和可用 SUM 函数

C. 公式中的乘号为"*"　　　　　　　　D. 将表中的一列数据称为记录

8. 假设在 D3 单元格内输入"=C2+$A$6"，再把公式复制到 E5 单元格中，则 E5 单元格公式是（　　）。

A. =C2+$A$6　　　　B. =D4+$B$8　　　C. =C2+$B$8　　　　D. =D4+$A$6

9. 下列各选项中，对数据透视表描述错误的是（　　）。

A. 数据透视表可以放在其他工作表中

B. 可以在"数据透视表"任务窗格中拖动字段

C. 可以更改计算类型

D. 不可以筛选数据

10. 有关 WPS 表格中的图表，下面表述不正确的是（　　　　）。

A. 对生成后的图表进行编辑时，首先要选中该图表

B. 图表生成后不能改变图表类型

C. 表格数据修改后，相应的图表数据也随之变化

D. 图表生成后，可以对图表中的标题、坐标轴等元素进行编辑

二、判断题

1. 同一个工作簿可以存在两个同名的工作表。　　　　　　　　　　（　　　）

2. 在 WPS 表格中，默认的工作表有 4 个。　　　　　　　　　　　（　　　）

3. 单元格的数据类型设定后，不可以再改变。　　　　　　　　　　（　　　）

4. 工作表中的单元格是不可以合并的。　　　　　　　　　　　　　（　　　）

5. 利用填充柄拖动一个绝对地址时，所得的结果全部都是一样的。　（　　　）

6. 在 WPS 表格中，排序时可以指定多个关键字。　　　　　　　　（　　　）

7. 筛选功能是把符合条件的记录保留，不符合条件的记录删除。　　（　　　）

8. WPS 表格的不同列之间进行"或"运算时，不能使用自动筛选。　（　　　）

9. 在分类汇总之前，首先要对分类字段进行排序。　　　　　　　　（　　　）

10. 可以打印整张工作表，也可以选择部分数据进行打印。　　　　（　　　）

三、填空题

1. WPS 表格中用来存储并处理数据的文件称为_____。

2. 间断选择单元格时，可以按住_____键的同时选择各单元格。

3. 要限制单元格中只能输入 1～100 的数值，可以使用_____功能。

4. 要合并 WPS 表格中的单元格，应先选定单元格区域，再执行_____命令。

5. 公式必须以_____开头，系统将该符号后面的内容识别为公式表达式。

6. 单元格的引用有三种方式，"A1"表示单元格地址的_____引用，"$A$1"表示单元格地址的_____引用，"$A1"或"A$1"表示单元格地址的_____引用。

7. 如果要快速复制计算公式，可以先在第 1 个单元格中输入公式，然后用鼠标拖动单元格的_____来实现。

8. 要对 A1～A10 单元格区域中的数值进行升序排序，可以先单击 A1～A10 单元格区域中的任意单元格，然后单击_____选项卡下的【排序】|【升序】按钮。

9. WPS 表格提供了两种筛选，分别是_____和_____。

10. WPS 表格中综合排序、筛选和分类汇总的一项功能是_____。

第6章 WPS 演示文稿制作

WPS 演示文稿作为 WPS Office 的三大核心组件之一，主要用于制作与播放幻灯片，能够应用到各种演讲、演示场合。该软件可以通过图示、视频和动画等多媒体形式表现复杂的内容，帮助用户制作出图文并茂、富有感染力的演示文稿，使演示文稿更容易被观众理解。本章介绍使用 WPS 制作演示文稿的操作方法和具体案例应用。

本章学习目标

- ➤ 掌握演示文稿和幻灯片的基本操作。
- ➤ 掌握插入图形、图片、形状、文本框等对象的操作方法。
- ➤ 熟悉编辑母版、设置动画和切换效果、创建超链接的操作方法。
- ➤ 掌握放映与输出演示文稿及 WPS 演示其他高级设置的操作方法。
- ➤ 合理遵循配色原则、文字搭配等设计原则美化幻灯片。

6.1 WPS 演示文稿基本功能

演示文稿，是指把静态文件制作成动态文件浏览，把复杂的问题变得通俗易懂，使之更生动，给人留下更为深刻印象的幻灯片。一套完整的演示文稿文件一般包含片头展示、PPT 封面、前言、目录、过渡页、图表页、图片页、文字页、封底、片尾页等。本节内容介绍 WPS 演示文稿新建、保存、内容中对象插入、应用主题等基本操作。

6.1.1 WPS 演示文稿的窗口和视图

1. WPS 演示文稿的工作界面

在"开始"菜单中选择【WPS Office】|【WPS 演示】命令，或者双击桌面的图标启动 WPS 图标，进入 WPS 演示的工作界面，并进入该软件的工作界面。

在 WPS Office 的工作界面左侧边栏中选择【新建演示】选项，切换至 WPS 演示工作界面，在【推荐模板】中选择左边第一个【空白演示文稿】选项，软件将切换到 WPS 演示编辑界面，并自动新建名为"演示文稿 1"的空白演示文稿，如图 6.1 所示。

WPS 演示编辑界面与 WPS 文字、WPS 表格编辑界面基本相似，由标题栏、【文件】按钮、功能选项卡、功能区、大纲/幻灯片窗格、幻灯片编辑区、状态栏、备注窗格、状态栏、视图切换、放映按钮等元素构成。

2. WPS 演示文稿的编辑界面

幻灯片编辑区：幻灯片编辑区用于显示和编辑幻灯片的内容。默认情况下，标题幻灯片中包含一个标题占位符和一个副标题占位符，内容幻灯片中包含一个标题占位符和一个内容占位符。

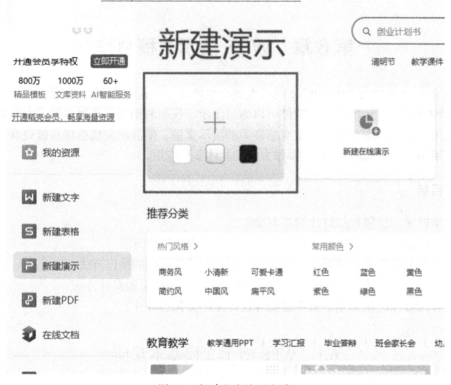

图 6.1　新建空白演示文稿

在大纲/幻灯片窗格中单击【大纲】选项卡，将切换至【大纲】窗格，在其中可编辑幻灯片的内容，如输入文本、插入图片等。

单击【幻灯片】选项卡，将切换至【幻灯片】窗格，该窗格用于显示当前演示文稿中所有幻灯片的缩略图，单击某张幻灯片缩略图，可跳转到该幻灯片，对幻灯片进行操作通常在【幻灯片】窗格中进行。

6.1.2　新建与保存演示文稿

使用演示文稿软件制作出来的文件称为演示文稿。演示文稿中的每一页称为幻灯片，每张幻灯片都是演示文稿中既相互独立又相互联系的内容，利用它可以将文字、图表等对象想表达的内容更加生动直观地呈现出来。

1. 根据模板新建演示文稿

用户在 WPS 演示编辑界面中选择【文件】|【新建】命令左上方的【+】，就可以新建空白演示文稿。除此之外，也可以根据在线文档新建演示文稿。

下面以"体育运动"在线文档为模板，新建演示文稿，并将其以"体育运动"为名保存在桌面上。如图 6.2 所示，具体操作步骤如下：

（1）在 WPS 演示工作界面的【新建演示文稿】中选择【精选推荐】选项。

（2）在【精选推荐】选项卡上搜索文字"体育运动"，单击【使用模板】，即可弹出新的 PPT 界面。

图 6.2　新建【演示文稿 1】

2. 保存演示文稿

在快速访问工具栏中，单击【保存】按钮 ▣；或打开左上角【文件】|【另存为】对话框，在位置下拉列表框中，选择第一个"WPS 演示 文件（.*dps）"，将演示文稿的保存位置设置为【桌面】，然后在【文件名称】文本框中输入文件名称，单击【保存】按钮。

> 提示：用户在 WPS 演示中通过"另存为"对话框保存新建的演示文稿时，可以选择".pptx"格式保存，".pptx"格式的演示文稿可兼容 Microsoft Office 办公软件的 PowerPoint 组件，也可选择"WPS 演示 文件(*.dps)"选项，将文档保存为 WPS 演示的专用文件格式，其扩展名为"dps"。

6.1.3　WPS 演示文稿的基本操作

1. 幻灯片的选定

要对幻灯片进行操作，首先要选定幻灯片。在幻灯片/大纲窗格中，单击要选定的幻灯片缩略图即可实现对单张幻灯片的选定操作。

若要选择多张连续的幻灯片，按住 Shift 键不放，再选择需要的最后一张幻灯片。

若要选择多张不连续的幻灯片，按住 Ctrl 键不放，再选择其他幻灯片。

2. 幻灯片的插入

在演示文档中插入幻灯片，首先要确定新幻灯片的插入位置。单击某张幻灯片的缩略图或单击两张幻灯片之间的空白处，即可确定新幻灯片的插入位置。

方法一：在幻灯片/大纲窗格中，确定新幻灯片的插入位置之后，按 Enter 键或右击，在弹出的快捷菜单中选择【新建幻灯片】命令即可在当前选定的幻灯片之后或两张幻灯片之间插入一张新幻灯片。

方法二：单击【开始】|【新建幻灯片】命令，在弹出的下拉菜单中单击选定的版式，即可在当前选定的幻灯片之后或两张幻灯片之间插入一张新幻灯片。

3. 幻灯片的复制

方法一：在幻灯片/大纲窗格中，选择需要复制的幻灯片，右击，在弹出的快捷菜单中选择【复制幻灯片】命令即可。

方法二：选择需要复制的幻灯片，单击【开始】|【新建幻灯片】|【复制所选幻灯片】命令即可。

4. 幻灯片的移动

方法一：选择需要移动的幻灯片缩略图，按住鼠标左键拖动幻灯片至目标位置。例如，按住并拖动"幻灯片 3"，此时会在"幻灯片 1"和"幻灯片 2"之间出现一条直线，松开鼠标左键即可将"幻灯片 3"移至该位置。

方法二：选择需要移动的幻灯片，单击【开始】|【剪贴板】|【剪切】命令，再单击目标位置，然后再单击【开始】|【剪贴板】|【粘贴】命令。

5. 幻灯片的删除

方法一：选择需要删除的幻灯片，按 Delete 键即可。
方法二：选择需要删除的幻灯片并右击，在弹出的快捷菜单中选择【删除幻灯片】命令即可。

6.1.4　设置背景

为幻灯片设置背景能够美化幻灯片。用户在制作演示文稿时可以直接应用 WPS 演示提供的背景样式，也可以根据演示文稿的具体需求进行自定义设置。

设置背景的具体操作步骤如下：

（1）在【设计】功能选项卡中单击【背景】下拉列表，在打开的列表框的【渐变填充】和【稻壳渐变色】栏中可选择渐变色填充样式，或者选择【背景】选项。

（2）打开【对象属性】窗格，在【填充】栏中单击选中【纯色填充】单选项，在下方的【颜色】下拉列表框中可选择填充颜色，拖动【透明度】滑块可设置颜色的透明度。

（3）在【填充】栏中单击选中【渐变填充】单选项，在下方可对渐变填充的渐变样式、角度，以及色标颜色、位置、透明度等进行设置。

（4）在【填充】栏中单击选中【图片或纹理填充】单选项，在下方的【图片填充】下拉列表框中，选择【本地图片】|【我的文档】|"奥运背景"图片，单击【确定】，如图 6.3 所示。

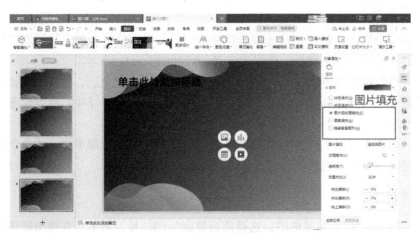

图 6.3　图片背景填充界面

在【纹理填充】下拉列表框中可设置填充的纹理,拖动【透明度】滑块可设置填充图片或纹理的透明度,在【放置方式】下拉列表框中可设置填充图片或纹理的放置方式。

(5)在【填充】栏中单击选中【图案填充】单选项,下方的左侧下拉列表框用于选择填充的图案,【前景】和【背景】下拉列表框则分别用于设置图案的前景色和背景色。

(6)设置完成后,单击底部的【全部应用】按钮,可将背景设置应用到当前演示文稿的全部幻灯片中

6.1.5　应用设计方案——主题

WPS 演示中的设计方案和 WPS 文字中提供的样式类似,是文本、图片等对象格式设置的集合。用户在制作演示文稿时,可以应用设计方案来提高工作效率。

应用设计方案的操作步骤如下:

(1)在【设计】功能选项卡中的【智能美化】列表框中选择设计方案选项,

(2)在打开的【智能美化】对话框中单击【应用美化】按钮,即可应用所选设计方案,效果如图 6.4 所示。在【智能美化】列表框中单击【更多设计】按钮,在打开的对话框中可选择更多的设计方案样式效果。

图 6.4　应用模板风格效果

6.1.6　编辑幻灯片母版

幻灯片母版主要用于统一演示文稿中每张幻灯片的格式、背景以及其他美化效果等,用它可以制作演示文稿中的统一标识、文本格式、背景等。制作幻灯片母版后,可以快速制作出多张版式相同的幻灯片,极大地提高工作效率。

编辑幻灯片母版需要进入【幻灯片母版】视图进行操作，其操作方法为：在【视图】功能选项卡中单击【幻灯片母版】按钮，进入【幻灯片母版】视图，如图 6.5 所示。

该视图模式下的第 1 张幻灯片为【Office 主题】幻灯片，第 2 张幻灯片为【标题幻灯片】。在【Office 主题】幻灯片中插入图片、形状、艺术字等对象，或设置背景等效果，将应用于演示文稿中的所有幻灯片；在【标题幻灯片】中进行的设置只应用于标题幻灯片；在其他幻灯片中进行的设置则应用于对应版式的各张幻灯片中。

图 6.5 【视图】中【幻灯片母版】位置

6.2 WPS 演示文稿图文排版

6.2.1 幻灯片中对象的添加

演示文稿能使信息可视化，便于听众了解你的意向和思路。目前，广泛应用在会议报告、宣传报道、电子相册、培训、课件、产品介绍等。

与 WPS 文字或 WPS 表格一样，在 WPS 演示中制作演示文稿时，也可以插入图片、图标、艺术字、形状、表格、图表等对象，且插入与编辑操作基本相同。此外，在制作演示文稿时，还可以插入智能图形、图表、在线流程图、在线脑图、截屏、条形码和二维码等常用图形对象，以此优化文字内容的表达，有利于演示文稿的演示和讲解，如图 6.6 所示

图 6.6 【插入】选项卡

下面的案例以优秀毕业生小王，在社区演讲《弘扬奥运精神》为例为大家讲解幻灯片的图文排版，最终效果如图 6.7 所示。

图 6.7　"弘扬奥运精神"浏览

中国奥运精神

中国奥林匹克委员会简称"中国奥委会",是以推动奥林匹克运动和发展体育运动为宗旨的全国性体育组织。它的任务和职能是:促进奥林匹克项目在中国广泛开展;组织中国奥委会代表团,参加国际奥委会主办的夏季、冬季奥运会,并提供必要的经费和运动器材;协助其他全国性体育组织举办体育竞赛和运动会。中国体育组织早在 1910 年 10 月成立,1922 年为国际奥委会所承认。

回望我国的奥运历程,从洛杉矶奥运会许海峰为中国体育代表团射落首金,到里约奥运会中国女排第三次登上最高领奖台,中国体育人通过一个个冠军,一次次突破自我、超越自我,在赛场内外谱写出一曲曲荡气回肠的体育精神赞歌。

伴随着一次次国旗升起,国歌奏响,中国竞技体育在世界舞台上生动诠释着奥林匹克精神和中华体育精神,成为实现中华民族伟大复兴的精神力量。

1. 插入文本

方法一:在占位符中输入文本。

大部分幻灯片的版式都提供了一个含有项目符号的虚线框(框内包含"单击此处添加文本"字样),该虚线框就是占位符,在占位符中预设了文字的样式。单击占位符边框可选中占位符,单击占位符中间可进入文本编辑状态。

方法二:使用文本框插入文本。

用户可以使用文本框在幻灯片的任意位置添加多个文本块,并可以设置文本格式及方向,以展现用户所需的幻灯片布局。例如,单击【插入】|【文本框】|【横向文本框(H)】命令,在幻灯片的目标位置按住并拖动鼠标左键,即可创建垂直文本框并编辑竖排文本,如图 6.8

所示。

图 6.8　插入文本框

2. 插入图片

在幻灯片为"标题和内容"版式下，单击占位符中【插入图片】按钮，如图 6.9 所示，即可打开【插入图片】对话框；或通过单击【插入】|【图片】命令也可打开【插入图片】对话框，然后根据路径选择所需的图片，单击【插入】命令即可插入图片，如图 6.10 所示，调整位置和大小，双击图片即可弹出【图片工具】，对图片进行编辑。

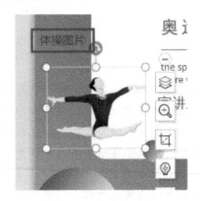

图 6.9　幻灯片插入图片　　　　　　　图 6.10　【插入图片】选项卡

3. 插入智能图形

在幻灯片的占位符中单击【插入】|【智能图形】按钮即可打开【智能图形】对话框，如图 6.11 所示。

在弹出的【智能图形】对话框中选择【列表】|【垂直图片列表】，单击【确定】，结果如图 6.12 所示。

4. 插入在线流程图

在幻灯片的占位符中单击【插入】|【在线流程图】按钮即可打开【流程图】对话框，在【流程图】对话框中选择需要的流程图并单击【确定】即可。大部分图需要"超级会员"才能免费使用，如图 6.13 所示。

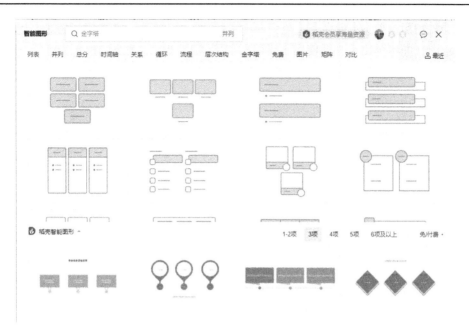

图 6.11　【智能图形】对话框

图 6.12　插入【垂直图片列表】

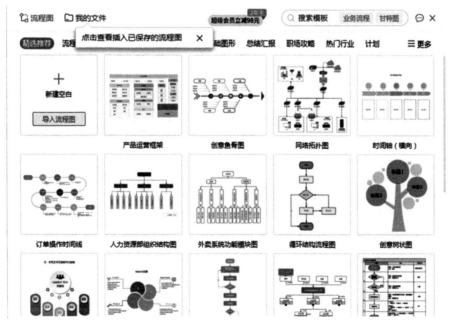

图 6.13　【流程图】对话框

　　没有会员的用户单击【更多】|【免费专区】，如图 6.14 所示，在搜索栏搜索【竖向备注时间线】流程图，即可弹出【立即使用】界面，如图 6.15 所示。在第 10 张幻灯片，在编辑区域，输入相应的文字，单击【插入】，调整位置和大小，如图 6.16 所示。

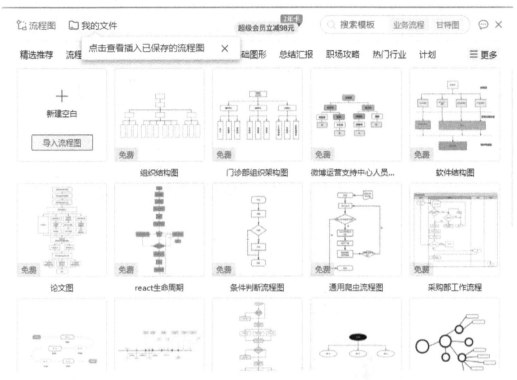

图 6.14　在线流程图【免费专区】

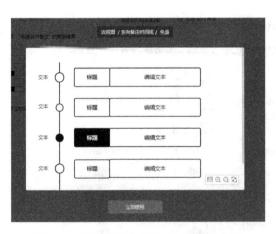

图 6.15　插入【竖向备注时间线】流程图

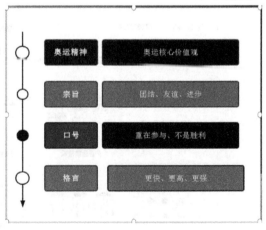

图 6.16　插入第 10 张幻灯片

5. 插入在线脑图

　　在幻灯片的占位符中单击【插入】|【在线脑图】按钮即可打开【思维导图】对话框（如图 6.17），在【思维导图】对话框中选择需要的流程图形后单击【确定】。鼠标放上去弹出黑

色"超级会员专享"的图需要"超级会员"才能免费使用。

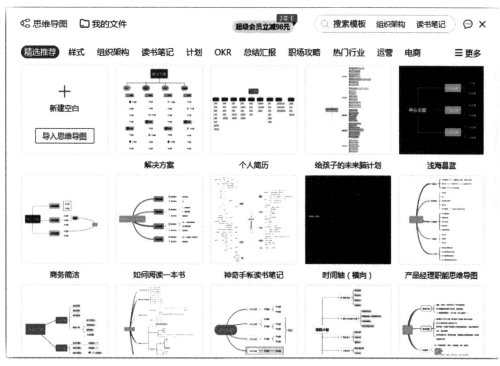

图 6.17　【思维导图】对话框

6. 插入条形码

进入 WPS 演示文档编辑程序之后，单击主菜单中的【插入】|【更多】|【条形码】，弹出
【插入条形码】对话框，同时在文档中自动地插入一个条形码样本，根据【插入条形码】对话
框的提示可以进行以下操作：单击【编码】下拉列表，在这个下拉列表框中列出了常用的 7 种
条码规格可供选择，如图 6.18 所示。

图 6.18　【插入条形码】对话框

7. 插入二维码

使用 WPS 演示制作演示文稿，可以在幻灯片中快速插入二维码。WPS 演示的【二维码】功能，可以制作文本、名片、WiFi、电话四种类型的二维码，下面分别进行介绍。

文本二维码：在【插入二维码】对话框中单击【文本】按钮，在左侧的【输入内容】文本框中输入二维码的文本内容，扫描二维码后将获得文本信息。如果输入网址，扫描二维码后将直接跳转到该网址对应的网页。

名片二维码：在【插入二维码】对话框中单击【名片】按钮，在左侧设置名片信息，包括"姓名""电话""QQ""电子邮箱""单位""职位"等。扫描二维码后将获得名片信息，并且可通过名片信息新建联系人。

WiFi 二维码：在【插入二维码】对话框中单击 WiFi 按钮，在左侧输入"网络账号"和"密码"等内容。扫描二维码后将获得 WiFi 信息。

电话二维码：在【插入二维码】对话框中单击【电话】按钮，在左侧输入"手机号码"。扫描二维码后将获得电话号码，并且可通过电话信息新建联系人。

在第 12 张幻灯片"奥林匹克精神"插入二维码具体操作如下：

单击【插入】|【更多】|【二维码】，打开如图 6.19 所示的【插入二维码】对话框，该对话框左侧框中编辑二维码的内容："奥运会是集体育精神、民族精神和国际主义精神于一身的世界级运动盛会，象征着世界的和平、友谊和团结。和平、友谊、团结就是奥运精神。"

右侧用于设置二维码样式，包括设置二维码的颜色、嵌入 Logo、设置图案样式等，设置完成后，单击【确定】按钮即可插入二维码，如图 6.20 所示。手机扫描二维码，便显示出文字信息，如图 6.21 所示。

图 6.19　【插入二维码】对话框

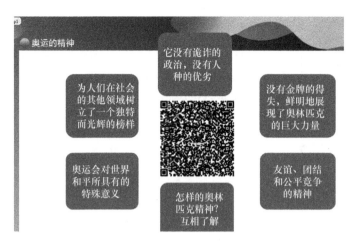

图 6.20　第 12 张幻灯片插入【二维码】　　　图 6.21　手机扫描二维码显示结果

8. 插入图表

在幻灯片中单击【插入】|【图表】命令打开【图表】对话框，然后选择所需的图表及数据源即可。

9. 插入表格

在幻灯片中单击【插入】|【表格】|【插入表格】命令打开【插入表格】对话框，然后在对话框中输入所需的列数和行数即可。

10. 插入艺术字

单击【插入】|【艺术字】命令，在弹出的下拉菜单中选择需要的艺术字样式并输入文本即可。

11. 插入页眉和页脚

单击【插入】|【页眉页脚】命令即可打开【页眉和页脚】对话框，如图 6.22 所示。在【幻灯片】选项卡中可以设置日期和时间、幻灯片编号、页脚等。设置完成后，单击【全部应用】可以将所有设置应用于全部幻灯片，单击【应用】则所有设置只应用于当前幻灯片，若勾选【标题幻灯片不显示】复选框，则所有设置不应用于第一张幻灯片。

12. 插入批注

单击【插入】|【批注】即可插入批注框并进入批注编辑状态，单击批注框以外的区域即可完成批注的插入并自动隐藏批注内容。幻灯片放映模式下不显示批注，如图 6.23 所示。

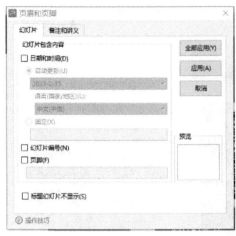

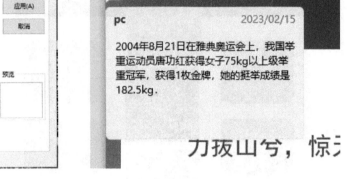

图 6.22　【页眉和页脚】对话框　　　　　　　　图 6.23　插入批注

6.2.2　WPS 演示文稿图文设计技巧

1. 统一幻灯片内的文字

设计幻灯片中的文字时，要根据文字级别的不同设置不同的字体格式。需要注意的是，同一幻灯片页面中，同级别的标题文字字体、字号和颜色需要保持一致。为了有更好的阅读体验，文字与背景色差要大，让聆听者看得清关键字。

在制作幻灯片文字内容时，应该尽量遵循以下方法统一文字。

（1）标题文字：在设置标题文字时，可以对不同层级的标题设置不同的字号大小，使阅读时更容易区分标题的层级关系。

（2）叙述文字和注释文字：在设置叙述文字和注释文字时，应使用完全相同的字体格式。

（3）强调文字：为了使强调文字更加突出，可以更改强调文字的颜色和粗细。

2. 幻灯片内图片的选用

图文搭配在演示文稿中占据了大量的比例，常用的演示文稿图片主要有四类，根据图片的类型、特点与效果，操作方法也不同。

常用的图片格式有以下几种。

JPG：演示文稿中最常用的图片，图片资源较丰富，像素文件体积小，但是 JPG 格式的图片精度固定，放大图片后其清晰度会变低。

GIF：一种公用性极强的动态位图，相对于 JPG 文件，该类文件较大，在一张图片内可存多幅图像，做出简单的动画效果，一般将其称为 GIF 动画。

PNG：通常称为 PNG 图标，这类图片的清晰度高、背景透明、文件较小，与演示文稿融合度高，放大后图片也较为清晰，常作为演示文稿中的点缀素材。

AI：一种矢量图，可根据需要随意放大、缩小，通常由计算机绘制，类似格式还有 EPS、WMF 等。

3. 幻灯片色彩的搭配

观众在查看演示文稿时，首先感受的是颜色，然后是版式，最后才是内容，所以观众的阅读兴趣与幻灯片颜色搭配是否协调息息相关。

颜色搭配主要有以下几种。

（1）单色搭配：主要是指一种颜色与明暗颜色之间的搭配，例如，演示文稿为单色搭配，它的色调为红色，即不同深浅的红色搭配而成。红色搭配会给人有活力、积极、热诚、温暖的感觉，而蓝色色调则会给人理性、冷静之感。

（2）类比色搭配：使用多种相近色进行搭配，在色环图中，使用任意连续 3 种颜色或其中任意一种颜色的明暗色搭配。若喜欢冷色调，可以使用与之相邻的绿色进行搭配；若喜欢暖色调，则可以使用浅红、深红和橙色等进行搭配。

（3）对比色搭配：将颜色色彩差异较大的颜色进行搭配，确定主色调后，使用与该色相对的颜色作为强调色。若选用浅蓝色为页面主色调，则使用与之相对的橙色为最佳；若使用黑色为主色调，则为了使文字图形识别性较高，可设置文字为白色，重要信息则使用红黄色。

> 提示：图文排版要求配色、风格要统一，显示效果要鲜明。很多人觉得 PPT 做不好是缺少创意，缺少想法，或者怪自己不懂太多技巧，但最主要的还是缺乏排版的基本逻辑。PPT 的上层关键点是创意、想法与技巧，而下层关键点是排版的基本逻辑，需要大家在今后的练习和工作中去慢慢体会。

6.3　WPS 演示文稿添加动画与媒体

多媒体课件是将文字、图形、声音、动画、影像等多种媒体综合起来辅助教学的计算机教学程序，因此它突破了传统媒体的"线性限制"，以随机性、灵活性、全方位、立体化方式把教学内容形象、生动地呈现给学生。优秀的多媒体课件具有知识密度大、表现力强的特点，能很好地激发学生的学习兴趣。

本例制作"女排精神"演示文稿，涉及编辑幻灯片母板、添加音乐、添加动画及设置超链接、放映演示文稿、保存演示文稿等方面的操作，最终效果如图 6.24 所示。

女 排 精 神

1981 年，中国女排以亚洲冠军的身份参加了在日本举行的第三届世界杯排球赛，经过了 7 轮 28 场激烈的争夺，中国队以 7 战全胜的成绩首次夺得世界杯赛冠军。袁伟民获"最佳教练奖"，孙晋芳获"最佳运动员奖""最佳二传手奖""优秀运动员奖"，郎平获"优秀运动员奖"。随后，在 1982 年的秘鲁世锦赛上中国女排再度夺冠。紧接着，在 1984 年的第 23 届奥运会上，中国女排实现了三连冠的梦想。中国女排并未就此止步，在 1985 年的第四届世界杯和 1986 年的第十届世界女排锦标赛上，中国女排连续两次夺冠。于是，从 1981 年到 1986 年，中国女排创下的世界排球史上第一个"五连冠"，开创了我国大球翻身的新篇章。

女排精神是中国女子排球队顽强战斗、勇敢拼搏精神的总概括，其具体表现为扎扎实实，勤学苦练，无所畏惧，顽强拼搏，同甘共苦，团结战斗，刻苦钻研，勇攀高峰。她们在世界排球赛中，凭着顽强战斗、勇敢拼搏的精神，五次蝉联世界冠军，为国争光，为人民建功。全国各行各业的人们在女排精神的激励下，为中华民族的腾飞顽强拼搏。国务院以及国家体委、共青团中央、全国青联、全国学联和全国妇联号召全国人民向女排学习。

图 6.24　　"女排精神"浏览图

6.3.1　添加进入动画效果

进入动画是指对象进入幻灯片播放画面的动画效果。WPS 演示文稿为用户提供了 5 种类型的动画效果，即进入、强调、退出、动作路径和绘制自定义路径，用户可根据需要对幻灯片中的文本、图形、图片等对象设置不同的动画效果。

首先应选择进入动画的对象，然后单击【动画】|【动画】组的其他按钮，在打开的下拉菜单中选择【进入】列表框中的任意一种进入效果即可，如图 6.25 所示，或单击【动画】|【动画窗格】|【添加效果】命令也可以打开同样的下拉菜单。

若单击下拉箭头命令，则可打开更多进入效果，选择更多的进入动画效果。同理也可以添加其他三种动画效果。

在"中国女排"第一张幻灯片中，添加动画效果。

右上黄色圆圈：添加【擦除】效果，速度 0.5，开始时间：上一动画之后。

左上几个圆球：添加【淡化】效果，速度 0.5，开始时间：上一动画之后。

左下黄色圆球：添加【淡化】效果，速度 0.5，开始时间：上一动画之后。

右下黄色圆球：添加【淡化】效果，速度 0.5，开始时间：上一动画之后。

排球女：添加【升起】效果，速度 0.5，开始时间：上一动画之后。

女排精神：添加【螺旋飞入】效果，速度 0.5，开始时间：上一动画之后。

再继续添加【强调】和【脉冲】效果。

下一排文字"从女排精神看我们的学习和生活"：添加【劈裂】效果。

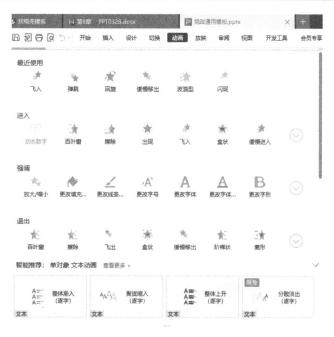

图 6.25　添加动画效果

文本框：添加【擦除】效果。

汇报人：添加【劈裂】效果，显示结果如图 6.26 所示。

图 6.26　第 1 张幻灯片【动画窗格】

6.3.2　添加智能动画效果

智能动画是金山公司新推出的一项只能添加动画效果的工具，分为主题强调、逐项强调、逐项进入、逐项退出、触发强调 5 种，有【免费下载】和【VIP 下载】两类，绝大多数为免费下载。

单击窗口右上角【查看新手引导】，有动画效果说明页面自动弹出，效果为用户一一展示。

6.3.3　添加动画模板

动画模板是指金山公司推出的内置的针对每一页幻灯片播放图文排版画面的动画效果，分为图文动画、产品数据、企业报告、行业分析等，绝大多数免费，如图 6.27 所示。

图 6.27　【动画模板】按钮

提示：上述几张幻灯片的制作，用到了图片、文字、艺术字、形状、智能图形等对象的组合，注意每一种对象的叠放次序，并逐一为每一个对象添加不同的动画效果，特别强调每个动画的出场顺序及时间控制，调控件属性的修改。对每一种对象的应用，要考虑为演示文稿整体服务。

6.3.4　设置幻灯片切换效果

幻灯片的切换效果是指演示文稿在播放时，幻灯片逐一进入和退出播放画面时的动画效果。在设置切换效果前，首先要在幻灯片/大纲窗格中选择要设置切换效果的幻灯片，具体操作如下：

（1）单击【切换】|其他按钮，在打开的下拉菜单中选择合适的切换效果即可。

（2）在【效果选项】命令和【计时】功能区中可以分别通过【效果】选项设置切换动画的

变化方向，通过【声音】选项设置切换动画的声音，通过【持续时间】选项设置切换动画的速度，通过【换片方式】选项设置换片方式，如图 6.28 所示。

图 6.28 【切换】命令

（3）若所有幻灯片均应用上述设置，则单击【切换】|【计时】|【全部应用】命令即可，否则上述设置只应用于当前选定的幻灯片。

（4）在第 2 张幻灯片添加【推出】效果，切换到下一张，【自动换片】时间设为 2.1s，自动切换，单击【应用到全部】，如图 6.29 所示。

图 6.29 【推出】切换界面

6.3.5 插入音频

单击【插入】|【音频】命令，在弹出的下拉菜单中可选择【嵌入音频】【链接到音频】【嵌入背景音乐】【链接背景音乐】命令。当选择【嵌入音频】时，在弹出的对话框中选择好要插入的音频文件单击【插入】命令即可在当前幻灯片显示表示音频文件的图标 。单击该图标，选择【播放】选项卡，设置音频的播放方式及其他属性。

在"中国女排"第 1 张幻灯片中任意位置插入背景音乐：单击【插入】|【音频】|【嵌入背景音乐】；采用轻松的口哨音乐"racing.mp3"，如图 6.30 所示。

图 6.30 嵌入背景音乐

6.3.6　插入视频

单击【插入】|【视频】命令，在弹出的下拉菜单中有"嵌入视频""链接到视频""Flash" "开场动画视频"四种命令。

单击【嵌入视频】命令，在弹出的对话框中选择好要插入的视频文件，单击【插入】命令即可。单击视频，激活【视频工具】选项卡，可以设置视频的播放方式及其他属性。

6.3.7　设置超链接

应用超链接，可以在演示文稿的各个幻灯片之间自由切换，也可以从一张幻灯片跳转至其他文件、电子邮件、网页等。不仅改变了幻灯片的播放顺序，也增强了放映演示文稿的灵活性和多样性。超链接的设置对象可以是文本、图片、形状、表格等幻灯片中的任一对象，具体设置方法如下。

方法一：超链接。

右击要设置超链接的对象，在弹出的快捷菜单中选择【超链接】命令或单击【插入】|【超链接】命令，均可打开【插入超链接】对话框，如图 6.31 所示，根据需要选择要链接的目标位置即可。

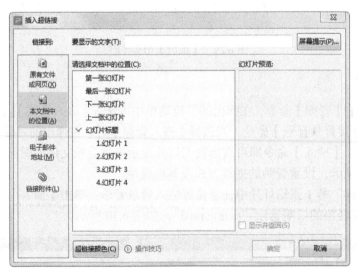

图 6.31　【插入超链接】对话框

方法二：动作设置。

选择要设置超链接动作的对象，单击【插入】|【动作】命令，在弹出的【动作设置】对话框中包含【鼠标单击】和【鼠标移过】两个选项卡，如图 6.32 所示。两种方式均可激活超链接的跳转动作，默认的方式为【鼠标单击】。

在【动作设置】对话框中【超链接到】单选框的下方打开下拉列表，选择要跳转的目标位置即可添加超链接动作。如需给超链接动作加入声音，可以勾选【动作设置】对话框下方的【播放声音】复选框，在其下拉列表中选择合适的声音即可。

方法三：创建动作按钮。

在幻灯片/大纲窗格中选择要添加动作按钮的幻灯片，单击【插入】|【形状】命令打开下拉菜单，在【动作按钮】列表中选择合适的按钮图形，如图 6.33 所示。当鼠标变成"+"形状时，

在幻灯片的适当位置按住并拖动鼠标左键，可绘制按钮图形。当绘制完毕松开鼠标左键时会弹出【操作设置】对话框，在【超链接到】单选框下方的下拉列表中选择要链接的目标位置。

图 6.32 【动作设置】对话框

图 6.33 【动作按钮】列表

6.3.8 快速实现多图轮播

制作含有多张图片的幻灯片，若要为这些图片设置多图轮播动画效果，可利用 WPS 演示提供的多图轮播特效快速实现，例如，在演示文稿中插入带多图轮播动画效果的幻灯片，具体操作方法如下：

（1）单击【新建幻灯片】最下面的按钮【+】，打开【新建幻灯片】对话框，选择左侧【特效】选项，在【搜索】选项输入"多图轮播"，窗口便会显示含多图轮播的动画幻灯片布局，有的需要稻壳会员，如图 6.34 所示。

图 6.34 搜索"多图轮播"

（2）选择一个可以免费使用的模板，单击【立即下载】按钮，如图 6.35 所示，单击右上【更改图片】，将图片一一换成自己的图片，单击【预览效果】或者【放映】按钮，多图轮播动画自动放映。

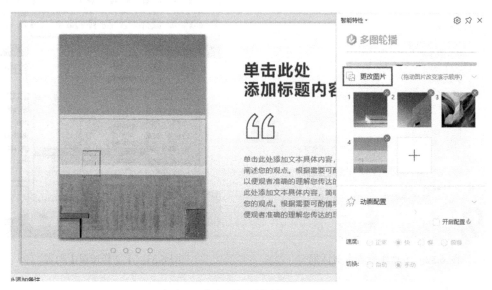

图 6.35　【多图轮播】模板下载完成

提示：由以上案例举一反三，在【新建幻灯片】中还可以根据实际情况，插入不同的场景，如【动画】|【动态数字】动画、【图表】|【动态图表】动画、【结束】|【结束动画】、【关系图】动画、【场景】动画等，并且每一个模板都可以再次编辑，大大提高了工作效率。

6.4　WPS 演示文稿的放映与打印

用户制作演示文稿后，可以对演示文稿中的幻灯片内容进行放映或讲解，这是制作演示文稿的最终目的。同时，用户也可对演示文稿进行输出操作，以达到共享演示文稿的目的。

6.4.1　幻灯片的放映

方法一：从 PowerPoint 中启动幻灯片的播放。

（1）从第 1 张幻灯片开始播放：按 F5 键或单击【放映】|【从头开始】命令，如图 6.36 所示。

图 6.36　【从头开始】放映

（2）从当前幻灯片开始播放，使用【Shift+F5】组合键或单击演示文稿右下角的【幻灯片

放映】按钮█，或单击【放映】|【当页开始】命令。

方法二：将演示文稿保存为可自动播放的模式。

打开要自动播放的演示文稿，单击【文件】|【另存为】命令，在弹出的【另存为】对话框中选择文件类型为 "PowerPoint 97-2003 放映文件" 模式并单击【保存】按钮，即可实现演示文稿在打开时自动播放，扩展名为 "pps"。

方法三：自定义放映。

利用自定义放映功能，可以从演示文稿中选择部分幻灯片组成一个新的演示文稿进行播放，从而实现同一个演示文稿针对不同的播放对象，播放内容也有所不同，具体设置方法如下：

（1）单击【放映】|【自定义放映】命令，在弹出的如图 6.37 所示的【自定义放映】对话框中单击【新建】按钮，即可打开【定义自定义放映】对话框。

（2）在对话框中设置幻灯片放映名称，默认为 "自定义放映 1"。在【在演示文稿中的幻灯片】列表框中选择所需的幻灯片，单击【添加】按钮将所选幻灯片添加至【在自定义放映中的幻灯片】列表框，如图 6.38 所示。

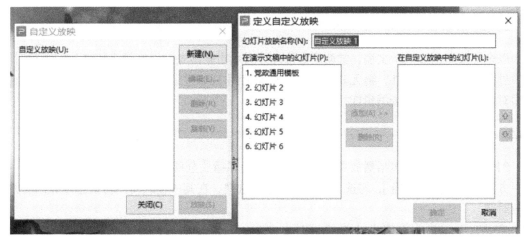

图 6.37　【自定义放映】对话框　　　　　图 6.38　【定义自定义放映】对话框

单击【确定】按钮重新返回【自定义放映】对话框，并在下方列表框中显示刚刚创建的【自定义放映 1】。单击【放映】命令，可以直接播放观看。

6.4.2　设置放映方式

单击【放映】|【放映设置】，弹出【设置放映方式】对话框，如图 6.39 所示，其中提供了 "演讲者放映（全屏幕）""展台自动循环放映（全屏幕）" 两种放映方式。如需在放映过程中终止放映，可通过在屏幕上右击，在弹出的快捷菜单中选择【结束放映】命令，或按 Esc 键结束放映。

　1. 演讲者放映（全屏幕）

以全屏形式播放演示文稿，放映过程完全由演讲者控制，如放映的进程、动画的出现、绘图笔的使用等，常用于会议或教学场合。

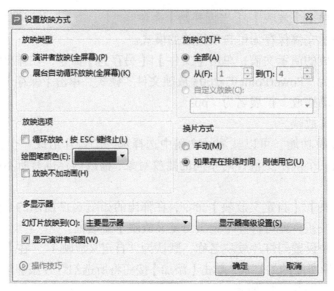

图 6.39　【设置放映方式】对话框

2. 展台自动循环放映（全屏幕）

以全屏形式播放演示文稿，常使用【排练计时】功能预先设置好每张幻灯片的播放时间，放映过程中除保留指针外，再无其他功能，只能使用 Esc 键结束放映。此方式适用于展台等无须对演示文稿进行现场编辑或控制的场合。

6.4.3　设置放映时间

幻灯片的放映时间包括播放单张幻灯片的时间和播放全部幻灯片的时间。

方法一：单击【切换】，勾选【自动换片】复选框，在其中输入时间可设置单张幻灯片的播放时间。

方法二：单击【放映】|【排练计时】命令，系统自动切换至幻灯片放映视图，同时打开【录制】工具栏，用户根据需要自行切换幻灯片，【录制】工具栏会自动记录每张幻灯片的播放时间以及全部幻灯片的总播放时间。放映结束后会弹出提示框询问是否保留排练时间，单击【是】命令，则自动切换至幻灯片浏览视图，并在每张幻灯片下方显示放映时间。

6.4.4　屏幕录制

屏幕录制是在排练计时的基础上增加了录制的功能，用户可在录制完成后观摩自己的演讲，以便改进。在演示文稿中每次只能播放一种声音，因此演示文稿在放映时旁白会覆盖幻灯片中插入的其他声音，设置方法如下。

单击【放映】|【屏幕录制】命令，弹出【屏幕录制】对话框，如图 6.40 所示。选择所有复选框并单击【开始录制】命令，系统自动切换至幻灯片放映视图，同时打开【录制】工具栏。此时，控制幻灯片放映的同时通过话筒或者打开摄像头，至幻灯片放映完成，旁白和摄像头图像及放映时间将自动保存。

图 6.40　【屏幕录制】对话框

6.4.5　手机遥控

如果想在演示 PPT 时脱离计算机的束缚，在观众面前像乔布斯那样高谈阔论，现在只要有一部手机或平板电脑就可以做到：借助 WPS 移动版就可以实现手机或者平板电脑遥控投影仪播放 PPT。首先需要在手机或平板电脑中安装 WPS 移动版，单击【放映】|【手机遥控】|【投影教程】，通过手机和计算机互联就可以实现手机遥控。

6.4.6　WPS 演示文稿的打包

制作完成的演示文稿，有时需要在其他计算机上进行播放，WPS 演示文稿提供的打包功能可以将演示文稿及其相关文件制作成一个可以在其他计算机上放映的文件，具体设置方法如下。

打开要打包的演示文稿，单击【文件】|【文件打包】|【将演示文档打包成文件夹】命令，弹出【演示文件打包】对话框，如图 6.41 所示。在【文件夹名称】文本框中输入打包后演示

图 6.41　演示文件打包

文稿的名称。若要将演示文稿打包成压缩文件，可选择【文件打包】|【将演示文档打包成压缩文件】命令即可。

6.4.7　高级打印功能

对于制作的演示文稿，除了可放映查看效果，还可以根据需要将其打印出来。下面将对演示文稿的打印技巧进行介绍。

在打印演示文稿时，如果需要将演示文稿中所有幻灯片打印到一张纸上，可以通过 WPS 演示提供的【高级打印】功能来实现，具体操作步骤如下：

（1）打开演示文稿"党政通用模板.dps"，单击【文件】|【打印】|【高级打印】选项即可完成打印。如果是第一次使用高级打印功能，WPS 会提示要求安装附件，安装完成后自动打开该工具。

（2）在【高级打印】窗口中，单击【页面布局】选项卡中的【自定义布局】按钮可以选择自己需要的布局进行打印。

6.5　拓展实训——制作毕业论文答辩演示文稿

在本科或者研究生毕业时，都需要撰写毕业论文及进行答辩，答辩的过程一般有毕业论文开题答辩、毕业论文中期答辩以及毕业答辩，这些答辩的过程中需要制作相应的 PPT，PPT 展现可以让答辩专家对你的论文内容一目了然，一般正式答辩不需要添加复杂的动画效果，文本清晰、排版合理、重点突出即可。

毕业答辩的 PPT 大致包括以下内容。

（1）封面：首先一般开题答辩都需要有一个封面，封面的内容添加学院名称等信息，其次还需要答辩论文的题目、指导教师、答辩人、学号等。

（2）目录：答辩封面完成后，接下来需要制作汇报提纲，一般汇报提纲内容需要包括论文立论依据、文献综述、研究内容、研究基础、工作计划等。

（3）研究目录和意义：理论依据需要包括研究背景和意义、研究的目的等，这样可以说明你对自己所写论文有一个基本认识。

（4）文献综述：文献综述一般写和你论文相关的国内外研究现状，你需要了解其他人研究了什么，他们的研究对你有什么启发。

（5）研究内容：研究内容一般包括你想要研究的内容以及为了研究需要采取的方法，并进行可行性分析。

（6）工作计划：工作计划是说明为了完成你的论文，你的时间节点都是如何分配的。

（7）致谢：答辩结束时，一定要对答辩组的专家表示感谢，这是最基本的礼仪。

一个好的答辩 PPT 可以帮助你获得更好的成绩，请参考如图 6.42 所示模板制作毕业开题答辩 PPT。

图 6.42　毕业答辩模板

提示:

(1)封面幻灯片:打开 WPS 演示文稿,封面一般使用"标题幻灯片"版式。主标题为论文的题目,副标题为答辩人和导师姓名。

(2)目录幻灯片:一般采用目录式,可以插入"智能图形"的"列表""在线脑图"或插入"形状"等,根据内容调整。每一条目录名称插入超链接,链接到本文档幻灯片中相应的页码,方便快速查看。

(3)研究背景和研究意义幻灯片:可插入表格或剪贴画来美化幻灯片,但图片不宜太多。介绍完研究意义,右下角插入"形状",添加文字"返回",超链接到目录页。

(4)工作计划幻灯片:可插入"智能图形"的"时间轴"按时间节点展现,清晰明了。时间节点每一条插入"飞入"或"浮入"动画效果并设为"0.3s",自动播放。

(5)致谢幻灯片:插入文本框,输入答辩结束语。可插入"剪贴画"或小动画,等待专家提出问题。

(6)最后,使用"排练计时"功能,控制整个幻灯片播放的时间尽量在 15~20min。

习　题

一、单项选择题

1. WPS 演示文稿的主要功能是(　　)。

A. 制作和播放幻灯片　　　　B. 声音处理　　　C. 图像处理　　　D. 文字处理

2. 在 WPS 演示中,一位同学制作一份名为"我的爱好"的演示文稿,要插入一张名为"j1.jpeg"的照片的文件,应该采用的操作是(　　)。

A. 单击工具栏中的【插入艺术字】按钮

B. 单击【插入】|【图片】|【来自文件】

C. 单击【插入】|【文本框】选项

D. 单击工具栏中的【插入剪贴画】按钮

3. 如果希望将幻灯片由横排变为竖排，需要更换（　　　）。

A. 版式　　　　　　B. 设计模板　　　　　　C. 背景　　　　　　　　D. 幻灯片切换

4. 下面（　　　）视图最适合移动、复制幻灯片。

A. 普通　　　　　　B. 幻灯片浏览　　　　　C. 备注页　　　　　　　D. 大纲

5. 在 WPS 演示中，将整个演示文稿整体地设置为统一外观的功能是（　　　）。

A. 统一动画　　　　B. 配色方案　　　　　　C. 固定的幻灯片母版　D. 应用设计模板

6. 在 WPS 演示中，可以使用（　　　）来插入文本。

A. 空格　　　　　　B. 图表　　　　　　　　C. 文本框　　　　　　　D. 表格

7. 在 WPS 演示中，有（　　　）种条形码规格可供我们选择。

A. 8　　　　　　　　B. 9　　　　　　　　　　C. 5　　　　　　　　　　D. 7

8. 动作按钮可以链接到（　　　）。

A. 其他幻灯片　　　B. 其他文件　　　　　　C. 网址　　　　　　　　D. 以上都行

9. 在 WPS 演示中，可以使用（　　　）功能来将演示文稿打包成 CD。

A. 文件打包　　　　B. 另存为　　　　　　　C. 输出为 CD　　　　　D. 打印

10. 在 WPS 演示中，下面（　　　）不是【打印】功能选项卡里面的选项。

A. 打印预览　　　　B. 批量打印　　　　　　C. 高级打印　　　　　　D. 页面打印

二、判断题

1. 在 WPS 演示中，只能插入声音，不能插入视频。 （　　　）

2. 在制作幻灯片时，文字不能作为超链接的对象。 （　　　）

3. 在设置幻灯片的切换效果以及切换方式时，应在【切换】选项卡中操作。 （　　　）

4. WPS 演示幻灯片，母版实质上也是一张幻灯片。 （　　　）

5. 在 WPS 演示中，页眉页脚中设置的内容将会在演示文稿的每一张幻灯片中显示出来。

（　　　）

6. WPS 演示的【二维码】功能，可以制作文本、名片、WiFi、付款四种类型的二维码。

（　　　）

7. 利用自定义放映功能，可以从演示文稿中选择部分幻灯片组成一个新的演示文稿进行播放，从而实现同一个演示文稿针对不同的播放对象，播放内容也有所不同。 （　　　）

8. "任意多边形"是【动画】|【绘制自定义路径】中的效果。 （　　　）

9. 屏幕录制是在自定义放映的基础上增加了录制的功能。 （　　　）

10. WPS 演示文稿中，在【文件打包】选项卡输出格式为视频。 （　　　）

三、填空题

1. 若要在【幻灯片浏览】视图中选择多个幻灯片，应先按住_____键。

2. 在幻灯片_____选项卡中设置能够应用幻灯片模板改变幻灯片的背景、标题字体格式。

3. WPS 演示中，插入【形状】|【圆形】，在相应的位置按住_____键，即可画出一个正圆形。

4. WPS 演示中，用【插入】_____来创建思维导图。

5. 通过_____设置后，单击观看放映后能够自动放映。

6. WPS 演示中，包括_____、_____、_____、_____、_____五种动画类型。

7. 在 WPS 演示中，小华正在编辑第 5 张幻灯片，他想从头播放幻灯片，请告诉他应该按_____键进行播放。

8. WPS 演示中，使用_____键可以终止幻灯片的放映。

9. 如果要保存演示文稿，在弹出的【另存为】对话框中选择另存为类型为_____模式并单击【保存】按钮即可实现演示文稿在打开时自动播放，扩展名为"pps"。

10. 在打印演示文稿时，如果需要将演示文稿中所有幻灯片打印到一张纸上，可以通过 WPS 演示提供的_____功能来实现。

第7章　计算机网络

21世纪，人类进入网络时代。计算机网络的诞生使计算机体系结构发生了巨大变化，人们通过连接世界各地的计算机网络获取信息并利用信息进行生产过程控制和经济计划决策等。现在，计算机网络日益深入国民经济各个部门和社会生活各个方面，对人们的日常生活、工作产生了较大影响。

本章学习目标

➢ 了解计算机网络概述、计算机网络组成与分类。
➢ 掌握计算机网络协议与体系结构、计算机网络拓扑结构。
➢ 熟悉计算机网络设备、无线局域网。
➢ 掌握IP地址与域名地址。
➢ 了解Internet应用、网络信息安全。

7.1　计算机网络概述

当今，人们生活在一个沉浸于计算机网络的时代。计算机网络承载的信息、支持的服务，无时无刻不在影响着人们的生活。伴随着计算机网络技术的快速发展，大数据、物联网、区块链等热点技术及应用纷至沓来，它们掀起了人类文明的新浪潮。了解计算机网络构建基础和基本原理，人们才能更好地认识与驾驭网络技术。

7.1.1　计算机网络的发展

计算机网络属于多机系统的范畴，是计算机与通信两大现代技术相结合的产物，它代表当前计算机体系结构发展的重要方向。计算机网络的出现与发展不但极大地提高了工作效率，使人们从日常繁琐的事务性工作中解脱出来，而且成为现代生活中不可缺少的工具。可以说没有计算机网络，就没有现代化，就没有信息时代。

1. 计算机网络的定义

计算机网络就是利用通信线路，用一定的连接方法，把分散的具有独立功能的多台计算机相互连接在一起，按照网络协议进行数据通信，实现资源共享的计算机集合。具体来说，就是用通信线路将分散的计算机及通信设备连接起来，在网络操作系统、网络管理软件及网络通信协议的管理和协调下，实现资源共享和数据通信的系统。

从上述定义中可见，计算机网络包括如下四个要素：

（1）至少有两台功能独立的计算机，它们构成了通信主体。

（2）通信线路和通信设备是实现网络物理连接的物质基础。例如，两台具有网卡的计算机，通过网线实现最简单的联网，其中网线和网卡就分别是通信线路和通信设备。

（3）网络软件的支持。具备网络管理功能的操作系统和具有通信管理功能的工具、网络协议软件等统称网络软件。网络软件实现了联网设备之间信息的有效交换。

（4）数据通信与资源共享。数据通信是计算机网络最基本的功能，资源共享是建立计算机网络的主要目的。

2. 计算机网络的演变与发展

计算机网络发展历史不长，但发展速度很快，其演变过程大致可概括为以下四个阶段。

1）具有通信功能的单机系统阶段

它是早期计算机网络的主要形式。将一台主计算机经通信线路与若干个地理上分散的终端相连，主计算机一般称为主机，它具有独立处理数据的能力，而所有终端设备均无独立处理数据的能力。在通信软件控制下，用户在各自终端分时轮流使用主机系统资源。

2）具有通信功能的多机系统阶段

20 世纪 60 年代初期出现了将数据处理和数据通信分开的工作方式。主机专门进行数据处理。在主机和通信线路间设置一台计算机，处理网络中数据通信、传输和控制，这种负责通信的计算机称为前端处理机。在终端聚集处设置集中器，集中器一端通过多条低速线路与各个终端相连，另一端通过高速线路与主机相连。由于前端处理机和集中器在当时选用小型机担任，因此这种结构称为具有通信功能的多计算机系统。

3）计算机网络阶段

20 世纪 60 年代中期，人们开始将若干联机系统中的主机互联，以达到资源共享的目的。此时的计算机网络是利用通信线路将多台主机连接起来，实现了计算机之间的通信，多个主机都具有自主处理能力，它们之间不存在主从关系，开创了"计算机-计算机"通信时代。

4）以局域网及其互联为主要支撑环境的分布式计算机阶段

20 世纪 70 年代，局域网技术得到迅速发展，国际标准化组织制定了开放系统互联（open system interconnect，OSI）参考模型，它旨在便于多种计算机互联，以构成网络。进入 90 年代后，与网络通信相关的协议、规范基本确立。随着网络用户的逐渐增多，最新网络技术的普及更新、网络速度的提高以及大型网络及复杂拓扑的应用，各种新的高速网络介质、高性能网络交互设备及大型网络协议开始得到越来越多的应用。此时，局域网作为计算机网络结构的基本单元，网络间互联要求越来越强，真正实现了资源共享、数据通信和分布处理。

7.1.2　计算机网络的组成与分类

1. 计算机网络的组成

一般可以从两个方面对计算机网络组成进行描述。

1）从数据处理与数据通信角度进行划分

计算机网络分为进行数据处理的资源子网和完成数据通信的通信子网两部分，如图 7.1 所示。

通信子网提供网络通信功能，完成网络主机间的数据传输、交换、通信控制和信号交换等通信处理工作，由通信控制处理机、通信线路和其他通信设备组成。

资源子网为用户提供了访问网络的能力，它由主机系统、终端控制器、请求服务的用户终端、通信子网的接口设备、提供共享的软件资源和数据资源（如数据库和应用程序）构成。

它负责网络数据处理业务，向网络用户提供各种网络资源和网络服务。

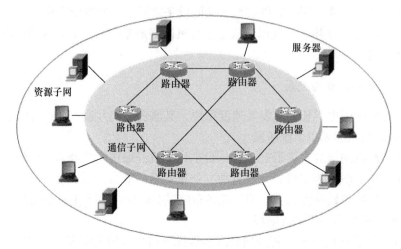

图 7.1　资源子网和通信子网

2）从系统组成的角度进行划分

计算机网络由三部分组成：网络硬件、传输介质和网络软件。

（1）网络硬件包括客户机、服务器、网卡和网络互联设备。

① 客户机是用户上网使用的计算机，可理解为网络工作站、节点机、主机。

② 服务器是提供某种网络服务的计算机，由运算功能强大的计算机担任。

③ 网卡即网络适配器，是计算机与传输介质互联的接口设备。

④ 网络互联设备包括集线器、交换机、路由器、网关等。

（2）传输介质分为有线介质和无线介质两种。有线介质包括双绞线、同轴电缆、光纤等；无线介质是在自由空间传输的电磁波，根据频谱分为无线电波、红外线和可见光等。

（3）网络软件由网络传输协议、网络操作系统、网络管理软件和网络应用软件组成。

① 网络传输协议是指连入网络的计算机必须遵守的规则和约定，保证数据传送与资源共享。

② 网络操作系统是控制、管理、协调网络上计算机，使之有效共享网络硬件和软件资源，同时还具有网络通信能力和网络服务功能。常用网络操作系统有 Windows、UNIX、Linux 等。

③ 网络管理软件是对网络中参数进行测量与控制，保证用户安全可靠使用网络服务。

④ 网络应用软件是使用户在网络中完成相应功能的工具软件，如收发电子邮件的 Outlook Express。

2. 计算机网络的分类

1）按网络覆盖地理范围分类

（1）局域网（LAN）：将较小地理区域内的计算机或终端设备连接在一起的计算机网络，它覆盖地理范围一般在几十米到几千米，常以一个校园或企业园区为单位组建。

（2）城域网（MAN）：覆盖范围介于局域网和广域网之间，一般为几千米至几万米。它把同一个城市内不同地点的多个计算机局域网连接起来以实现资源共享。

（3）广域网（WAN）：在一个广阔的地理区域内进行信息传输的计算机网络，广域网可以覆盖一个城市、一个国家甚至全球。

2）按网络的传输介质分类

（1）无线网：采用卫星、微波等无线形式传输数据的网络。

（2）有线网：采用同轴电缆、双绞线、光纤等物理介质传输数据的网络。

3）按服务方式分类

（1）集中式系统：由一台计算机管理所有网络用户并向每个用户提供服务，多用于局域网。

（2）分布式系统：由多台计算机共同提供服务，每台计算机既可以向其他人提供服务，也可以接受其他人的服务，如网络中的服务器系统。

7.1.3 计算机网络协议与体系结构

1. 网络协议

计算机网络系统庞大，网络通信硬件各式各样，管理和应用网络软件千差万别，它们间的彼此无障碍通信是如何实现的呢？网络中计算机之间通信的桥梁依赖的是通信双方共同遵守的通信协议——网络协议。网络协议是通信的计算机之间必须共同遵守的一组约定，例如如何建立连接、如何相互识别、如何校验传递的信息的正确性等，网络协议是为网络数据交换而制定的规则、约定与标准，其通常包括以下三个基本要素：

（1）语法，指用户数据或控制信息的结构与格式。

（2）语义，指解释控制信息每个部分的定义，即需要发出何种控制的信息、完成何种动作及做出何种响应等。

（3）时序，是事件实现顺序的详细说明，如通信双方的应答关系。

网络协议数量繁多，每种协议都有其设计目的和解决问题的目标。随着网络技术的发展，新的网络协议也在不断涌现。在一个完整的网络通信体系中，需要众多的网络协议协同工作。

2. OSI 参考模型

国际标准化组织于 1981 年推出了 OSI 标准。该标准的目的是希望所有的网络系统都向此标准靠拢，消除系统间因协议不同而造成的通信障碍，使得在互联网范围内，不同网络系统可以不需要专门的转换装置就能进行通信。

图 7.2 为 OSI 参考模型的体系结构。OSI 将通信系统分为 7 层，每层均分别负责数据在网络中传输的某一特定步骤。其中低 4 层完成传送服务，上面 3 层则面向应用。与各层相对，每层都有自己的协议。网络用户在进行通信时，必须遵循 7 个层次的协议，经过 7 层协议所规定的处理后，才能在通信线路上进行信息传输。

信息实际传输过程中，发送端是从高层向低层传递，而在接收端是由低层向高层传递。发送时，每经过一层，都会对上层信息附加一个本层的信息头，信息头包含了控制信息，供接收方同层次分析及处理用，这个过程称为封装。在接收方去掉该层附加信息头后，再向上传递，即解封。

OSI 虽然根据逻辑功能将网络系统分为 7 层，并对每层规定了功能、要求等，但没有规定具体的实施方法。因此，OSI 仅仅是个标准，而不是特定的系统或协议。网络开发商可以根据这个标准开发网络系统，制定网络协议；网络用户可以用这个标准来考察网络系统，分析网络协议。

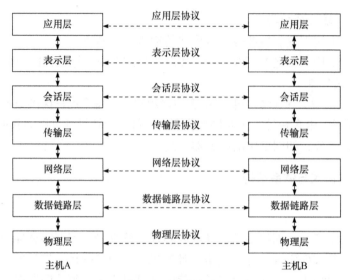

图 7.2　OSI 参考模型

3. TCP/IP 模型

目前最常用的是传输控制协议/网际协议（transmission control protocol/internet protocol，TCP/IP），它是异种网络通信使用的唯一协议体系，既可以用于局域网，又可以用于广域网。TCP/IP 已成为目前事实上的国际标准和工业标准。TCP/IP 简化了 OSI 的七层模型，没有表示层和会话层，并且把数据链路层和物理层合并为网络接口层。TCP/IP 参考模型从下至上分为网络接口层、网络层、传输层、应用层，如图 7.3 所示。TCP/IP 与 OSI 的对应关系如表 7.1 所示，TCP/IP 模型具体含义如下。

| 应用层 |
| 传输层 |
| 网络层 |
| 网络接口层 |

图 7.3　TCP/IP 模型

1）网络接口层

网络接口层对应于 OSI 的数据链路层和物理层，负责将网络层 IP 数据报通过物理网络发送，或从物理网络接收数据帧，抽出 IP 数据报上交网络层。

2）网络层

网络层对应于 OSI 的网络层，提供无连接的数据报传输服务。该层最主要的协议就是无连接的互联网协议（IP）。

3）传输层

传输层对应于 OSI 的传输层，提供一个应用程序到另一个应用程序的通信，由面向连接的传输控制协议（TCP）和无连接的用户数据报协议（user datagram protocol，UDP）实现。TCP 提供的可靠的数据传输服务具有流量控制、拥塞控制、按序递交等特点。UDP 提供不可靠的数据传输服务，但协议开销小，在流媒体中使用较多。

4）应用层

应用层对应于 OSI 的最高三层，包括很多面向应用的协议，如文件传输协议（file transfer protocol，FTP）、远程登录服务协议（Telnet）、域名系统（domain name system，DNS）、超文本传输协议（hyper text transfer protocol，HTTP）、简单邮件传输协议（simple mail transfer protocol，SMTP）等。

表 7.1　TCP/IP 与 OSI 的对应关系

OSI 模型	TCP/IP 模型	TCP/IP 协议集
应用层	应用层	Telnet、FTP、HTTP、SMTP、DNS 等
表示层		
会话层		
传输层	传输层	
网络层	网络层	TCP、UDP
数据链路层	网络接口层	IP、ICMP、ARP、RARP
物理层		各种物理通信网络接口

7.1.4　计算机网络设备

1. 网络传输介质

传输介质是数据传输系统中发送装置和接收装置的物理媒体，是决定网络传输速率、网段最大长度、传输可靠性最重要的因素。传输介质分为有线传输介质和无线传输介质，有线传输介质主要包括双绞线、同轴电缆和光纤，无线传输介质主要包括微波和卫星。

1）双绞线

双绞线是将一对或多对相互绝缘的铜芯线绞合在一起，再用绝缘层封装而成的传输介质。它一般分为非屏蔽双绞线和屏蔽双绞线两大类。非屏蔽双绞线是目前局域网最常见的有线传输介质，该线两端安装有 RJ-45 接头，用于连接网卡、交换机等设备。

双绞线的优点在于其布线成本低，线路更改及扩充方便，RJ-45 接口形式在局域网设备中普及度很高，容易配置。

2）同轴电缆

同轴电缆由内部铜质导体环绕的绝缘层、绝缘层外的金属屏蔽网和最外层的护套组成。这种结构的金属屏蔽网可防止传输信号向外辐射电磁场，也可用来防止外界电磁场干扰传输信号。

3）光纤

光纤是一种细长多层同轴圆柱形实体复合纤维，其简化结构自内向外依次为纤芯、包层、保护套。

光纤具有带宽高、信号损耗低、不易受电磁干扰、介质耐腐蚀且材料来源广泛等传统通信介质无法比拟的优势，是广域网骨干通信介质的首选。

"光纤之父"高锟诠释了生命的价值

"光纤之父"是华裔物理学家、香港中文大学前校长高锟教授的美称。1966 年高锟在论文《光频率介质纤维表面波导》中提出用玻璃纤维作为光波导用于通信的理论，该理论带来了一场通信事业的革命。对这个设想，有人称为异想天开，也有人对此大加褒扬。高锟为寻找那种"没有杂质的玻璃"也大费苦心，他去了很多玻璃厂，到了美国的贝尔实验室，也去了日本、德国跟人们讨论玻璃的制法。在高锟的不断努力下，1971 年，世界上第一条 1

公里长的光纤问世，1981 年制造出世界上第一根光导纤维，高锟"光纤之父"美誉也传遍世界。2009 年，高锟因在有关光在纤维中的传输以用于光学通信方面的突破性成就，获得诺贝尔物理学奖。

高锟用自己不懈的努力和奋斗诠释了生命的价值，推动了世界通信业的发展。

4）微波

微波通信是使用波长在 0.1～1mm 的电磁波进行通信的方式。微波通信不需要固体介质，当两点间直线距离内无障碍时就可以使用微波传送。利用微波进行通信具有容量大、质量好以及传输距离远等优点。微波通信沿直线传输，不能绕行，所以适用于海洋、空中或两个不同建筑间的通信。微波中继通信如图 7.4 所示。

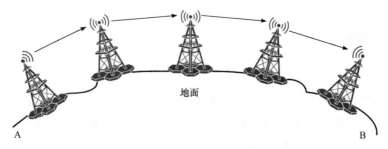

地面

A　　　　　　　　　　　　　　　　　　　　　　　　　B

图 7.4　微波中继通信示意图

5）卫星

卫星通信是通过地球同步卫星作为中继系统来转发微波信号的通信方式。一个同步地球卫星可以覆盖地球 1/3 以上地区，3 个同步地球卫星可以覆盖地球上全部通信区域，如图 7.5 所示。通过卫星地面站可以实现地球上任意两点间的通信。卫星通信的优点是信道容量大、传输距离远、覆盖面积大，缺点是成本高、传输时延长。

除了微波和卫星通信，红外线、无线电、激光也是常用的无线介质。带宽大、传输距离长、使用方便是无线介质最主要的优点，而容易受障碍物、天气和外部环境影响是它的不足。无线介质和相关传输技术也是网络的重要发展方向之一。

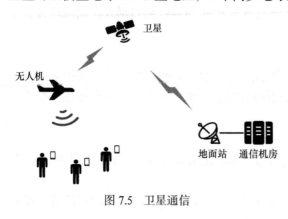

卫星

无人机

地面站　通信机房

图 7.5　卫星通信

2．网络互联设备

1）中继器

中继器可以扩大局域网的传输距离，它连接两个以上的网段，通常用于同一栋楼里局域网间的互联。用中继器连接起来的各个网段仍属于一个网络整体，各网段不单独配置文件服务器，它们共享同一个文件服务器。中继器仅有信号放大和再生功能，只是将一端信号转发到另一端，或者是将来自一个端口的信号转发到多个端口。

2）集线器

集线器是信号再生和转发的设备。它使多个用户通过集线器端口用双绞线与网络设备相连，一个集线器通常有 8 个以上的连接端口，每个端口相互独立，一个端口故障不会影响其他端口的状态。集线器根据工作方式不同可分为无源集线器、有源集线器、智能集线器。

3）网桥

网桥是用来连接两个具有相同操作系统的局域网的设备。局域网中每一条通信线路的长度和连接的设备数都有最大限度，如果超载就会降低网络工作性能。对于较大的局域网，可采用网桥将负担过重的网络分成多个网段，每个网段的冲突不会被传播到相邻网段，从而达到减轻网络负担的目的。由于网桥隔开的网段属于同一局域网，网桥的另一个作用是自动过滤数据包，根据包的目的地决定是否转发该包到其他网段。

4）路由器

在网络互联的计算机上运行网络软件需要知道每台计算机连在哪个网络上，才能决定向什么地方发送数据分组。选择向哪个网络发送数据分组的过程称为路由选择。完成网络互联、路由选择任务的专用计算机就是路由器。路由器不仅具有网桥的全部功能，还可以根据传输费用、网络拥堵情况以及信息源与目的地距离远近不同自动选择最佳路径来传送数据。

5）网关

当需要将采用不同操作系统的计算机网络互联时，就需要网关完成不同网络之间的转换，因此网关也称为网间协议转换器。网关工作于 OSI 的高三层（会话层、表示层、应用层），用来实现不同类型网络间协议转换，从而为用户和高层协议提供一个统一的访问界面。网关的功能可以由硬件实现，也可以由软件实现。

6）交换机

交换机主要用来组建局域网和局域网的互联。交换机的功能类似于集线器，它是一种低价位、高性能的多端口网络设备。除了具有集线器的全部特性外，还具有自动寻址、数据交换等功能。它将传统的共享带宽方式转变为独占方式，每个节点都可以拥有和上游节点相同的带宽。

7.1.5　计算机网络拓扑结构

在计算机网络中，如果把网络中连接对象——把各种计算机看成点，把连接介质看成线，则各种计算机网络就是一幅由点和线组成的几何图形。这种通过数学方法抽象出的图形结构称为计算机网络拓扑结构，如图 7.6 所示。

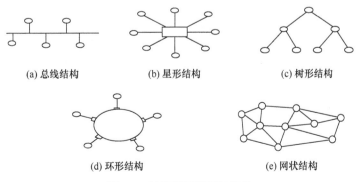

(a) 总线结构　　　　　　(b) 星形结构　　　　　　(c) 树形结构

(d) 环形结构　　　　　　(e) 网状结构

图 7.6　计算机网络拓扑结构

1. 总线结构

总线结构是由一条通信线路作为公共传输通道，所有计算机都通过各自接口连接到该总线上，各个节点只能通过总线进行数据传输、共享信道带宽，如图 7.6（a）所示。总线拓扑结构简单、易于扩展；局域站点故障不影响整体，可靠性高；但总线出现故障会影响整个网络。

2. 星形结构

星形结构是由一个功能较强的中心节点以及一些连接到中心节点的从节点组成，如图 7.6（b）所示。节点间收发数据要通过中心节点的转发，集线器或交换机均可担任中心节点。星形拓扑结构具有结构简单、易扩充的优点，但一旦中心节点出现故障，会导致全网瘫痪。

3. 树形结构

树形结构形状像一棵倒置的树，由总线结构和星形结构演变而来，如图 7.6（c）所示。树形结构易于扩展，故障易隔离，可靠性高，但一旦根节点出现故障，将导致全网瘫痪。

4. 环形结构

环形结构是由通信介质将各网络节点连接成一个闭合环，网络中节点间数据传输依次经过两个节点间每个设备，如图 7.6（d）所示。环形网络中数据既可以单向传输也可以双向传输。环形拓扑结构两个节点间路径唯一，实时性好，但任何线路或节点的故障都能引起全网故障，故障检测困难。

5. 网状结构

网状结构是由网络中的节点与通信线路连接成不规则的几何形状。在该结构中每个节点至少要与其他两个节点相连，也称为全互联网络，如图 7.6（e）所示。这种结构中通信节点无须路由选择即可通信，但网络复杂性随节点数量增加而增大。大型网络主干网一般都采用此结构。

7.2 局 域 网

局域网是家庭、学校、单位内最常见的网络环境，打印机、服务器、传真机等办公及通信设备通过局域网连接实现资源共享。大量应用服务和管理系统都工作在局域网环境中，而且大多数局域网可通过各种形式接入互联网，成为广域网中有效的资源节点。

7.2.1 局域网概述

相对于广域网技术，局域网技术发展更快，在通信和网络环境中更为活跃。局域网技术之所以发展迅速、广受欢迎，主要是由其自身特点决定的，这些特点主要如下。

1. 覆盖地域范围小，用户集中

局域网覆盖范围介于 1m～2km，其适于小范围的联网，用户和网络共享设备集中，易于构建协同办公环境。

2. 数据传输率高，数据传输误码率低

由于数据传输距离较短，局域网易获得更高的传输速度和低误码率，可为内部用户提供

高速可靠的数据传输和设备共享服务。双绞线为传输介质的局域网传输速度在 10～100Mbit/s，高速局域网数据传输速度可达 1Gbit/s。局域网误码率一般为 10^{-8}～10^{-11}。

3. 可使用多种连接介质，网络易于搭建

1980 年，电气与电子工程师协会成立了 IEEE 802 委员会，该委员会对局域网制定了一系列标准。IEEE 802 标准规定了局域网参考模型以及局域网物理层使用信号、编码、拓扑结构等。按照 IEEE 802 标准，局域网传输介质有双绞线、同轴电缆、光纤、电磁波，IEEE 802.11 为无线局域网标准，IEEE 802.8 为光纤局域网标准等。多种连接介质并存使得局域网易实现网络搭建和扩充。

7.2.2　无线局域网

无线局域网已成为局域网的重要发展趋势。无线局域网便于安装和配置，但保护其不被入侵的难度却大于传统有线网络。

无线局域网传递数据所用无线信号主要有无线电信号、微波信号、红外信号等。无线电信号又称射频信号，联网计算机可通过带有天线的无线信号收发设备发送和接收无线网络上的数据。微波有明确的方向性，其传输容量大于无线电波，但穿透和绕过障碍物的能力较差，需要接收端和发送端之间为"净空"环境。红外信号特点是有效覆盖距离近，适用于网络设备间短距离通信。

1. 无线局域网的特点

无线局域网的优势主要体现在可移动性上。同时从物理安全角度看，其受到来自通信电缆的电涌及感应雷击的风险要小于有线局域网。无线局域网也存在缺点，主要体现在以下几方面：

（1）无线局域网信号容易受到 2.4GHz 无绳电话基座、额定频率在 2.4～2.5GHz 的微波炉以及其他同类无线网络信号源的干扰，造成短暂网络信号中断。正常情况下无线局域网的速度远高于互联网，但是对要求网络连接稳定的工作需求，快速有线网络才是最佳选择。

（2）无线局域网信号覆盖范围受到诸多因素影响，信号在遇到厚墙等障碍物时其衰减程度会加剧，从而缩小了有效覆盖范围。

（3）无线局域网相对于有线网络，更容易受到外部入侵，通过无线局域网信号盗用互联网连接的概率高于有线网络。因此，通过加密技术保护无线局域网的安全非常必要。

2. 主流的无线网络技术

无线网络技术主要以蓝牙、无线 USB、60GHz 无线技术——无线 HD 为主，从而实现无线键盘、鼠标、打印机、数码相机、投影仪等设备的互联；在局域网领域以 WiFi 为主；在城域网和广域网领域以 WiMAX 技术为主。下面简要介绍 WiFi 技术和蓝牙技术。

1）WiFi 技术

WiFi 是 wireless fidelity 的缩写，它是目前应用最为广泛的无线网络传输技术。WiFi 是一组无线网技术标准，在 IEEE 802.11 标准中，分别用 a、b、g、n 等作为后缀对其进行标识。WiFi 标准族的规范如表 7.2 所示。

表 7.2　WiFi 标准族规范

IEEE 标识号	性能描述
802.11a	工作在 5GHz 频带的 54Mbit/s 速率无线以太网协议
802.11b	工作在 2.4GHz 频带的 11Mbit/s 速率无线以太网协议
802.11e	无线局域网的服务质量，如支持语音 IP
802.11g	802.11b 的继任者，在 2.4GHz 提供 54Mbit/s 的数据传输率
802.11h	802.11a 的补充，使其符合 5GHz 无线局域网的欧洲规范
802.11n	此规范使得 802.11a/g 无线局域网的传输速率提升一倍

　　WiFi 信号覆盖能力受环境内的障碍物影响较大，一般 WiFi 的有效通信距离是 5～45m，实际通信速率能达到 144Mbit/s。虽然此速度慢于千兆以太网，但在一般办公场景中，其通信能力已经足够且十分普及。大多数笔记本电脑内部都有内置 WiFi 电路，而台式机则需购置 USB 无线网卡（图 7.7）或 PCI（peripheral component interconnect）接口的 WiFi 适配器（图 7.8）。

图 7.7　USB 无线网卡

图 7.8　PCI 无线网卡

　　若将无线局域网接入互联网，还需要调制解调器和无线路由器。这些设备组成以无线路由为中心点的无线集中控制网络，该结构实现了 WiFi 局域网与互联网的连接，是目前非常流行的小公及家庭组网模式，其结构如图 7.9 所示。

图 7.9　WiFi 网络

2）蓝牙技术

蓝牙是一种低成本、近距离的无线网络技术。它不借助有线介质，不通过人工干预，自动完成具有蓝牙功能的电子设备间的互联。蓝牙技术一般不用于计算机之间互联，而是用于鼠标、键盘、打印机、电话耳机等设备与主设备间的无线连接。蓝牙设备在手机联网、共享数据方面的应用也较为普及。由蓝牙技术连接形成的网络也称为"微型网"。

蓝牙技术运用 IEEE 802.15 协议，在 2.4GHz 波段运行。该波段是一种无须申请许可证的工业、科技、医学无线电波段，因此使用蓝牙不需要为该技术支付任何费用。蓝牙技术发展到今天，有多个版本的技术标准。其中 2.1 版技术标准的传输速度只有 3Mbit/s，覆盖范围一般在 10m 之内，而蓝牙 3.0 版技术标准的传输速度可以达到 480Mbit/s。

蓝牙技术在今天有着丰富的应用，蓝牙耳机、车载免提蓝牙、蓝牙键盘、蓝牙鼠标等为家居、办公及旅行通信带来很大的便利。

7.3　Internet 及其应用

Internet 是由各种不同类型、不同规模并能独立运行的计算机网络组成的全球性计算机网络。这些网络通过电话线、光纤、卫星微波、高速率专用线路等通信线路，把不同国家的企业公司、政府部门、学校及科研机构中的网络资源连接起来，进行数据通信和信息交换，实现全球范围内的资源共享。

7.3.1　Internet 概述

Internet 源于美国国防部高级研究计划局 1968 年建立的 ARPANET。初期它由连接 4 所大学的网络组成。20 世纪 80 年代，美国国家科学基金会（National Science Foundation，NFS）认识到了它的重要性，于是用 NFS 网取代了 ARPANET 网，并逐步演变成了 Internet 的主干网。

1994 年我国通过四大骨干网正式连入 Internet。1998 年，由教育科研网 CERNET 牵头，以现有的网络设施和技术力量为依托，建设了中国第一个 IPv6 实验床，两年后开始分配地址。2004 年 12 月，我国国家顶级域名 cn 服务器的 IPv6 地址成功登录到全球域名根服务器，标志着我国国家域名系统正式进入下一代互联网。据商务部相关报道，截至 2020 年 12 月，我国网民数量达到 9.89 亿，相当于全球网民的 1/5，互联网普及率为 70.4%；我国 cn 域名注册量达到 2304 万个，继续保持国家和地区顶级域名数全球第一。我国现在已成为名副其实的互联网大国。

7.3.2　Internet 接入

1. 有线电视网接入

有线电视在我国的普及率非常高，通过在骨干网中采用异步传输模式（asynchronous transfer mode，ATM）结合混合光纤同轴电缆宽带接入技术，对有线电视网络原有单向播出形式进行有线电视双向改造，实现广播电视网和因特网的融合。用户可以采用有线电视网进行接入，实现双向数据业务。

2. 光纤接入

光纤入户表示接入线路是光纤不是普通网线。这种技术速度快，稳定性高，还支持更高的宽带，如 100Mbit/s 等。光纤入户将光网络单元安装在家庭用户或企业用户处，是光纤接入系列中除光纤到桌面外最靠近用户的光接入网应用类型。光纤入户最显著的技术特点是不但提供更大的带宽，而且增强了网络对数据格式、速率、波长和协议的透明性，放宽了对环境条件和供电的要求，简化了维护和安装。随着 Internet 的发展，宽带网络一直被认为是构成信息社会最基本的基础设施。为实现用户接入 Internet 的数字化、宽带化，提高用户上网速度，光纤接入也是现在主流的接入方式。

3. 局域网接入

局域网接入一般先将几台至几百台计算机用网线连接到交换机上（组成一个局域网），然后把局域网通过路由器连接到更大的网络上。

4. 无线局域网接入

无线局域网（wireless local area network，WLAN）是利用无线通信技术在局部范围内建立的网络。它以无线多址信道作为传输介质，提供传统有线局域网的功能，能够使用户随时随地接入 Internet。通常的 WLAN 指的就是符合 IEEE 802.11 系列协议的无线局域网。

5. 移动通信网接入

移动通信（mobile communication）网络是一个广域的通信网络，是指通信双方或至少一方处于运动中进行信息传输和交换的通信网络。移动通信已经历了 1G、2G、3G、4G、5G 几代的发展，正在向 6G 演进，通信速度越来越快，性能越来越好，例如，5G 的峰值理论传输速度可达数十吉比特每秒，比 4G 网络的传输速度快数百倍。用户利用公共移动通信网络可实现随时随地高速接入 Internet。

7.3.3 IP 地址与域名地址

为了实现 Internet 上不同计算机间的通信，每台计算机必须有一个与其他计算机不同的地址，这相当于通信时每台计算机的名字。在使用 Internet 过程中，常用地址有 IP 地址、域名系统。

1. IP 地址

1）IPv4 地址

IP 地址由网络地址和主机地址两部分组成，如图 7.10 所示，其中，网络地址表示一个逻辑网络，主机地址标识网络中的一台主机。

IPv4 体系中，每个 IP 地址均由长度为 32 位的二进制（即 4 字节），每 8 位（1 字节）之间用圆点分开，如 11001010.01110001.01111101.00000011。

用二进制数表示的 IP 地址难以书写和记忆，通常将 32 位二进制地址写成 4 个十进制数字的字段，其中，每个字段都在 0～255 取值。例如，上述二进制 IP 地址转换成相应的十进制表示形式为 202.113.125.3。

图 7.10　IP 地址结构

按键盘上的【Win+R】组合键，打开运行对话框。在输入框输入"cmd"，单击【确定】按钮，打开 DOS 窗口。输入"ipconfig/all"，按 Enter 键，会出现本机 IP 配置、以太网适配器、无线网适配器等信息。

2）IPv6 地址

IP 是 Internet 的核心协议。现在使用的 IPv4 是在 20 世纪 70 年代末期设计的。无论从计算机本身的发展还是从 Internet 的规模和网络传输速率来看，现在的 IPv4 已不再适用，最主要的问题就是 32 位的 IP 地址不够用。国际互联网工程任务组（The Internet Engineering Task Force，IETF）早在 1992 年 6 月就提出要制定下一代 IP（ip next generation，IPng），IPng 现在正式名称为 IPv6。IPv6 所引进的主要变化如下：

（1）更大的地址空间。IPv6 将地址从 IPv4 的 32 位增大到 128 位，使得地址空间增大了 296 倍。这样大的地址空间在可预见的将来是不会用完的。

（2）扩展的地址层次结构。IPv6 由于地址空间很大，因此可划分为更多的层次。

（3）灵活的首部格式。IPv6 数据报的首部与 IPv4 的并不兼容。IPv6 定义了许多可选的扩展首部，不仅可提供比 IPv4 更多的功能，还可提高路由器的处理效率，因为路由器对扩展首部不进行处理。

（4）改进的选项。IPv6 允许数据报包含有选项的控制信息，因而可以包含一些新的选项，IPv4 所规定的选项是固定不变的。

（5）允许协议继续扩充。因为技术总在不断发展（如网络硬件的更新），而新的应用也还会出现，但 IPv4 的功能是固定不变的。

（6）支持即插即用（即自动配置）。

（7）支持资源的预分配。IPv6 支持实时视像等要求保证了一定的带宽和时延应用。

IPv6 将首部长度变为固定的 40 位，称为基本首部。它将不必要的功能取消，首部的字段数减少到 8 个（虽然首部长度增大一倍）。此外，IPv6 还取消了首部的检验和字段（考虑到数据链路层和传输层都有差错检验功能），这样就加快了路由器处理数据报的速度。

IPv6 数据报在基本首部的后面允许有 0 个或多个扩展首部，再后面就是数据。注意，所有的扩展首部都不属于数据报的首部。所有的扩展首部和数据合起来称为数据报的有效载荷或净负荷。

IPv6 的 128 位地址以 16 位为一个分组，每个 16 位分组写成 4 个十六进制数，中间用冒号分割，称为冒号分十六进制格式，如 21DA:00D3:0000:2F3B:02AA:00FF:FE28:9C5A。

所有类型的 IPv6 地址都被分配到接口，而不是节点。IPv6 地址是单个或一组接口的 128 位标识符，IPv6 由前缀+接口标识组成，其中前缀相当于 IPv4 地址中网络 ID，接口标识则相当于 IPv4 地址中的主机 ID。地址前缀长度用"XX"表示，如 3FFE:3700:1100:0001:D9E6:0B9D:14C6:45EE/64。

同时 IPv6 在某些条件下可以省略，以下是省略规则。

每项数字前导的 0 可以省略，省略后前导数字依然是 0 则继续，例如，下面一组 IPv6 地址是等价的：

2001:0DB8:02DE:0000:0000:0000:0000:0E13

2001:DB8:2DE:0:0:0:0:E13

若有连贯的 0000 情形出现，可以用双冒号":"代替，如果 4 个数字都是 0，可以都省略。下面一组 IPv6 地址是等价的：

2001:DB8:2DE:0:0:0:0:E13

2001:DB8:2DE::E13

此外，IPv4 地址很容易转化为 IPv6 格式。例如，IPv4 地址为 135.75.43.52，可以转换为 IPv6 为 0000:0000:0000:0000:0000:0000:874B:2B34 或者::874B:2B34。

2. 域名系统

由于 IP 地址难以记忆和理解，为此 Internet 引用一种字符型的主机命名机制——域名系统，通过域名表示主机的 IP 地址。域名空间结构是一个倒立的分层树形结构，每台计算机相当于树上的一个节点，它的域就是从该机所处的节点（树叶）起到树根这一路径上各个节点名字的序列，如图 7.11 所示。

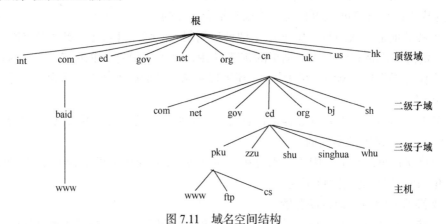

图 7.11 域名空间结构

域名的写法是用点号将各级子域名分隔开来，域的层次次序从右到左（即由高到低或由大到小），分别称为顶级域名、二级域名、三级域名等。典型的域名结构如下：主机名.单位名.机构名.国家名。

例如，域名"cef.tsinghua.edu.cn"表示是中国（cn）教育机构（edu）清华大学（tsinghua）校园网上的一台主机（cef）。

DNS 是庞大的数据库，它存储和实现了域名与 IP 地址的对应关系。域名服务器承担着域名与 IP 地址的转换，它提供一种目录服务，用户通过搜索计算机名称实现 Internet 上该计算机对应的 IP 地址的查找，反之亦然。承担域名转换任务的服务器称为 DNS 服务器。域名转换的原理如图 7.12 所示。

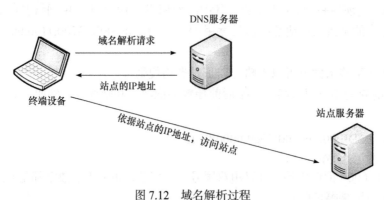

图 7.12 域名解析过程

为保证域名系统的通用性，Internet 规定了一些正式通用标准，如将域名分为区域名和类别域名两类，区域名如表 7.3 所示，类别域名如表 7.4 所示。

表 7.3 部分国家或地区行政区域名

域名	含义	域名	含义	域名	含义
au	澳大利亚	gb	英国	de	德国
br	巴西	in	印度	fr	法国
ca	加拿大	jp	日本	sg	新加坡
cn	中国	kr	韩国	us	美国

表 7.4 类别域名

域名	含义	域名	含义	域名	含义
com	商业类	edu	教育类	gov	政府部门
int	国际机构	mil	军事类	net	网络机构
org	非营利组织	arts	文化娱乐	arc	消遣娱乐
firm	公司企业	info	信息服务	stor	销售单位

拥有自己国家的"根服务器"

根域名服务器是域名查询的起点，是域名服务的中枢神经系统，对 Internet 最有力也是最致命的攻击就是攻击根域名服务器。在 IPv4 网络中全球只有 13 台根域名服务器，分布于美国（10 台）、英国（1 台）、瑞典（1 台）和日本（1 台）。我国作为全球互联网用户最多、访问量最大的国家却一台也没有，这对我国网络安全造成了极大的威胁。2015 年中国领衔发起了"雪人计划"，在全球 16 个国家完成了 25 台 IPv6 根域名服务器的架设，中国部署了其中的 4 台，打破了中国过去没有根域名服务器的困境，形成了 13 台原有根域名服务器加 25 台 IPv6 根域名服务器的新格局，建设了属于自己的"根服务器"，也在理论上丧失了美国政府对根域名服务器的行政管辖权。所以永远不要把科技的主导权放弃，更不能寄托于他国。

科技是国之利器，国家要强大，人民生活要美好，就必须有强大的科技后盾。

7.3.4 Internet 应用

1. Internet 信息浏览的基本概念

在因特网中通过采用 WWW 方式浏览信息，WWW 是 World Wide Web 的缩写，也是因特网上应用最广泛的一种信息发布及查询服务，WWW 以超文本形式组织信息。

1）Web 网站与网页

WWW 是一个庞大的文件集合体，这些文件称为网页或 Web 页，存储在因特网上的成千上万台计算机上。提供网页的计算机称为 Web 服务器或称为网站、网点。

2）超文本与超链接

网页中带有下划线的文字或图片，称为超链接。单击超链接时，浏览器会显示出与该超链接相关的网页。这样的超链接可以链接网页，还可以链接声音、动画和影片等其他类型网络资源。具有超链接的文本称为超文本。除文本信息，还有语音、图像和视频等，这就是超媒体。

3）超文本标记语言

超文本标记语言（hyper text markup language，HTML）是为服务器制作信息资源（超文本文档）和客户浏览器显示这些信息而约定的格式化语言，网页都是基于超文本标记语言编写出来的。使用这种语言，可对网页中文字、图形等元素各种属性进行设置，还可以将各元素设置成超链接，链向其他网站。

4）统一资源定位器

利用 WWW 获取信息时要表明资源所在地。WWW 中用统一资源定位器（uniform resource locator，URL）定义资源所在地。URL 组成部分从左至右依次是服务协议类型、服务器地址、端口号、路径和文件名。

服务协议类型常见的有 HTTP、FTP、Telnet。

服务器地址是存放网站信息资料的服务器所使用的 IP 地址，因为 IP 地址较难记忆，一般使用域名代替 IP 地址。

端口号是整数，可选。若输入时省略，则使用默认端口号。有时出于安全或其他考虑，可以在服务器上对端口进行重新定义，即采用非标准端口号。此时 URL 中就不能省略端口号这一项。

路径是指信息在服务器上的位置，由"目录/子目录"的格式组成。

文件名是指资源或网页的名称。

例如，"http://www.wtc.edu.cn:80/429/list.htm"就是一个 URL 地址，表示用 HTTP 访问主机名为"www.wtc.edu.cn"服务器网络端口号是 80 的一个 HTML 文件。

5）超文本传输协议

为了将网页的内容准确无误地传送到用户计算机上，在 Web 服务器和用户计算机间必须使用一种特殊的方式进行交流，这就是超文本传输协议。

用户在阅读网页内容时使用的浏览器是一种客户端软件，这类软件使用 HTTP 协议向 Web 服务器发出请求，将网站上信息资源下载到本地计算机上，再按照一定的规则显示成为图文并茂的网页。

2. 信息检索

目前，国内最常用的信息搜索工具主要有百度、360 和搜狗等，搜索技巧如下：

（1）使用多个关键词搜索，关键词中间用"+""－"连接。为了更准确地匹配，可以使用多个关键词进行搜索。关键词中加入"+"表示搜索引擎这些关键词要同时出现在搜索结果网页中，"－"则表示搜索引擎这个关键词不要出现在搜索结果的网页中。使用中前一个关键词和减号之间必须有空格，否则减号会被当成连字符处理。减号和后一个关键词之间，有无空格均可。

例如，以"操作系统+Windows+UNIX"作为关键词，就表示搜索到的网页中必须同时有"操作系统""Windows""UNIX"这 3 个关键词。如果输入"操作系统+Windows－UNIX"，则表示搜索到的网页中不能出现"UNIX"这个词。

（2）把搜索范围限定在网页标题中——intitle。网页标题通常是对网页内容大纲的归纳，把查询内容范围限定在网页标题中，有时能获得良好的效果。使用方式是把查询内容中特别关键的部分用"intitle:"标识。

例如，技巧"intitle:高级搜索"表示限定在"高级搜索"的网页标题范围内查找"技巧"的相关内容。

注意："intitle:"和后面的关键词之间不要有空格。

（3）把搜索范围限定在特定站点中——site。如果知道某个站点中有需要的内容，就可以把搜索范围限定在这个站点中。使用方式是在查询内容后面加上"site:站点域名"。搜索特定网站的时候还可以明确地查询到这个站点的收录情况

例如，天空网下载软件很好，就可以这样查询："site: skycn.com"。

注意："site:"后面跟的站点或域名不要带"http://"；另外，"site:"和站点间不要有空格。

（4）把搜索范围限定在 URL 链接中——inurl。网页 URL 中的某些信息，常常有某种有价值的含义。实现方式是用"inurl:"，后跟需要在 URL 中出现的关键词（必须是英文，也可以是汉语拼音），查找 URL 中包含关键词的网页。

例如，查找关于 Photoshop 的使用技巧，可以这样查询："Photoshop inurl:jiqiao"。这个查询串中的"Photoshop"可以出现在网页任何位置，而 jiqiao 必须出现在网页 URL 中，而且"inurl:"语法和后面所跟关键词不要有空格。

（5）精准匹配——双引号和书名号。如果输入的查询词很长，百度给出的搜索结果中的查询词可能是拆分的，可以给查询词加上双引号，百度就不拆分查询词了。

例如，搜索华中科技大学，如果不加双引号，搜索结果可能被拆分，但如果加上双引号即"华中科技大学"，则搜到的结果全是符合要求的。

书名号是百度独有的一个特殊查询语法。在其他搜索引擎中，书名号会被忽略，而在百度中，中文书名号是可被查询的。加上书名号的查阅词表示书名号会出现在搜索结果中，书名号括起来的内容不会被拆分。

书名号在某些特殊情况下特别有效，例如，查找名字很常用的电影或小说，如查找电影《手机》。如果不加书名号，很多情况搜出来的是通信工具——手机；而加上书名号后，《手机》结果都是关于电影方面的了。

（6）搜索某种类型文档信息。filetype 是百度经常使用的搜索功能。也就是说，百度不仅能搜索一般的文字页面，还能对某些二进制文档进行搜索。百度已能检索微软的 Office 文档，如".xlsx"".pptx"".docx"、Adobe 的 PDF 文档等，语法为"关键词+空格+filetype+英文冒号+所需文件"。

例如，搜索文档中含有"路由器的设置技巧"的 pdf 文档。

关键词："路由器的设置技巧 filetype:pdf"。

3. 电子商务

电子商务（electronic commerce）是利用计算机技术、网络技术和远程通信技术，实现整个商务过程中的电子化、数字化和网络化。电子商务可分为企业对企业、企业对消费者、消费者对消费者、企业对政府等模式。

电子商务中的数字产品包括音乐、软件、数据库、有偿电子资源等多种基于知识的商品，

这类产品的独特性在于商品是以比特流的形式，在订单产生并付款完成交易后直接通过 Web 传递到购买者手中。数字产品的销售不需要支付有形产品销售中的运送费用。

电子商务也可以把服务作为商品出售，如在线医疗咨询服务、经验和技能、陪驾等。随着人们生活节奏的加快，排队付费、购票等时间成本付出愈发明显，在电子商务站点中"跑腿""代办事"等已经成为逐渐普及的付费服务项目。截至 2021 年 12 月，我国数字音频用户规模达 7.3 亿，每年增长 3.8%，核心人群为 90 后、00 后。

电子商务的便捷、低成本、服务多样化等优势使得这种商务活动很快风靡全球，中国作为互联网用户第一大国，其电子商务规模增长迅速而稳定。2021 年全国电子商务交易额达 42.3 万亿元，连续 9 年保持全球最大网络零售市场地位。中国电子商务正在经历多维度融合发展：大数据、人工智能、区块链等数字技术与电子商务加快融合，丰富了交易场景；线上电子商务平台与线下传统产业、供应链配套资源加快融合，构建出更加协同的数字化生态；社交网络与电子商务运营加快融合，形成了稳定的用户关系。

4. 在线学习

在线学习（E-learning），即在教育领域建立互联网平台，学习者通过网络进行学习的一种全新学习方式。网络化学习依托丰富的多媒体网络学习资源、网上学习社区即网络技术平台构成全新的网络学习环境，在网络学习环境中，汇集了大量针对学习者开放的数据、档案资料、程序、教学软件、兴趣讨论组、新闻组等学习资源，形成一个高度综合集成的资源库。在学习过程中，所有成员都可以发布自己的看法，将自己的资源加入网络资源库中，供大家共享。广义的网络学习包括通过信息搜索获取知识、电子图书馆、远程学习与网上课堂等多种形式。

2012 年由美国顶尖大学陆续发起的大型开放式网络课程（massive open online course，MOOC）开始在互联网上发布，它给全球的学生提供了系统学习高等教育优质课程的可能。国际上较为著名的 MOOC 平台有 Coursera、Udacity、edX 等。2013 年 5 月，清华大学正式加盟 edX，成为 edX 的首批亚洲高校成员，这标志着国内高校开始着手 MOOC 的建设。在国务院《关于积极推进"互联网+"行动的指导意见》出台后，将 MOOC 作为"互联网+"催生的一种新的教育生产力，借此重塑教育教学形态已成为教育界共识。截至 2022 年 2 月底，我国上线 MOOC 数量超过 5.25 万门，注册用户达 3.7 亿，已有超过 3.3 亿人次获得 MOOC 学分，MOOC 数量和应用规模世界第一。国内主流 MOOC 平台如图 7.13 所示。

图 7.13　国内主流 MOOC 平台

7.4　网络信息安全

随着计算机网络的不断普及与发展，计算机网络逐渐渗透到人们工作生活的各个领域，成为人们工作生活不可缺少的一部分，但随之而来的就是计算机信息安全问题。让用户在安全、可靠的环境中进行各项网络活动，保障自身权益不受损害，非常有必要。

7.4.1　网络信息安全概述

1. 网络信息安全面临的威胁

1）计算机病毒

计算机病毒是编制者在计算机程序中插入的破坏计算机功能或数据的代码，是一种能够影响计算机使用，并能进行自我复制的计算机指令或程序代码。计算机病毒具有传播性、感染性、隐藏性、潜伏性、可激发性、表现性和破坏性。一旦感染病毒，计算机中的程序将受到损坏，用户的信息被非法盗取，用户自身的权益受到损害。病毒可以通过杀毒软件进行清除与查杀，建议用户养成定期检查计算机病毒的习惯，以保证自己的切身利益。

2）流氓软件

流氓软件是介于正规软件与病毒之间的软件，其表现一般是散布广告，以达到宣传的目的。流氓软件一般不会影响用户的正常活动，但可能出现以下情况：上网时不断有窗口弹出；浏览器被莫名修改，增加了很多工作条；浏览器中打开网页时，网页变成不相干其他页面等情况。

流氓软件一般是在用户没有授权的情况下强制安装的，当出现上述情况时用户需要警惕，尽快清除网页中保存的账户信息资料，并通过软件管理软件进行清除。流氓软件会恶意收集用户信息，并且不经用户许可卸载系统中的非恶意软件，甚至捆绑一些恶意插件，导致用户资料泄露、文件受损。

3）木马程序

木马程序通常称为木马、恶意代码等，指潜伏在计算机中，可受外部用户控制以窃取本机信息或者控制权的程序。木马程序是比较常见的病毒文件，但不具有自我繁殖性，也不会"刻意"感染其他文件，一般通过伪装来吸引用户下载执行，使木马程序的发起人可以任意毁坏、窃取被感染者的文件，甚至远程控制用户计算机。

4）网络钓鱼

网络钓鱼是一种通过欺骗性电子邮件和伪造 Web 站点进行网络诈骗的方式。它一般通过伪造或发送声称来自银行或其他知名机构的欺骗信息，引诱用户泄露自己的信息，如银行卡账号、身份证号码和动态口令等。

网络钓鱼是目前十分常见的一种电子商务安全问题，其实施途径多种多样。可通过假冒网站、手机银行和运营商向用户发送诈骗信息；也可通过收集短信、电子邮件、微信消息等形式实施不法活动，如常见的中奖诈骗、促销诈骗等。用户在进行电子商务活动时，不要轻信他人发送的信息，不要打开来路不明的邮件，不要轻易泄露自己的私人资料，尽量降低交易风险。

5）系统漏洞

系统漏洞是指应用软件或操作系统软件在逻辑设计上的缺陷或错误。不同的软、硬件设备和不同版本的系统都存在不同的安全漏洞，容易被不法分子通过木马、病毒等方式进行控制，窃取用户重要资料。不管是计算机操作系统、手机运行系统，还是应用软件都容易因为漏洞问题而遭受攻击，因此建议用户使用最新版本的应用程序，并及时更新应用商店提供的漏洞补丁。

2. 网络信息安全的基本要求

（1）机密性：机密性又称保密性，是指信息在传输或存储时不被他人窃取，一般可通过密码技术对传输的信息进行加密处理。

（2）完整性：完整性包括两个方面，一是保证信息在传输、使用和存储等过程中不被篡改、丢失和缺损；二是保证信息处理方法正确，不因不正当操作导致内容丢失。

（3）可用性：可用性是指可被授权实体访问并按需求使用的特征，即当需要时能够存取所需的信息。网络环境下拒绝服务、破坏网络和有关系统的正常运行等都属于对可用性的攻击。

（4）可控性：对信息的传播及内容具有控制能力，如能够阻止未授权的访问。

（5）不可否认性：不可否认性又称不可抵赖性，是指用户不能否认自己的行为与参与活动的内容。传统方式下，用户可以通过在交易合同、契约或贸易单据等书面文件上手写签名或使用印章进行鉴别。在网络环境下，一般通过数字证书机制的时间签名和时间戳来进行验证。

7.4.2　网络信息安全技术

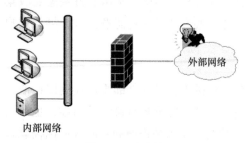

图 7.14　防火墙

1. 防火墙技术

防火墙是指位于可信网络（内部网络）和不可信网络（外部网络）边界上的一种防御措施，由软件和硬件设备组合而成。在两个网络通信时执行访问控制策略并控制进出网络的访问行为，对内部网络进行保护，如图 7.14 所示，是保护信息安全的第一道防线。

2. 加密技术

发送方使用加密密钥，通过加密设备或算法，将信息加密后发送出去。接收方在收到密文后，用解密密钥将密文解密，恢复为明文。如果传输中有人窃取信息，也只能得到无法理解的密文，由此可知加密技术对信息起了保密作用。显然，加密系统中最核心的是加密算法，常见的加密算法可以分为对称加密算法、非对称加密算法和哈希（Hash）算法三类。

3. 身份认证技术

在安全的网络通信中，通信双方必须通过某种形式来判明和确认对方或双方的真实身份，以保证信息资源被合法用户访问。身份认证主要是通过对身份标识的认证服务来确认身份及其合法性。这里的身份标识是指能证明用户身份的独有的特征标识，可以是一种私密信息，如口令（password）；也可以是一件可以信任的物体，如智能卡、移动电话；还可以是独一无二的生物特征，如指纹、虹膜、人脸、声音、行走步态。

4. 入侵检测技术

入侵检测系统（intrusion detection system，IDS）是防火墙的合理补充，提供对内部攻击、外部攻击和误操作的实时保护。典型的 IDS 通常包含三个功能组件：数据收集、数据分析以及事件响应。入侵检测的第一步是数据收集，包括系统、网络运行数据及用户活动的状态行为，并从中提取有用的数据。数据分析组件是 IDS 的核心，从收集到的数据中提取当前系统或网络的行为模式，与模式库中的入侵和正常行为模式进行比对，将检测结果传送给事件响应组件。事件响应组件记录入侵事件过程，收集入侵证据，同时采取报警、中断连接等措施阻断入侵攻击。

7.5 拓 展 实 训

7.5.1 设置计算机工作组和打印机共享

为了使网络上其他用户能访问计算机并共享打印机，请设置计算机工作组和打印机共享。

提示：
（1）右击桌面"此电脑"图标，选择快捷菜单中的【属性】命令。
（2）打开【设置】对话框，单击【高级系统设置】，打开【系统属性】对话框，单击【计算机名】|【更改】。
（3）打开【计算机名/域更改】对话框，输入计算机名和工作组名。
（4）【控制面板】对话框中，单击【设备和打印机】。
（5）打开【设备和打印机】对话框，右击打印机图标，选择快捷菜单中的【打印机属性】命令。
（6）打开待共享打印机属性对话框，切换至【共享】标签，选择【共享这台打印机】，设置共享名。

7.5.2 设置防火墙和浏览器安全级别

为提高计算机防护能力，必须对计算机操作环境进行安全设置。请设置 Windows 10 防火墙和 Edge 浏览器的安全级别。

提示：
（1）单击【开始】|【运行】，打开【运行】对话框，输入"wscui.cpl"，单击【确定】按钮。
（2）打开【安全和维护】对话框，单击【在 Windows 安全中心中查看】。
（3）打开【Windows 安全中心】对话框，单击【公用网络】，打开【公用网络】对话框，启动防火墙。
（4）打开 Edge 浏览器，单击【设置】。

（5）打开【设置】对话框，单击【隐私、搜索和服务】。

（6）打开【隐私、搜索和服务】对话框，单击【防止跟踪】|【平衡】。

习　题

一、单项选择题

1. 以下不属于网络操作系统的软件是（　　　）。

A. Netware　　　　　　　B. WWW　　　　　　　C. Linux　　　　　　　D. UNIX

2. OSI 将计算机网络的体系结构规定为 7 层，而 TCP/IP 则规定为（　　　）。

A. 4 层　　　　　　　　B. 5 层　　　　　　　　C. 6 层　　　　　　　　D. 7 层

3. 若网络类型是由站点和连接站点的链路组成一个闭合环，则这样的拓扑结构称为（　　　）。

A. 星形拓扑　　　　　B. 总线拓扑　　　　　C. 环形拓扑　　　　　D. 树形拓扑

4. 在以下传输介质中，带宽最宽，抗干扰能力最强的是（　　　）。

A. 双绞线　　　　　　B. 无线信道　　　　　C. 同轴电缆　　　　　D. 光纤

5. 在计算机网络中，一般局域网的数据传输速率要比广域网的数据传输速率（　　　）。

A. 高　　　　　　　　B. 低　　　　　　　　C. 相同　　　　　　　D. 不确定

6. 网络协议主要要素为（　　　）。

A. 数据格式、编码、信号电平　　　　　B. 数据格式、控制信息、速度匹配

C. 语法、语义、时序　　　　　　　　　D. 编码、控制信息、同步

7. 互联网上的服务都是基于某种协议，WWW 服务基于的协议是（　　　）。

A. SNMP　　　　　　　B. HTTP　　　　　　　C. SMTP　　　　　　　D. Telnet

8. 在一个主机域名"http://www.zj.edu.cn"中，（　　　）表示主机名。

A. www　　　　　　　B. zj　　　　　　　　C. edu　　　　　　　　D. cn

9. 域名和 IP 地址之间的关系是（　　　）。

A. 一个域名对应多个 IP 地址　　　　　B. 一个 IP 地址对应多个域名

C. 域名与 IP 地址没有关系　　　　　　D. 一一对应

10. 以下四个 IP 地址（　　　）是不合法的主机地址。

A. 192.117.120.6　　　B. 320.115.9.10　　　C. 202.119.126.7　　　D. 123.137.190.5

二、判断题

1. 计算机网络最突出的优点是资源共享。　　　　　　　　　　　　　　（　　　）

2. 没有网卡的计算机不能连入互联网。　　　　　　　　　　　　　　　（　　　）

3. 路由器是典型的网际设备。　　　　　　　　　　　　　　　　　　　（　　　）

4. IPv6 采用 32 位二进制数表示地址空间大小。　　　　　　　　　　　（　　　）

5. TCP/IP 中只有两个协议。　　　　　　　　　　　　　　　　　　　　（　　　）

6. Internet 域名地址中的 edu 表示该网站是教育网站。　　　　　　　　（　　　）

7. HTML 是浏览器编程语言。　　　　　　　　　　　　　　　　　　　（　　　）

8. 在使用搜索引擎的过程中，搜索的关键字与搜索的类型搭配不当，将达不到搜索的结果。　　　　　　　　　　　　　　　　　　　　　　　　　　（　　）

9. 局域网的安全措施首选防火墙技术。　　　　　　　　　　　　（　　）

10. 计算机只要安装了杀毒软件，上网浏览就不会感染病毒。　　（　　）

三、填空题

1. 计算机网络涉及_____和_____两个领域。

2. 计算机网络按覆盖地理范围分为_____、城域网、广域网。

3. 计算机网络中，把提供并管理共享资源的计算机称为_____。

4. DNS 服务器的作用是将域名转换成_____地址。

5. IP 地址分 _____和_____两个部分。

6. 世界上第一个计算机网络是_____。

7. 因特网（Internet）上最基本的通信协议是_____。

8. World Wide Web 简称 WWW 或 Web，中文是_____。

9. 国内最大的搜索引擎是_____。

10. 浏览网页时，若当前页面过期，则可以单击_____按钮更新页面。

第8章 多媒体信息处理技术

多媒体技术是计算机技术的重要发展方向之一，它使计算机具备了综合处理文字、声音、图形、图像、视频和动画的能力。随着科技的不断发展和信息时代的来临，集计算机、网络、通信、音频、视频等技术于一体的多媒体技术已广泛应用于各个领域，并深刻影响着人们的工作、学习和日常生活。本章旨在适应多媒体技术的应用需求，在掌握多媒体技术相关概念、特征、关键技术、应用领域的基础上，以多媒体元素分类为逻辑主线，分别介绍图像、音频、视频、动画的基本概念、格式、原理及常用软件，使大家能够在知识理解的基础上掌握主流多媒体软件的基本操作。

本章学习目标

> 掌握多媒体的基本概念和主要特征，了解多媒体技术的关键技术、应用领域和发展趋势。

> 了解信息可视化和 4R 技术的基本概念和发展前景，了解多媒体数据压缩技术。

> 掌握数字图像的相关概念、格式分类和计算机颜色模式，了解常用数字图像处理软件的基本操作。

> 掌握数字音频的相关概念、格式分类和音频质量评价参数，了解常用数字音频处理软件的基本操作。

> 掌握数字视频的相关概念和格式分类，了解常用数字视频处理软件的基本操作。

> 掌握数字动画的相关概念、格式分类和动画原理。

8.1 多媒体信息处理技术概述

在多媒体技术迅速发展的当下，令人耳目一新的视听技术带给了世人巨大的冲击。多媒体技术的出现，让如今的世界丰富多彩起来。多媒体技术是一门涉及文本、数值、图形、图像、声音、视频和动画等媒体信息的综合技术，已经广泛应用于各个领域，并改变着人们的生活、工作和娱乐的方式。

8.1.1 多媒体技术的相关概念

1. 媒体

媒体是表示和传播信息的载体，也称为传播媒体、传媒或媒介，既包括电视、电影、广播、报纸、杂志等传统的大众、新闻媒体形式，也包括互联网、移动通信等新兴的信息和数据传播平台。按照国际电话与电报顾问委员会（International Telegraph and Telephone Consultative Committee，CCITT）建议，媒体可区分为感觉媒体、表示媒体、表现媒体、存储媒体和传输媒体五种。

1）感觉媒体

感觉媒体是指直接作用于人体感官系统，使人产生感觉的媒体，是用户接触信息的感觉形式，如语言、文字、图形、视频、动画等，多媒体信息处理的主要对象就是各类感觉媒体。

2）表示媒体

表示媒体是指为加工、传播、处理、表示感觉媒体而构造的一种媒体，是一种人为定义的媒体，是信息的表示形式，在计算机中通常表现为各种数据的编码格式，如文本 ASCII 编码、GB 2312 编码，音频 MP3、AVI 编码，以及 JPEG 图像编码、MPEG 视频编码等。

3）表现媒体

表现媒体是指信息处理中电信号和感觉媒体之间的转换载体，是表示和获取信息的物理设备，主要包括键盘、鼠标、扫描仪、话筒等输入表现媒体，以及显示器、打印机、音箱等输出表现媒体。

4）存储媒体

存储媒体是指存放表示媒体的各类数据存储设备，如硬盘、光盘、磁盘、U 盘、ROM 和 RAM 等。

5）传输媒体

传输媒体是指传输数据的物理设备，具体表现为各种信息传输的介质，如双绞线、同轴电缆、光纤和无线传输介质等。

本章所探讨的媒体主要是指感觉媒体和表示媒体，即声音、图形、图像、视频、动画等不同形式的信息及其编码方式。

2. 多媒体

多媒体是多种信息媒体元素的综合和集成，融文本、图形、图像、音频、视频和动画等媒体元素为一体。

1）文本

文本是指各种文字、数字、符号等信息，以多种字体、尺寸、格式及色彩的形式呈现，是最基础的媒体信息。文本的格式主要包括 DOC、DOCX、TXT 等。

2）图形

图形是指由外部轮廓线条构成的矢量图，即由计算机绘制的直线、圆、矩形、曲线、图表等，可任意缩放，不会失真。

3）图像

图像是由扫描仪、照相机、摄像机等输入设备捕捉产生的数字图像，是由像素点阵构成的位图。图像的关键技术是对图像进行编辑、压缩、解压缩、色彩一致性再现等。

4）音频

音频是指被人体感知的声音频率，包括音乐、语音和各种音响效果等。对音频的处理主要是对音频文件的剪辑、编辑和格式转换，这个过程中通常需要对数据量巨大的音频文件进行数据压缩，包括对语音和音乐的数据压缩。

5）视频

视频是图像数据的一种，由若干连续的图像数据连续播放而成，可理解为动态图像。视频播放可通过硬件设备或专用的播放软件将已经压缩好的视频文件进行解压缩播放。

6）动画

动画源于图像，通过关联单个画面产生运动画面的一种技术，提供了静态图形缺少的瞬间交叉的运动景象，它是一种可感觉到运动相对时间、位置、方向和速度的动态媒体。目前，常见的动画制作软件有平面动画软件 Flash、三维造型动画软件 3Dmax、三维动画设计软件 Maya 等。

多媒体与传统媒体相比，主要有三个方面的区别：一是传统媒体基本是模拟信号，而多媒体信息都是数字化的；二是传统媒体只能让人们被动地接收信息，而多媒体可以让人们主动与信息媒体进行交互；三是传统媒体形式单一，而多媒体是两种以上不同媒体信息的有机集成。

3. 多媒体技术

多媒体技术（multimedia technology）是指利用计算机平台对各种多媒体信息进行综合加工处理的相关技术，以计算机（或微处理芯片）为中心，把数字、文字、图形、图像、声音、动画、视频等不同媒体形式的信息集成在一起，进行加工处理的交互性综合技术。多媒体技术使得人机交互方式更加自然和人性化，实现计算机技术由"人要适合计算机"向"计算机要适合人"的方向性转变。

多媒体技术是以计算机为中心，把数字化信息处理技术、微电子技术、音/视频技术、计算机软/硬件技术、人工智能技术、网络和通信技术等高新技术集成在一起的综合技术。

8.1.2　多媒体技术的主要特征

多媒体技术区别于单一媒体技术，用户与计算机的交互性更强，媒体呈现形式更多样丰富，实时同步能力突出，具有交互性、数字性、多样性、集成性、实时性更强的主要特征。

1. 交互性

交互性是多媒体技术的典型特征，用户与计算机的多媒体信息可自由进行交互操作，实现对多媒体信息的有效控制和使用。

2. 数字性

计算机要求不同媒体形式的信息都要进行数字化，以全数字化方式加工处理的多媒体信息，精度更高，定位更准确，质量效果更好。

3. 多样性

多样性是指媒体种类及其处理技术的多样化。多媒体技术不仅具有信息表示载体多样性的特征，还具有多媒体信息存储和传递信息实体多样性的特点。

4. 集成性

集成性是指综合运用独立媒体技术与计算机技术，使其融为一体，主要表现在两个方面：一是多种类型信息媒体的集成；二是处理这些媒体的软/硬件技术的集成。

5. 实时性

由于多媒体技术是多种媒体集成的技术，其声音及活动的视频图像是和时间密切相关的连续媒体，这就决定了多媒体技术必须要支持实时处理，例如，在视频会议、线上教学时，要求声音和图像同步，不能出现卡顿延迟现象。

8.1.3 多媒体关键技术

多媒体技术是一种以计算机技术、信息处理技术为基础，融合音/视频处理技术、通信技术、网络技术等的交叉性综合技术。具体而言，支撑多媒体信息处理蓬勃发展的核心技术主要包括多媒体数据压缩技术、多媒体数据存储技术、多媒体输入输出技术、多媒体软件技术、多媒体通信网络技术、虚拟现实技术等。

1. 多媒体数据压缩技术

一张 1024×768 像素的 24 位真彩色图片，数据量为 2.25MB（（$1024 \times 768 \times 24$）/（$1024 \times 1024 \times 8$））。如果以这样的大小的静态图像组成动作视频，并以 24 帧/s 的帧频速度播放，则一秒视频就需 54MB，一张容量为 700MB 的光盘仅能存储 12.96s 的视频！解决这一问题，单纯靠扩大存储器容量的方法是不现实的。数据压缩技术极大地降低了数据量，以压缩形式存储和传输，既节约了存储空间，又提高了通信线路的传输效率，同时也使计算机能实时处理音频、视频信息，保证播放出高质量的音频和视频节目。随着多媒体计算机的发展与进步，数据压缩技术扮演着举足轻重的角色。

数据压缩是指在不丢失有用信息的前提下，缩减数据量以减少存储空间，提高其传输、存储和处理效率，或按照一定的算法对数据进行重新组织，减少数据的冗余和存储的空间的一种技术方法。压缩效能的评价主要依据压缩比、图像质量和压缩解压速度三个指标。

1）压缩比

压缩比是评价压缩性能的核心指标，用压缩过程中输入数据量和输出数据量之比来计算。例如，一张分辨率为 512×512、24 位真彩色的电视图像，压缩前为 786432B，压缩后为 65536B，其压缩比=786432/65536=12。压缩比越大，压缩效率就越高，用户期望压缩比尽量大。

2）图像质量

图像质量与压缩方法有关，通常压缩方法可以分为无损压缩和有损压缩。无损压缩是压缩前和压缩后数据完全一样的压缩方法。有损压缩也称为不可逆压缩。很多图像和声音的压缩均是有损压缩。

3）压缩解压速度

压缩解压速度与媒体种类、应用场合、实时性要求、采用的设备特性有关。在静态图像中，压缩速度没有解压速度要求严格，处理速度只需比用户能够忍受的等待时间快一些即可。但对于动态视频的压缩与解压缩，速度问题是至关重要的。全动态视频则要求有 25 帧/s 或 30 帧/s 的速度。

2. 多媒体数据存储技术

多媒体数据经过压缩处理后，数据量明显减小，但仍需较大的存储空间。传统的硬盘存储具有容量大、读取速度快、价格低廉的优点，但因其不方便携带，诞生于 20 世纪 80 年代中期的光存储技术解决了这一问题。光存储一般可分为 CD（激光光盘）、DVD（数字通用光盘）、BD（蓝光光盘）。一般来说，它们常规存储容量分别为 650MB、4.7GB 和 25GB。随着多媒体技术和网络技术的不断发展及相互融合，磁盘阵列、云存储技术（如现在常用的百度网盘和学习通的云盘等）等逐步成为网络背景下多媒体数据存储的主要方式。

3. 多媒体输入/输出技术

多媒体输入输出技术是解决各种媒体外设和计算机进行信息交互问题的技术，主要包括媒体采集技术、媒体转换技术、媒体识别技术、媒体理解技术和媒体综合技术。

1）媒体采集技术

媒体采集技术是指通过扫描仪、数码相机、摄像机等数字化方式，或通过录像机、电视机等模拟设备等生成原始多媒体数据的技术。

2）媒体转换技术

媒体转换技术是指改变媒体表现形式的技术，例如，音频卡和视频卡等媒体转换设备可以将声音、视频信号转换为计算机可以识别的二进制数据。

3）媒体识别技术

媒体识别技术是对信息进行一对一映像操作的技术，如语音识别技术、触摸屏技术以及人脸识别技术等，它已经成为当今多媒体信息技术发展的主流。从 2019 年开始，中国已经举办了四届"中国人工智能·多媒体信息识别技术竞赛"。如图 8.1 所示，在首届多媒体信息识别技术竞赛中，百度大脑的印刷文本 OCR、人脸识别和地标识别，阿里巴巴的"知产保护科技大脑"，远鉴科技的声纹识别、语种相关关键词识别等均获得很好的成绩。

中国人工智能竞赛-创新之星入选名单

项目名称	单位名称
唇语识别系统-慧眼小微	中国科学院计算机技术研究所
跨年龄识别寻人技术	腾讯优图实验室
人民网党政服务机器人	人民网
知产保护科技大脑	阿里巴巴（中国）有限公司
源于产业实践的开源深度学习平台飞桨	百度在线网络技术（北京）有限公司
京东AI智能结算台	北京京东尚科信息技术有限公司
慧眼识图	公安部第三研究所
IFit智能交互健身	厦门大学
中国电信充值卡AI识别系统	中国电信股份有限公司电子渠道运营中心
东升镇城市大脑建设项目	北京旷视科技有限公司
互联网多媒体数据解析预警系统	深圳市商汤科技有限公司
AiLPHA大数据智能安全平台	杭州安恒信息技术股份有限公司
360安全大脑	360科技集团有限公司
依图深度学习云端定制芯片	上海依图网络科技有限公司
新石器无人车	新石器慧通（北京）科技有限公司
基于人工智能的大数据治理平台	北京锐安科技有限公司

图 8.1　首届中国人工智能·多媒体信息识别技术竞赛部分获奖名单

4）媒体理解技术

媒体理解技术是对信息进行更进一步的分析处理并理解信息内容的技术，如语言理解技术、图像理解技术等。

5）媒体综合技术

媒体综合技术是将低维表示的信息高维化，从而实现模式空间变换的技术，如语音合成技术可以将文本转换为声音进行输出。

4. 多媒体软件技术

多媒体软件技术主要包括多媒体操作系统、数据处理软件、创作软件、数据库管理技术等。多媒体数据处理软件是能帮用户完成各种媒体数据编辑处理的工具软件，也是多媒体软件发展最为迅速的类型之一。

5. 多媒体通信网络技术

多媒体技术、计算机网络技术、通信技术的融合是现代信息技术发展的典型特征。多媒体通信对网络环境要求较高，它要求实现一点对多点，或者多点对多点的实时不间断的信息传输。例如，在复杂的多媒体会议系统中，参与者能够随时参加或退出，能够实现分组开小会、任意两个与会者之间的信息传递等复杂功能。

6. 虚拟现实技术

虚拟现实（virtual reality，VR）是一种新兴的多媒体技术，运用三维图形生成、多传感器交互等技术生成逼真的三维虚拟环境，用户通过特制的眼镜、头盔、特殊手套和奇特的人机接口等相关交互设备即可感受实时、三维的虚拟环境，形成逼真的视觉、听觉、触觉及味觉等感官体验（图 8.2），用人的技能和智慧对这个生成的虚拟实体进行考察和操纵，也称为幻境或灵境技术。

虚拟现实需要很强的计算能力才能接近现实，它是多媒体应用的高级境界，其应用前景非常广阔。F-16、波音 777 等航天飞机在真正飞上天空之前，飞行员运用虚拟现实技术搭建的环境都做了多次模拟飞行试验。医学中虚拟人体模型、军事领域中的虚拟战场、建筑学的虚拟室内设计和产品展示、工业制造中的虚拟设计与制造、教育中的虚拟课堂和虚拟实验室，以及娱乐行业中的 3D 虚拟游戏等。近年来，字节的 Pico 4 和 Meta 的 Quest Pro 等 VR 设备热度很高，大量终端和供应链厂商（如 HTC、索尼、夏普、佳能、TCL、联想等）都推出了新的 VR 设备和解决方案，苹果公司在 2023 年 6 月发布旗下首款 MR（混合现实）头显。中国正在快速提高科技自主创新能力，以虚拟现实技术为代表的"中国智造"潜力巨大。

8.1.4　多媒体技术应用与发展

多媒体软/硬件技术的不断发展和成熟，对数据、声音及高清晰度图像等多媒体信息进行综合化处理的应用领域日渐广泛。多媒体技术已在商业、教育培训、电视会议、声像演示等方面得到了广泛充分的应用，使得复杂的事物变得简单，把抽象的内容变得具体。

1. 多媒体技术的应用

1）在教学方面的应用

在教育中应用多媒体技术是提高教学质量和普及教育的有效途径。

一是丰富教学手段。使教育的表现形式多样化，可以进行交互式远程教学，同时它还有传统的课堂教学方法不具备的其他优点。

二是创新教学方式。计算机辅助教学（computer aided instruction，CAI）是多媒体技术在教育领域中应用的典型范例，其核心内容是指以计算机多媒体技术为教学媒介而进行的教学活动。

三是提升教学效果。上课采用的电子课件具有生动形象、人机交流、即时反馈等特点，从而取得良好的教学效果。

新冠感染疫情期间，学习通、腾讯课堂、钉钉等远程教学系统发挥了重大作用，大规模在线开放式课程等新兴教学模式也必将对传统教育模式产生巨大冲击，随着网络技术和多媒体技术的发展及融合，多媒体技术为在校学习、终身学习、自主学习、开放式学习创造了条件，必将对教育领域产生深远的影响。

2）在通信方面的应用

多媒体通信技术将多媒体技术与网络技术紧密结合，借助局域网、广域网和移动通信网为用户提供丰富的多媒体信息服务，逐步推广使用的视频会议、信息点播和计算机协同工作等正在对人们的生活、学习和工作产生深刻的影响。

一是视频会议，是指利用电视技术和设备，通过传输信道实现多方通信。如图8.3所示，目前应用最为广泛的腾讯会议，人们坐在办公室或家里，以自己的手机、计算机或工作站为基础，配置声像及其他相关设备经过网络共享文件，可以实时地传送文件、声音和图像，实现多方与会者交谈，完成会议程序。

二是信息点播，主要包括桌上多媒体通信系统和交互电视。通过桌上多媒体信息系统，人们可以远距离点播所需信息，如电子图书馆、多媒体数据的检索与查询等。点播的信息可以是各种数据类型，其中包括立体图像和感官信息。用户可以按信息表现形式和信息内容进行检索，系统根据用户需要提供相应服务。交互式电视和传统电视的不同之处在于用户在交互电视机中可对电视台节目库中的信息按需选取，从而将计算机网络与家庭生活、娱乐、商业导购等多项应用密切地结合在一起。

三是计算机协同工作，其应用相当广泛，从工业产品的协同设计制造，到远程医疗会议；从科学研究应用，即不同地域位置的同行共同探讨、学术交流，到师生进行协同学习。在协同学习环境中，老师和同学之间、学生与学生之间可在共享的窗口中同步讨论，修改同一多媒体文档，还可利用信箱进行异步修改、浏览等。

图8.2　VR眼镜

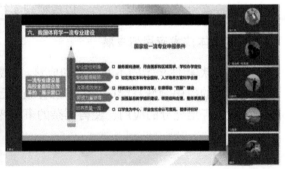
图8.3　腾讯会议

3）在舞台设计与表演中的应用

在舞台创作中，3D Mapping、实时交互等多媒体技术的引入，以及与异形投影、球幕、各种舞台装置的配合衔接，改变了以往平面影像的创作流程；虚拟现实（VR）和增强现实（augmented reality，AR）技术的应用，在视觉上拓展了舞台的空间，赋予视觉创作更多的可能，同时涵盖交互式编程、人工智能、虚拟/增强现实、无人机、机器人等更宽泛的多媒体技术。图 8.4 是 VR 三维影像绘制技术在春晚舞台中的应用，扩展现实（extended reality，XR）虚实融合打造惟妙惟肖的虚拟舞台空间。

4）多媒体信息检索与查询

多媒体信息检索与查询（multimedia information retrieval，MIR）是建立多媒体信息数据库并通过多媒体终端进行检索、查询、浏览的应用场景。在学术资源开发领域，将图书数据、报刊资料等录入数据库，利用计算机技术将图、文、声、像等信息集成为一体，人们在家中或办公室里就可以通过网络在多媒体终端上查阅。在网络销售领域，各大网上商场将它们用以介绍商品的图片和视频输入数据库，顾客在家中就可以查看不同商场中的商品、挑选自己中意的商品。多媒体终端将按顾客的要求显示出其所感兴趣的商品信息，如电视机、电冰箱、家具等商品的图像、价钱以及售货员介绍商品性能的配音等。

5）在家庭领域的应用

多媒体技术已经逐步渗透到每个人日常生活的每一个角落，通过手机、电视机或只有内置交互用户输入的监视器设备走入家庭领域，影响着从园艺、烹饪到室内设计、改造和修理等家庭生活的方方面面，开启智能家居时代。

智能家居涉及计算机视听觉、生物特征识别、新型人机交互、智能决策控制等相关先进技术。现在的智能家居系统拥有更加丰富的内容，系统配置也越来越复杂，如图 8.5 所示，这种"智能化"正在改变着大家的生活。

图 8.4　2022 年春晚《演武》　　　　　　　图 8.5　智能居家

智能家居产业是受国家政策支持的多媒体信息技术应用领域。早在 2012 年，国家便已将智能家居列入《中华人民共和国国民经济和社会发展第十二个五年规划纲要》的九大产业之中，《中华人民共和国国民经济和社会发展第十四个五年规划和 2035 年远景目标纲要》中又进一步强调了在 2021～2025 年推动数字化服务普惠应用以及持续提升群众获得感，工业和信息化部、国家发展和改革委员会和科学技术部也将智能家居列为未来中国高新技术发展领域的重点方向之一。在国家利好政策的驱动下，作为物联网领域下的朝阳产业，智能家居行业的发展前景日益明晰。

6）多媒体技术在其他方面的应用

多媒体技术给出版业带来了巨大的影响，其中近年来出现的电子图书和电子报刊就是应用多媒体技术的产物。近年来，亚马逊等公司推出"硬件+软件"的电子阅览器 Kindle 风靡全球，国内汉王、日本索尼等公司都推出了汉王阅读器、SONY Reader 等相关产品，用户可以通过无线网络接入互联网，下载阅读电子书、电子杂志、电子报刊等电子出版物。

另外，多媒体信息技术在商业广告领域广泛应用，通过多媒体户外广告、网络媒体等进行商品推广宣传；在旅游、邮电、交通、商业、金融、宾馆等领域，可以利用多媒体技术可为各类咨询提供服务，使用者可通过触摸屏进行独立操作，在计算机上查询需要的多媒体信息资料并实现联网操作。人工智能技术与多媒体技术结合，可以完成需要人的智力才能完成的工作，如智能化图纸设计、图像场景设计、新闻稿件撰写等，正在逐渐成为现实。综上所述，多媒体技术的应用非常广泛，具有无限潜力，它将在各行各业中发挥出更大的作用。

2. 多媒体技术的发展

多媒体技术是信息技术领域发展最快，也是最为活跃的技术之一，是新一代电子技术发展和竞争的焦点。它的出现使计算机世界丰富多彩。结合现在的发展现状，展望未来趋势，多媒体技术将趋于通信网络化、计算可视化、应用智能化和终端嵌入化。

1）通信网络化

由于多媒体技术需要借助网络和通信系统环境，创造出真实生动的二维和三维景象，并且可以将摄像等其他外围设备连接起来，集办公、娱乐、学习于一身，还可以基于计算机和通信网络实现地理上的无隔离优势，将多种业务融合使用，如召开计算机视频会议、手机视频会议、信息融合和虚拟现实等。因此，搭建更高速、更大带宽的网络基础，是促成多媒体技术更加网络化和多种业务融合的基础。

2）计算可视化

可视化是指将科学计算的过程数据和结论数据转换为可理解、易判读的图形、图标或动画，使复杂的现象、原理或过程直观地展现在用户面前。

3）应用智能化

智能多媒体技术的发展和应用前景十分广阔，从图、文、语言的自动识别到自然语言的理解，从自动程序设计、自动文稿编撰、自动图纸设计到智能数据推送，将人工智能研究成果与多媒体技术应用有机结合，将为多媒体信息处理技术注入"智慧"的新活力。多媒体技术在模式识别、全息图像、自然语言理解（语音识别与合成）和传感技术（手写输入、数据手套、电子气味合成器）等基础上，利用人的多种感觉通道和动作通道（如语音、书写、表情、姿势、视线、动作和嗅觉等）与计算机系统进行交互。

4）终端嵌入化

随着多媒体计算机硬件系统不断升级、软件不断更新，多媒体计算机的性能指标进一步完善，随着多媒体技术和网络通信技术的发展，需要 CPU 芯片本身具有更高的综合处理声音、文字、图像信息及通信的功能。因此，可以将媒体信息实时处理和压缩编码算法做到 CPU 芯片中。目前"信息家电平台"的概念，已经使多媒体终端集家庭医疗、家庭购物、交互教学、交互游戏、视频点播等全方位于一身，代表了现今嵌入式多媒体技术的发展方向。

8.2　数字图像处理技术

图像是人类感知世界的视觉基础，数字图像处理技术可以帮助人们客观准确地认识世界。近年来，随着计算机和图像表现、科学计算可视化、多媒体计算技术等相关领域的发展，数字图像处理技术也达到了新的高度，并且迅猛发展。

8.2.1　数字图像基本概念

1. 色彩三要素

任何一种颜色都可用亮度、色调和饱和度这三个物理量来描述，即通常所说的色彩三要素。人眼看到的任意彩色光都是这三要素的综合效果。

1）亮度

亮度是光作用于人眼时所引起的明亮程度的感觉，它与被观察物体的发光强度有关。此外，即便强度相同，当不同颜色的光照射同一物体时也会产生不同的亮度。

2）色调

色调是当人眼看一种或多种波长的光时所产生的彩色感觉，它反映颜色的种类，是决定颜色的基本特性。例如，红色、棕色等都是指色调。某一物体的色调是指该物体在日光照射下所反射的光谱成分作用于人眼的综合效果，对于透射物体则是透过该物体的光谱综合作用的结果。

3）饱和度

饱和度是指颜色的纯度，即掺入白光的程度，或者是指颜色的深浅程度。通常色调和饱和度统称为色度。

综上所述，任何色彩都由亮度和色度决定，亮度标示某彩色光的明亮程度，而色度则标示颜色的类别和深浅程度。

2. 三基色和混色

自然界常见的各种彩色光，都可由红（R）、绿（G）、蓝（B）三种颜色光按不同比例调配而成。同样，绝大多数颜色也可以分解成红、绿、蓝三种色光，这就是色度学中最基本的三基色原理。把三种基色光按不同比例相加可以产生混色光。

3. 像素和分辨率

像素是构成图像的一个最小单位，它是构成数码影像的基本单元，通常以像素每英寸（pixels per inch，PPI）为单位来表示影像分辨率的大小。它只是分辨率的尺寸单位，并不是画质。

分辨率就是单位长度中，所表达或撷取的像素数目。它决定了位图图像细节的精细程度。通常情况下，图像的分辨率越高，所包含的像素就越多，图像就越清晰，印刷的质量也就越好，但同时也会增加文件占用的存储空间。

4. 计算机中的颜色模式

定义不同彩色模式的目的是尽可能有效地描述各种颜色，以便需要时做出选择。不同应用领域一般使用不同的颜色模式，如计算机显示时采用 RGB 彩色模式，彩色电视信号传输时采用 YUV 彩色模式，图像打印输出时用 CMYK 彩色模式等。在图像处理过程中，根据用途的不同可选择不同的颜色模式编辑色彩。图 8.6 给出了 PhotoShop 常用的四种颜色模式的表示与调整方法。

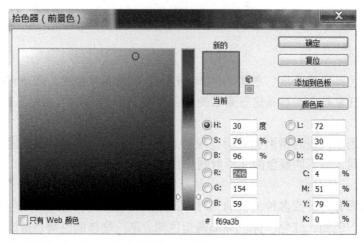

图 8.6　PhotoShop 四种颜色模式

1）RGB 色彩模式

RGB 色彩模式，是工业界的一种颜色标准，是以红、绿、蓝三个基本颜色为基础，进行不同程度的叠加来得到丰富而广泛的颜色，是目前运用最广的颜色模式之一。RGB 模式可表示超过 1600 万种不同的颜色，人眼看来就非常接近大自然的颜色。RGB 模型为图像中每一个像素的 RGB 分量分配一个 0～255 范围内的强度值。例如，纯红色表示为（255,0,0），即 R 值为 255，G 值为 0，B 值为 0；白色表示为（255,255,255）；黑色表示为（0,0,0）。

2）HSB 色彩模式

HSB（色相、饱和度、亮度）色彩模式，它采用颜色的三属性［色相（hues）、饱和度（saturation）、亮度（brightness）］来表示颜色，和 RGB 类似，也是用量化的形式，饱和度和亮度以百分比值（0～100%）表示，色度以角度（0°～360°）表示。HSB 色彩模式为将自然颜色转换为计算机创建的色彩提供了一种直接方法。

3）CMYK 色彩模式

CMYK 色彩模式，C 代表青色（cyan），M 代表洋红色（magenta），Y 代表黄色（yellow），K 代表黑色（black），它和 RGB 不同之处在于，它是一种打印色彩模式，而 RGB 表示的色彩模式尽管众多，但并不能全部打印出来。因此，如果你看到的图像是以 RGB 模式表示的，那么打印出来后必然会出现一定的颜色差异，因为打印机一般都会使用 CMYK 模式，从 RGB 模式转换到 CMYK 模式，必然会出现图像的损失。

4）Lab 色彩模式

Lab 色彩模式，L 为无色通道，a 为 red-green 通道，b 为 yellow-blue 通道，是比较接近人眼视觉显示的一种颜色模式。

8.2.2　常用数字图像文件格式

计算机发展史上，图像文件格式出现了几十种，本节只介绍应用较为广泛的格式。

1. BMP 格式

BMP 是常用的图像存取格式之一，是微软公司为其 Windows 环境设置的标准图像格式，这种格式的特点是包含图像信息比较丰富，几乎不进行压缩，但占用磁盘空间较大。

2. JPEG 格式

JPEG 定义了静态数字图像数据压缩编码标准，它是一个适用范围很广的静态图像数据压缩标准，既可用于灰度图像，又可用于彩色图像，还适用于电视图像序列的帧内图像的压缩。JPEG 文件的扩展名为"JPG"或"JPEG"。

3. TIFF 格式

TIFF 标签图像文件格式是一种主要用来存储包括照片和艺术图在内的图像的文件格式。

4. GIF 格式

GIF 原意是"图像互换格式"，GIF 文件的数据是一种连续色调的无损压缩格式。GIF 分为静态 GIF 和动画 GIF 两种，它支持透明背景图像，适用于多种操作系统，"体型"很小，网上很多小的动画短片都是 GIF 格式。其实 GIF 是将多幅图像保存为一个图像文件，从而形成动画，所以归根到底 GIF 仍然是图片文件格式。

5. PNG 格式

PNG 是一种新兴的网络图像格式，是目前保证最不失真的格式，它汲取了 GIF 和 JPG 两者的优点，存储形式丰富，兼有 GIF 和 JPG 的色彩模式；它的另一个特点能把图像文件压缩到极限以利于网络传输，但又能保留所有与图像品质有关的信息，PNG 同样支持透明图像的制作，透明图像在制作网页图像时很有用，可以把图像背景设为透明。Fireworks 软件的默认格式就是 PNG。

6. PSD 格式

PSD 是 Adobe 公司的图形设计软件 PhotoShop 的专用格式，PSD 文件可以存储成 RGB 或 CMKY 模式，还能够自定义颜色数并加以存储，还可以保存 PhotoShop 的层、通道、路径等信息，是目前唯一能够支持全部图像色彩模式的格式。通常 PSD 格式的文件相对来说比较大，而且能直接识别的软件也较少。

8.2.3　常用数字图像处理软件

数字图像处理的内容主要包括图像的格式、图像变换、图像编码、图像增强、图像复原、图像分析以及模式识别。图像处理可以使用一些图像编辑软件实现。当前应用的图形图像处理软件有很多，常见的软件包括 PhotoShop、CorelDraw、美图秀秀等。下面就以其中最有代表性的 PhotoShop 为例简介其具有的图像处理功能。

PhotoShop 是 Adobe 公司旗下最为出名的图形图像处理软件之一，也是迄今为止世界上最畅销的图像编辑软件，其操作界面如图 8.7 所示。PhotoShop 操作方便、功能强大，是广大专业和非专业设计人员必备的图形图像处理工具软件。

图 8.7　PhotoShop 软件操作界面

PhotoShop 的图像处理功能主要包括以下几个方面：

（1）图像的一般编辑处理，包括对图像的各种变换，如放大、缩小、旋转、倾斜、透视等，也可进行复制、去除斑点、修补、修饰图像的缺损等。图像编辑在婚纱摄影、人像处理制作中有很大的用途，去除图像中不满意的部分，并进行美化加工。

（2）图像合成，即将几幅图像通过图层、蒙版和工具操作结合应用，合成完整、传达明确意义的图像。

（3）校色调色，可方便地对图像的颜色进行明暗、色偏的调整和修正，也可在不同颜色之间进行切换以满足图像在不同领域，如网页设计、印刷、多媒体等方面的应用。

（4）特效制作，即在 PhotoShop 中可通过滤镜、通道和工具综合完成，包括图像的特效创意和特效字的制作，如使用素描滤镜对图像或选区图像进行各种艺术处理和变换，从而产生彩色铅笔画、壁画、板画、水粉画、素描、油画、速写等艺术画的效果。使用纹理滤镜产生图像叠加在某种浮雕（纹理）上的特殊效果等。

例如，使用 PhotoShop 为证件照换背景。将照片上人物红色背景改变为白色和蓝色，配合魔术棒工具、调整容差值大小、添加选区按键、调整边缘、设置 RGB 颜色值后完成效果如图 8.8 所示。

图 8.8　红蓝白背景证件照效果图

具体操作步骤如下：

（1）在 PhotoShop 中打开素材图片，此处以第 8 章素材"证件照.jpg"为例。

（2）选择魔术棒工具，并将容差调整为 18，单击红色背景上方的任意位置，如图 8.9 所示，背景的大部分选区已经被选中。

（3）如图 8.10 所示，按【Ctrl+Shift+I】组合键或者单击【选择】|【反向选择】反向选择人物。

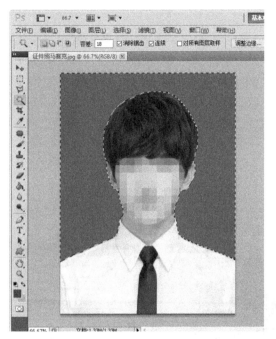 

图 8.9 魔术棒工具的使用　　　　　　　　图 8.10 反向选择的使用

（4）调整边缘。如果直接替换颜色会出现很明显的边缘，在选区工具选择的情况下，单击工具选项栏中的【调整边缘】，在调整边缘的窗口不关闭的情况下，对人物边缘进行涂抹，头发处可多次涂抹。如图 8.11 所示，右边是涂抹过的效果，边缘边界已经不明显了。调整完成后，单击【确定】即可。

（5）复制人物图层。按【Ctrl+J】组合键将调整好边缘后的人物复制出来，如图 8.12 所示，图层面板多了一个透明背景的人物。

（6）新建图层。如图 8.13 所示，在图层面板上，选择名为"背景"的图层，单击两次图层面板的新建图层按钮，新建两个透明图层。

（7）设置蓝色背景。选择图层面板的"图层 3"，如图 8.14 所示，选择工具栏中的油漆桶工具，单击工具栏中前景色设置前景色 RGB（0，0，255），单击画布任意地方即可填充蓝色背景。

（8）设置白色背景。关闭图层面板的"图层 3"眼睛，设置该图层为不可见，重复（6），如图 8.15 所示设置前景色 RGB（255，255，255），单击画布任意地方即可填充白色背景。

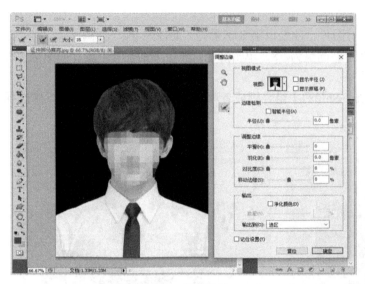

图 8.11　调整边缘

图 8.12　复制人物图层

图 8.13　复制两个新图层

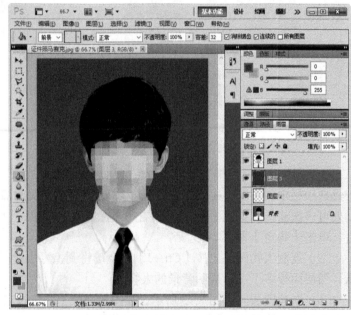

图 8.14　设置蓝色背景

（9）保存蓝色背景图片。如图 8.16 所示，打开"图层 3"眼睛，设置该图层为可见，单击【文件】|【存储为】，将图片保存为"蓝色证件照.jpg"。

（10）保存白色背景图片。关闭"图层 3"眼睛，设置该图层为不可见，单击【文件】|【存储为】，将图片保存为"白色证件照.jpg"。

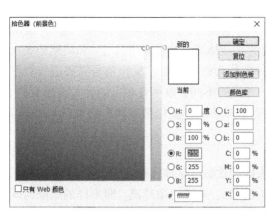
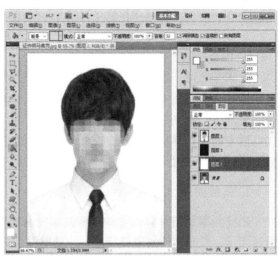

图 8.15 设置白色背景

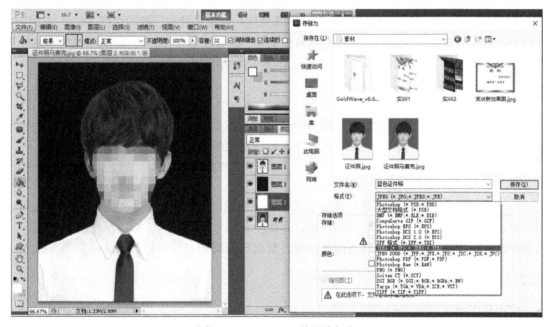

图 8.16 PhotoShop 的图片保存

　　提示：容差是指在选取颜色时所设置的选取范围，容差越大，选取的范围也越大，其数值在 0~255。使用魔术棒时，如果容差是 0，就是说魔术棒只能选择相同的颜色，容差越大那么颜色就可以越广泛。例如：容差为 0 时，如果选择的是正红色，那么魔术棒只能选中百分之百的红色，如果容差是 20；那么就可以选中粉色还有深红；当容差为 255 时，魔术棒会把所有的颜色都选中。

8.3　数字音频处理技术

　　音频是人们用来传递信息最方便、最熟悉的方式，是多媒体系统应用最多的信息载体。多媒体技术的发展，使用计算机处理音频信息达到比较成熟的阶段。音频信号可以携带大量精确有效的信息。在多媒体技术中，处理的声音信号主要是音频信号，包括音乐、语音等。

8.3.1　数字音频基本概念

音频是通过一定介质（如空气、水等）传播的一种连续波，在物理学中称为声波。声音的强弱体现在声波压力的大小上（和振幅相关），音调的高低体现在声波的频率上（和周期相关）。现实生活中，听到的声音都是时间连续的，称这种信号为模拟信号。模拟信号需要进行数字化以后才能在计算机中使用，根据多媒体产生音频方式的不同，数字音频可划分为波形音频、MIDI 音频和 CD 音频三类。影响音频质量的主要有采样频率、量化精度和声道数三个因素。

1. 采样频率

采样频率是指计算机每秒对声波幅度值样本采样的次数，是描述声音文件的音质、音调，衡量声卡、声音文件的质量标准，计量单位为 Hz（赫兹）。采样频率越高，即采样的间隔时间越短，则在单位时间内计算机得到的声音样本数据就越多，声音文件的数据量也就越大，声音的还原就越真实越自然。在计算机多媒体音频处理中，采样通常采用三种频率：11.025kHz、22.05kHz 和 44.1kHz。11.025kHz 采样频率获得的是一种语音效果，称为电话音质，基本上能分辨出通话人的声音；22.05kHz 获得的是音乐效果，称为广播音质；44.1kHz 获得的是高保真效果，常见的 CD 采样频率就采用 44.1kHz，音质比较好，通常称为 CD 音质。

2. 量化精度

采样得到的样本需要量化，是描述每个采样点样本值的二进制位数。量化位数大小决定了声音的动态范围。量化位数越高音质越好，数据量也越大。

3. 声道数

声音通道的个数称为声道数，是指一次采样所记录产生的声音波形个数。记录声音时，如果每次生成一个声波数据，称为单声道；每次生成两个声波数据，称为双声道（立体声）。随着声道数的增加，音频文件所占用的存储容量也成倍增加，同时声音质量也会提高。

8.3.2　常见数字音频格式

1. WAVE 格式（WAV）

WAVE 格式是录音时用的标准的 Windows 文件格式。这是多媒体计算机获取音频最简便、直接的方式。该格式音频文件的优点是音质好，缺点是文件大，不适用于长时间记录。

2. MIDI 格式（MID、MIDI）

MIDI 格式是数字音乐/电子合成乐器国际标准，MIDI 格式音频本身并不能发出声音，它是将电子乐器键盘的弹奏信息记录下来，计算机将这些指令交由声卡去合成相应的声音，是乐谱的一种数字描述。它记录的是一系列指令而不是波形信息。

3. MP3 格式（MP3）

MP3 格式采用 MPEG 有损压缩标准，是目前网络上最流行的音频格式，大小为 CD 音频的 1/12，音质与 CD 接近，其缺点是没有版权保护技术。

4. RealAudio 格式（RA、RAM、RM）

RealAudio 格式是 Real Networks 公司开发的一种流媒体音频格式，主要用于网络音乐和网络广播等，音频流文件格式。该格式音频可根据网络状况调整数据传输速率，以保证不同用户媒体播放的流畅度。

5. Windows Media Audio 格式（WMA）

WMA 是微软公司推出的与 MP3 格式齐名的一种新的音频格式。WMA 在压缩比和音质方面都超过了 MP3，而且在较低的采样频率下也能产生较好的音质。

6. OGG Vorbis 格式（OGG）

OGG Vorbis 格式是一种新的音频压缩格式，类似于 MP3 等现有的音乐格式，不同之处在于它是完全免费、开放和没有专利限制的。它还有一个很出众的特点，就是支持多声道。

7. Advance Audio Coding 格式（AAC）

随着时间的推移，MP3 越来越不能满足人们的需要，于是索尼、杜比、诺基亚等公司展开合作，共同开发出了被誉为"21 世纪的数据压缩方式"的 Advance Audio Coding 音频格式，以取代 MP3 的位置。

8. CD 格式（CDA）

CD 音频文件是以 44.1kHz 的采样频率、16 位的量化位数将模拟音频信号数字化得到的立体声音频，记录的是波形流，以音轨形式存储在 CD 上，是一种近似无损的音频格式。

9. Audio Interchange File Format 格式（AIFF）

Audio Interchange File Format 格式支持各种比特决议、采样率和音频通道，是苹果公司开发的一种音频文件格式，属于 QuickTime 技术的一部分，与微软开发的 WMA 格式如出一辙。

8.3.3 常用数字音频处理软件

常用的音频处理软件有 Gold Wave、Adobe Audition 等，大家可以根据自己的需求选择相应的软件进行音频的处理。下面以 Gold Wave 为例介绍音频编辑方法。

Gold Wave 是一款虽体积小巧、但功能强大的音频编辑软件，集声音编辑、播放、录制和转换于一体。其直观的编辑区域和方便实用的编辑功能，就算是新手也能很快地熟悉操作。软件自带多种音效处理功能，能简单快捷地处理音频。它还能快速地将编辑好的文件存成WAV、AU、SND、RAW、AFC、APE、ORG、Flac 等音频格式，其中文界面如图 8.17 所示。

例如，使用 Gold Wave 录制翻唱音频。先将一首歌消除人声，然后在该背景音乐的基础上加入录音，进行降噪处理后完成声道混缩，具体步骤如下。

（1）单击工具栏中的【打开】按钮，选择一首音乐文件，此处以第 8 章素材"孤勇者.mp3"为例。如图 8.18 所示，打开文件后，窗口中间出现白色和红色的声波，表示立体声的两个声道，下面是音乐的时间长度，右边是播放控制器；绿色三角▶是播放按钮，蓝色方块■是停止，下面的两道竖线▮▮是暂停，红色圆点●是录音按钮。

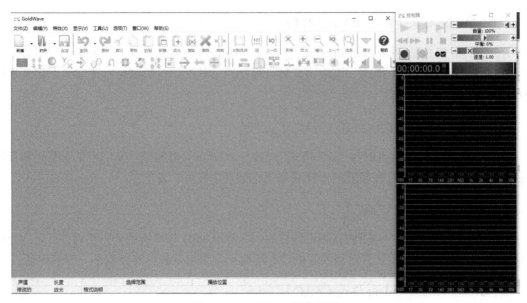

图 8.17　Gold Wave 操作界面

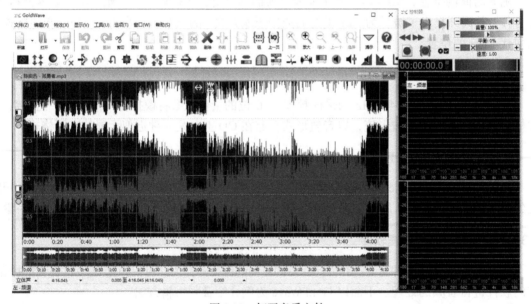

图 8.18　打开音乐文件

（2）单击全部选择🔲，选择菜单栏【特效】下的【立体声】|【混音器】，在弹出的混音器中的预设中选择"取消人声"，效果如图 8.19 所示，这样即可消除人声。

（3）修剪文件。如图 8.20 所示，选择其中一段音乐，在开始的地方右击设置【设置启动标记】，在结束的地方右击设置【设置结束标记】，再单击修剪按钮🔲即可完成剪裁。

（4）单击新建🔲，如图 8.21 所示，新建一个有 4 个轨道的声音，将初始长度更改为 5min；如图 8.22 所示，在控制器面板中选择"在当前选择中开始录制"按钮🔴开始录音，录制完成后单击停止按钮停止录音。

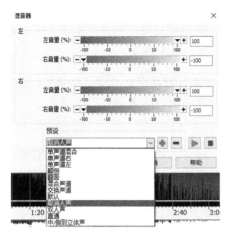

图 8.19　取消人声

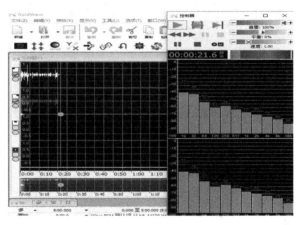

图 8.20　修剪音频

图 8.21　新建 4 轨道声音

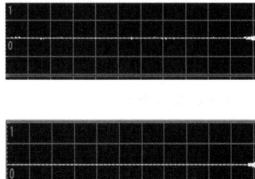

图 8.22　录制声音

（5）人声降噪。先找到并选取一段噪声波形，然后右击该段选取好的波形，选择"复制"。然后按【Ctrl+A】组合键全选音频，单击菜单栏【特效】下的【过滤】|【降噪】，在预设中选择"剪贴板噪音打印"，如图 8.23 所示，即可实现降噪处理。

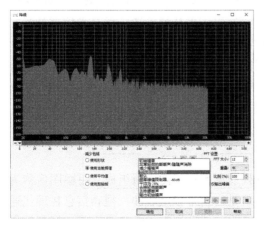

图 8.23　降噪处理和降噪前后声波对比

（6）单击刚才修剪好的音频，全选并复制，只选择下面两个空轨道按【Ctrl+V】组合键粘贴，如图 8.24 所示，即可完成混音。将所有轨道打开，按空格键可以试听合成效果。如果需要对录音和背景音乐进行调整，还可以随时选择对应轨道进行效果调整。

提示：录制时要关闭音箱，通过耳机来听伴奏，跟着伴奏进行演唱和录音，录制前，一定要调节好总音量及麦克风音量，这点至关重要！麦克风的音量最好不要超过总音量大小，略小一些为佳。

（7）单击【文件】|【另存为】（合并伴奏和人声音轨）命令，如图 8.25 所示，选择需要保存的文件类型（保存类型可以是 MP3 或 WAV 等任何音频格式）。填入需要保存的文件名后，即可实现伴奏和人声合成的音轨，将处理后的歌曲文件保存到需要保存的位置。

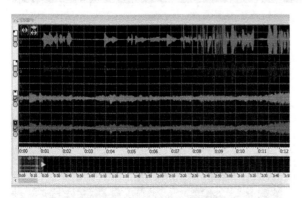
图 8.24　合成录音和背景音乐

图 8.25　存储格式

提示：混缩也称为混音，在音乐的后期制作中，把各个音轨进行后期的效果处理，调节音量然后最终混缩导出一个完整的音乐文件。混缩是用录音设备把伴奏和人声混合到一起，使二者组成一首完整的歌曲。

8.4　数字视频处理技术

随着短视频的流行，大家更热衷于摄录下自己的生活片段，再用视频编辑软件将影像制作成短视频，在各大平台来播放，体验自己制作、编辑小影片的乐趣。在日常体育教学和训练中，运动视频是在对运动员无干扰的条件下获得运动员最真实的技战术特征图像，因此也是运动员学习技术最直接、可靠的信息源，视频图像多重处理技术对研究对手、剖析自身技战术具有基础性支撑作用，是实用、有效、科学的体育教学科研手段。

8.4.1　数字视频基本概念

1. 视频

视频就是活动或运动的图像信息，它由一系列周期呈现的图像所组成，每幅图像称为一帧，帧是构成视频信息的最基本单元。一个视频就是由若干帧组成的。视频信息在现代通信系统所传输的信息中占有重要的地位，因为人类接收的信息约有 70%来自视觉，视频信息具有准确、直观、具体生动、高效、应用广泛、信息容量大等特点。在正常情况下，一个或者多个音频轨迹与视频同步，并为影片提供声音。

2. 视频帧率

视频帧率，即单位时间内帧的数量，单位为帧/秒，又称帧速率，是指每秒捕获的帧数，或每秒播放的视频或动画序列的帧数。帧率的大小决定了视频播放的平滑程度。如手翻动画书，一秒内包含多少张图片，图片越多，画面越顺滑，过渡越自然。典型的帧率范围为 24～30 帧/s。在正常情况下，一个或者多个音频轨迹与视频同步，并为影片提供声音。

3. 模拟视频与数字视频概念

按照视频信息的存储与处理方式不同，视频可分为两大类：模拟视频和数字视频。

模拟视频是指每一帧画面都是实时获取的真实图像信号，如电视、电影。一般中国的电视每秒播放 25 帧，这个帧率属于 PAL 制式，在亚洲和欧洲电视台较为常用，而美国、加拿大一般都是 NTSC 制式，每秒播放 29.97 帧。在中国，一般的动画制作以及广告制作都是用 PAL 制式的 25 帧/s。虽然这些帧率足以提供平滑的运动，但它们还没有高到足以使视频显示避免闪烁的程度。根据实验，人的眼睛可觉察以不低于 1/50s 速度刷新图像中的闪烁。然而，要求帧率提高到这种程度，要求显著增加系统的频带宽度，这是相当困难的。为了避免这样的情况，全部电视系统都采用了隔行扫描法。

数字视频是基于数字技术记录视频信息的。模拟信号通过视频采集卡进行模数转换，将转换后的数字信号采用数字压缩技术存入计算机中就变成了数字视频。

8.4.2　常见数字视频文件格式

通过视频采集得到的数字视频文件往往会很大，这时需要通过特定的编码方式对其进行压缩，可以在尽可能保证影像质量的同时，有效减小文件的大小，以便于传输和存储。数字视频进行压缩的方法和软件较多，常见的数字视频格式也有 AVI、MPEG、RM 等多种。

1. AVI

AVI（audio video interleaved）即音频视频交错格式，是将语音和影像同步组合在一起的文件格式。AVI 格式是目前视频文件的主流。这种格式的文件随处可见，如一些游戏、教育软件的片头、多媒体光盘中，都会有不少 AVI 文件。

2. MPEG

现在人们的观看习惯多为网上视频点播。视频点播不是传统媒体播放模式（先把节目下载到硬盘，再进行播放），而是流媒体视频（点击即观看，边传输边播放）。现在网上播放音/视频的有 Real Networks 公司的 Real Media、微软公司的 Windows Media、苹果公司的 Quick Time，它们定义的音/视频格式互不兼容。MPEG-4 为网上视频应用提供了一系列的标准工具，使音/视频码流具有规范一致性。因此，在因特网播放音/视频采用 MPEG-4 是个很好的选择。

3. Real Media 格式（RM、RMVB）

Real Media 格式是 Real Networks 公司制定的音/视频压缩规范，这类文件可以实现即时播放。RM 格式主要用于在低速率的网上实时传输视频，它同样具有体积小而又比较清晰的特点。RM 文件的大小完全取决于制作时选择的压缩率。RMVB 格式，是在流媒体的 RM 影片格式上升级延伸而来的。合理地利用了比特率资源，使 RMVB 在牺牲少部分影片质量的情况下最大限度地压缩了影片的大小，最终拥有了近乎完美的接近于 DVD 品质的视听效果，可谓体积与清晰度"鱼与熊掌兼得"。

4. Windows Media 文件（ASF、WMV）

1）ASF 格式

ASF 格式最适于通过网络发送多媒体流，也同样适于本地播放。任何压缩/解压缩运算法则（编解码器）都可用来编码 ASF 流。

2）WMV 格式（WMV 和 WMV-HD）

WMV 格式是微软推出的一种流媒体格式，它由"同门"ASF 格式升级延伸而来。在同等视频质量下，WMV 格式的体积非常小，因此很适合在网上播放和传输。WMV 文件一般同时包含视频和音频部分。

5. MOV 格式

MOV 格式即 QuickTime 影片格式，它是 Apple 公司开发的一种音/视频文件格式，用于存储常用数字媒体类型，如音频和视频。QuickTime 视频文件播放程序，除了播放常见视频和音频文件，还可以播放流媒体格式。

6. MKV 格式

MKV 格式是一种后缀为 MKV 的视频文件，它可以在一个文件中集成多条不同类型的音轨和字幕轨，而且其视频编码的自由度也非常大，它是为音/视频提供外壳的"组合"和"封装"格式。换句话说就是一种容器格式，常见的 AVI、VOB、MPEG、RM 格式其实也都属于这种类型。但它们要么结构陈旧，要么不够开放，这才促成了 MKV 这类新型多媒体封装格式的诞生。

8.4.3 常用数字视频处理软件

充分利用数码相机、摄像机、手机相机、视频采集卡或者数码化的视频文件素材，都可以做出完美的视频作品。下面介绍目前市场上几种常用视频编辑软件。

1. Premiere

Adobe 公司推出的基于非线性编辑设备的音/视频编辑软件 Premiere 已经在影视制作领域取得了巨大的成功，现在被广泛应用于电视台、广告制作、电影剪辑等领域，成为个人计算机和平板电脑上应用最为广泛的视频编辑软件。它集创建、编辑、模拟、合成动画、视频于一体，综合了影像、声音、视频的文件格式，可以说在掌握了一定技能的情况下，想象的东西都能够实现。

2. 会声会影

会声会影也是一款功能强大的视频剪辑软件，对多媒体素材的编辑处理界面简洁，易于上手，具备多摄像头视频编辑器、视频运动轨迹等功能，而且支持制作 360°全景视频，可导出多种常见的视频格式，甚至可以直接制作成 DVD 和 VCD 光盘。

3. 爱剪辑

爱剪辑支持多种类型的视频格式，并且编辑速度、软件稳定性和画质都非常高，由于非常符合中国人审美和操作习惯，在国内应用较为广泛。

对于体育教练，大量工作只是需要对视频进行动作分析、简单处理即可，因此推荐一款播放器 Kinovea。它是一款非常好用且功能强大的免费视频播放器，该播放器专为动画师和体育教练打造，主要用于分析相应的运动动作，支持逐帧播放和逐帧拖动，对于体育爱好者学习一些分解动作和编辑每一帧动画都相当实用，同时 Kinovea 播放器还可以播放 AVI、MOV、MKV、RM、FLV 和 MPG 等格式的视频，并拥有快速搜索视频的功能。

Kinovea 和 QuickTime 一样，可以对视频逐帧播放，逐帧拖动。但 QuickTime 只可以播放 MOV 格式和 AVI 格式的视频文件，Kinovea 可以播放任何格式的视频文件。

例如，教练要对一个动作的前后进行比较，可以利用 Kinovea 的双屏播放功能，如图 8.26 所示，单击【查看】|【双屏幕显示模式】，将两个视频文件拖动到两个屏幕，即可同时播放两个视频。

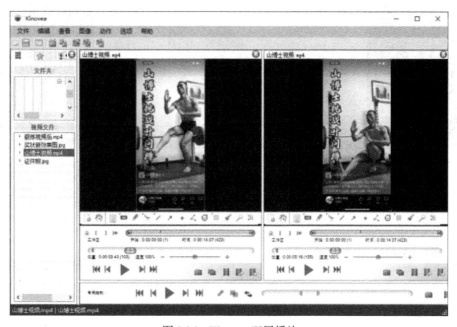

图 8.26　Kinovea 双屏播放

Kinovea 可以调节速度，也可以对视频播放的速度进行任意控制。

Kinovea 可以添加基本的注释，如标签和数字、文字、铅笔、线和箭头、曲线、多线路径、矩形、标记、手绘图等。如图 8.27 所示，在视频上添加文字🔠，播放器会自动记录一张关键图像，单击右键选择关键图像持续的时间。如果勾选【一直可见】，则所绘制的图像会一直持续，如果仅希望文字出现在一段画面中，可以取消勾选【使用默认值】，然后定义 50 帧图像。

Kinovea 可以采用放大镜工具，如图 8.28 所示，将图形的一部分放大，便于教练员观看细节部分。并且通过单击右键可以调节放大倍数，可设置 1.5 倍到 2.5 倍的 5 个等级倍数。

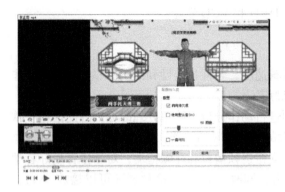

图 8.27　给部分帧添加文字　　　　　　　　　　图 8.28　放大镜工具

　　Kinovea 可以保存关键图像数据，把所绘制的图像内嵌在视频里，并可以将加入关键帧的视频进行保存，如图 8.29 所示，单击保存视频按钮 ，选择【永久性地保留视频上的关键图像数据】，默认保存格式为 MP4 格式。

图 8.29　保存有关键帧的视频

8.5　数字动画处理技术

　　动画是一种极具表现力的艺术形式，它是多媒体应用软件中不可缺少的内容。有了动画，多媒体信息才会更加生动。动画处理技术发展从平面到立体、从朴素贴图到真实的 3D 建模等，结合虚拟现实、增强现实技术的大力发展，动画处理技术正在向更高层次、更高水平迅猛发展。

8.5.1　数字动画基本概念

　　数字动画是利用了人眼的“视觉滞留效应”，使得各不相同但内容连续的静止图像形成视觉上连续影像的多媒体表现形式。人在看物体时，画面在人脑中大约要停留 1/24s，如果每秒有 24 幅或更多画面进入人脑，那么人们在来不及忘记前一幅画面时，就看到了后一幅，形成了连续的影像。

数字动画按其表现形式不同，可分为二维动画、三维动画和变形动画。

二维动画是指平面的动画表现形式，其运用了传统动画的概念，通过平面上物体的运动或变形，来实现动画的过程，具有强烈的表现力和灵活的表现手段。Flash 就是创作平面动画最常用的软件。

三维动画是指模拟三维立体场景中的动画效果，虽然它也是由一帧帧的画面组成的，但它表现了一个完整的立体世界。通过计算机可以塑造一个三维的模型和场景，而不需要为了表现立体效果而单独设置每一帧画面。创作三维动画的软件有 3D Max、Maya 等。

变形动画是通过计算机计算，实现物体形状的变化，在改变的过程中把变形的参考点和颜色有序地重新排列，形成了变形动画。这种动画表现力强、效果震撼，适用于场景的转换、特技处理等影视动画制作。常用的软件有 Morph 等。

8.5.2 常见数字动画格式

1. GIF 格式

GIF 是基于 LAW 算法的无损压缩格式，压缩率约为 50%。它可以同时存储若干张静止图像并形成连续的动画，而且它的背景可以是透明的。GIF 格式还支持图像交织（在网页上浏览 GIF 文件时，图片先是很模糊地出现，然后才逐渐变得很清晰，这就是图像交织效果）。GIF 也有缺点，即不能存储超过 256 色的图像。但这种格式仍在网络上大量应用，这与 GIF 图像文件短小、下载速度快、可用许多具有同样大小的图像文件组成动画等优势是分不开的。如图 8.30 所示，在微信上看到的动图多是这种格式。

2. SWF 格式

SWF（shockwave flash）是 Macromedia 公司（被 Adobe 公司收购）的专用 Flash 动画软件格式，支持矢量和点阵图形，能够用较小的数据量表现丰富多媒体信息的动画形式。在图像的传输方面，可以边下载边看，适合网络传输，特别是在传输速率不佳的情况下，也能取得较好的效果。SWF 格式作品以其高清晰度的画质和小巧的体积，受到了越来越多网页设计者的青睐，也越来越成为网页动画和网页图片设计制作的主流，已成为现在网上动画的标准格式，如今已被大量应用于网页进行多媒体演示与交互性设计，应用非常广泛。此外，SWF 动画是基于矢量技术制作的，因此不管将画面放大多少倍，画面质量也不会有损失。图 8.31 就是使用 Flash 制作的体育教学视频截图。

3. MOV/QT 格式

MOV 格式即 QucikTime 格式，由 Apple 公司开发，用于存储数字音频、视频媒体文件。QT 是诺基亚公司开发的一个跨平台的 C++图形用户界面应用程序框架，用于程序开发者建立艺术级图形用户界面。QT 完全面向对象，允许基于组件编程，易于拓展。

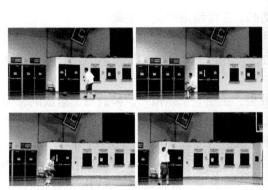

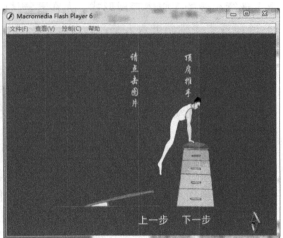

图 8.30　GIF 动图的部分画面　　　　图 8.31　Flash 体育教学视频截图

8.5.3　常用数字动画处理软件

1. Flash

Flash 是一款二维动画的制作软件，具有强大的功能和灵活性，无论是创建动画、广告、短片或是整个 Flash 站点，Flash 都是最佳选择，是目前最专业的网络矢量动画软件。

2. Maya

Maya 是一款美国的三维动画软件，适合专业人士应用，里面涉及了较多的专业用语和应用方式，是电影级别的高端制作软件，其制作的作品可以与大制作电影相媲美。

3. 3D Max

3D Max 是 Discreet 公司研发的一款三维的动画制作软件。它在一些专业领域有其不可取代的优势，如广告影视设计、工业设计、建筑设计、游戏设计、多媒体等方面。

4. Cinema 4D

Cinema 4D 是由德国 Maxon Computer 公司开发的一款名为四维、实则为三维的应用软件。它的运算速度和渲染插件极为强大，是专业动画制作团队的首选，常应用于电影、广告设计及工业设计之中，著名电影《阿凡达》中就有用其制作的梦幻场景和绚丽的特效。

5. After Effect

After Effect 是一款视频合成特效软件，也是目前流行的 MG 动画软件。它可以让动画视觉效果更加流畅和炫酷。

中国动画 100 年

2022 年是中国动画诞生 100 周年。翻阅百年中国动画史,从 1922 年 1min 动画广告《舒振东华文打字机》、1923 年的《过年》和 1924 年《狗请客》、1926 年有巨大影响力的《大闹画室》、1935 年中国第一部有声动画片《骆驼献舞》、1941 年中国第一部长动画片《铁扇公主》、1955 年《乌鸦为什么是黑的》、1960 年《小蝌蚪找妈妈》、1979 年中国第一部彩色宽银幕动画长片《哪吒闹海》等经典动画,到深受欢迎的现代电影动画,如 2015 年的《西游记之大圣归来》、2016 年的《大鱼海棠》、2019 年的《白蛇:缘起》和《哪吒之魔童降世》、2021 年的《白蛇 2:青蛇劫起》等作品,中国动画中的优秀传统文化百年来均受到人们的无限热爱。

这 100 年来,中国动画从一分钟开始到年度总时长近 80000min;从手描笔绘、定格拍摄,到计算机绘制、三维渲染等;中国动画以形写神、以神写意,追求"虚实相生、情景交融"的中国美学境界。

近年来,随着三维建模、计算机图形学(computer graphics, CG)技术的发展和影视制作的数字化升级,动画电影中的人物建模、场景画面、动作设计等更加自然逼真,影视视效制作能力的提升更好地支撑了动画故事情节。当前,动画电影制作可以通过三维制作软件实现 CG 图像设计和处理,并通过仿真学更直观逼真地展示三维立体动画效果。还可以利用 CG 技术做仿真环境,在真人实拍与三维动画间寻找平衡,让动画场景和人物塑造更加真实生动。同时,利用 CG 动画技术,还可以实现机位和角色表演的调整,大大降低了创作成本和修改难度。

目前,动画影视产业迎来智媒时代,结合互联网、大数据、5G 技术等数字技术,虚拟现实、交互影像、动作捕捉等数字化技术在电影产业链中的应用越来越普遍,赋予了中国动画电影全新的影像表达,大大升级了视觉效果。

8.6　拓 展 实 训

8.6.1　快速去掉图片中的水印文字

从网上下载的图片大多都有水印文字,怎么能快速去除呢? 图 8.32 为水印去除前后对比图。

提示:

(1)使用 PhotoShop 打开有水印文字的图片,此处以第 8 章素材 "/实训 1/奖状.jpg" 为例。

(2)单击矩形选框工具▇,选择有水印文字部分。如图 8.33 所示,单击菜单栏【选择】|【色彩范围】,在弹出的【色彩范围】对话框中,首先单击图片中有水印文字的任意一个地方,然后将颜色容差调大,调整到 145 可以在下方很明显地看到水印文字为止,单击【确定】即可完成水印文字的快速选择。

(3)扩展像素。为了更好地选中水印文字的边缘,单击菜单栏【选择】|【修改】|【扩展】

命令，在弹出的【扩展】对话框中，设置 1 个像素的扩展。

（4）单击菜单栏【编辑】|【填充】命令，如图 8.34 所示，在【填充】对话框中，选择"内容识别"作为填充内容，单击【确定】按钮后即可去掉水印。

（5）如果想让花纹纹理更加合理，还可借助仿制图章工具对其进行进一步细化操作。

图 8.32　去水印前后对比图

图 8.33　水印文字的选择　　　　　　　图 8.34　填充内容识别

8.6.2　拼接图像和视频

如果需要将多个图片和视频进行按顺序合并到一个视频中，可以使用格式工厂这款非常好用的格式转换软件来完成。格式工厂是一款免费多功能的多媒体格式转换软件，其操作界面如图 8.35 所示，能够轻松地将视频、音频、图片、文档等格式进行转换。

如果要将一张图片和两个视频文件合并成一个视频进行输出保存，可以使用视频窗口的【视频合并&混流】按钮。

提示：

（1）单击视频窗口中的【视频合并&混流】按钮，在弹出的【视频合并&混流】对话框中添加文件，此处以第 8 章"素材/实训 2/视频 1.mp4"和"素材/实训 2/视频 2.mp4"为例；添加图片，此处以第 8 章"素材/实训 2/片头.jpg"为例。并单击素材右侧的↑或↓，调整素材位置。

（2）设置片头图片的显示时间。如图 8.36 所示，单击图片选项，在弹出的窗口中设置持续时间为 3s，设置淡入和淡出效果为 1s。

（3）对输出格式进行设置，如图 8.37 所示，单击【输出配置】，在弹出的输出配置中选择视频编码为 "MPEG4(DivX)"，单击【确定】按钮后返回界面。

（4）单击开始按钮进行处理。处理完成后，打开输出文件夹文件即可进行预览和播放编辑后的视频文件。

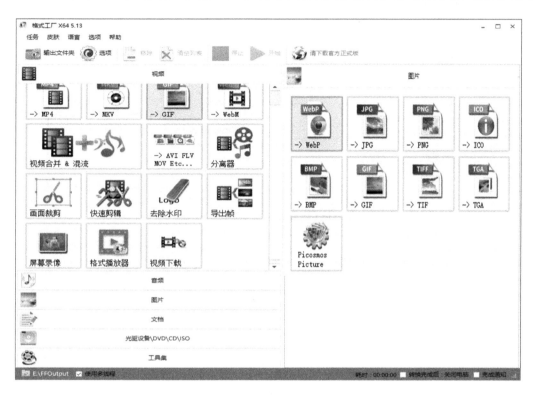

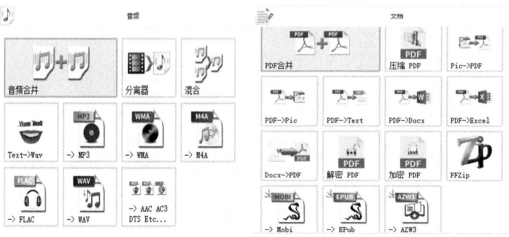

图 8.35　格式工厂界面及常见功能

图 8.36　设置片头图片的显示时间

图 8.37　进行输出设置

习　　题

一、单选题

1. 多媒体计算机中的媒体信息是指（　　　）。

A. 数字、文字　　B. 声音、图形　　　　C. 动画、视频　　　　D. 以上全部

2. 对多媒体数据进行压缩的原因是（　　）。

A. 数字化后的视频和音频等多媒体信息数据量巨大，不利于存储和传输

B. 压缩可以让数字化后的视频和音频等数据更加清晰

C. 压缩不会造成图像、视频、音频等失真

D. 压缩能更有利于人观看

3. 以下哪种图像格式可以很好地保存层、通道等图像信息（　　）。

A. PNG 格式　　　　B. JPG 格式　　　　　C. PSD 格式　　　　　D. GIF 格式

4. 在数据压缩中，有损压缩具有（　　）特点。

A. 压缩比大，不可逆　　　　　　　　B. 压缩比小，不可逆

C. 压缩比大，可逆　　　　　　　　　D. 压缩比小，可逆

5. 一幅分辨率为 1024×768 像素的 24 位真彩色图像，未压缩时数据量为（　　）。

A. 0.25MB　　　　B. 1.25MB　　　　　C. 2.25MB　　　　　D. 3.25MB

6. 下面格式中，（　　）是目前保证最不失真的图像格式。

A. BMP 格式　　　　B. JPG 格式　　　　　C. PNG 格式　　　　　D. GIF 格式

7. 使用 Windows 录音机录制的声音文件格式为（　　）。

A. MIDI　　　　B. WMA　　　　　C. MP3　　　　　D. CD

8. 下面程序中不属于音频播放软件工具的是（　　）。

A. Windows Media Player　　　　　　B. ACDSee

C. QuickTime　　　　　　　　　　　D. GoldWave

9. 下列软件中，（　　）属于三维动画制作软件工具。

A. 3D Max　　　　B. Fireworks　　　　　C. PhotoShop　　　　　D. Authorware

10. 下面的图形图像文件格式中，（　　）可实现动画。

A. WMF 格式　　　　B. FLA 格式　　　　　C. BMP 格式　　　　　D. JPG 格式

二、判断题

1. 多媒体与传统媒体没有区别。　　　　　　　　　　　　　　　　（　　）

2. 多媒体素材不包含文字。　　　　　　　　　　　　　　　　　　（　　）

3. 虚拟现实技术的发展是多媒体技术发展的产物。　　　　　　　　（　　）

4. 多媒体数据必须被压缩才能广泛应用。　　　　　　　　　　　　（　　）

5. PhotoShop 是编辑图像的唯一软件。　　　　　　　　　　　　　（　　）

6. 声音是通过介质传播的，如空气、水等。　　　　　　　　　　　（　　）

7. MP4 是目前音频文件的常用格式。　　　　　　　　　　　　　　（　　）

8. 动画由很多内容连续但各不相同的画面组成。　　　　　　　　　（　　）

9. Flash 主要用于制作网页动画、课件等。　　　　　　　　　　　（　　）

10. 当今动画只采用三维动画，二维动画技术已完全被取代。　　　（　　）

三、填空题

1. 多媒体的媒体元素主要包含_____、_____、_____、_____、
_____和_____等媒体元素。如果从技术角度划分，多媒体关键技术可以分为

_____、_____、图像压缩技术、_____等。

    2. 多媒体技术的主要应用领域有_____、_____、_____、_____、_____等。

    3. 多媒体技术的发展方向为网络化、_____、_____和_____。

    4. 数据压缩可以分为_____和_____两种类型。

    5. _____是 PhotoShop 图像最基本的组成单元。

    6. 在 PhotoShop 中，可以存储图层信息的图像格式是_____。

    7. 将模拟声音信号转化为数字音频信号的数字化过程是_____。

    8. 视频是多幅静止的_____与连续的_____在时间轴上同步运动的混合媒体。

    9. 动画是利用了人类眼睛的"_____效应"从而形成连续动画。

    10. 按照动画的表现形式，动画分为_____、_____和_____。

第 9 章　计算机新技术

近年来，计算机技术飞速发展并不断创新，涌现出了一系列影响深远的新技术，以大数据、云计算、物联网、人工智能、区块链和虚拟现实等为代表的新一代信息技术得到了广泛应用，给人们的生活和工作方式带来了极大的便利。

本章学习目标

➤ 理解大数据的主要特点、处理过程及应用。
➤ 理解云计算的概念、服务模式与部署模式及应用。
➤ 理解物联网的概念、体系架构及应用。
➤ 理解人工智能的概念、研究范畴及应用。
➤ 理解区块链的概念、核心技术及应用。
➤ 理解虚拟现实的分类、关键技术及应用。

9.1　大　数　据

用户在使用互联网时会有这样的经历，刷新闻看到的是自己关注的内容，网上购物推荐的是自己偏爱的风格，网络"知用户所想、懂用户所需"的背后源于大数据的支持，大数据后台将每个用户的搜索记录保存在数据库中，通过分析匹配适合的内容，然后推送给用户。大数据（big data，BD）是指无法在一定时间范围内用常规软件工具进行捕捉、管理、处理的数据集合。数据规模和类型上的持续增长及处理技术的不断提升，是大数据和传统数据的主要区别。

9.1.1　大数据的主要特点

2001 年，大数据的特性最先以 3V 被提出来，即大体量（volume）、多样化（variety）、速度快（velocity）。随着数据内涵的扩展，数据处理技术不断发展，数据的复杂程度越来越高，业界人士已经将大数据的基本特点扩展到了 11V，包括可视化（visualization）、有效性（validity）等。目前，大数据的主要特点可以用 5V 来概括。

（1）大体量（volume）：数据体量大。数字信息时代已经渗透到人们生活的方方面面，信息的生成非常巨大，大数据的容量单位不再以 GB 来表示，而是从 TB（1024GB）跃升到 PB（1024TB）、EB（1024PB），甚至到 ZB（1024EB）作为计量单位。据预测，2025 年我国产生的数据量将达到 48.6ZB。1ZB 的容量有多大？1 个高质量 MP3 格式的歌曲文件容量约为 8MB，1ZB 则大约存储 140 万亿首歌曲，这些歌曲全部播放完大概需要 8 亿年。

（2）多样化（variety）：数据类型多样。与传统的结构化数据相比，大数据的来源广泛，类型复杂多样，囊括了结构化数据（如 Excel 工作表、关系型数据库的表文件）、半结构化数据（如简历信息、日志文件）和非结构化数据（如图片、视频、音频），相对而言，结构化数据分析便利，而非结构化数据所蕴含的信息量更为丰富。随着数据获取渠道的增多，非结构化数据越来越成为大数据的主要组成部分。

（3）速度快（velocity）：数据处理速度快。随着计算机和互联网的发展，人们对大数据的实时性需求更加普遍，例如，通过网络关注快递物流、道路交通或刚刚发生的新闻事件等信息，因此，数据处理和分析的速度通常要达到实时响应。据一项 2021 年底的统计数据：1min 内，微信会分享 46.5 万张照片，百度会进行 416.6 万次搜索，美团会有 3.06 万份订单，B 站会进行 83.3 万次播放。几乎无延迟的处理速度是大数据的一个显著特征。

（4）价值低密度（value）：大数据的价值密度相对较低。随着互联网、物联网的广泛应用，数字化信息量呈几何指数增长，但其中有价值的数据却少之又少。例如，在连续不间断的监控视频中，真正有用的信息可能只有几秒钟。大数据的核心是价值，价值的挖掘如同大浪淘沙，如何通过机器算法从海量不相关的数据中完成数据价值的迅速提纯与有效利用，是大数据亟待解决的问题。

（5）真实性（veracity）：大数据真实性主要指数据的准确性。大数据的真实性是数据统计与决策制定的基础。服务于社会及生活的大数据必须是真实有效的，同时也要注意数据处理和利用过程正确无误，如一项针对全民的网络调查，可能会忽略不上网的群体。所以，要保持客观、严谨的态度，收集"真数据"和维护"真数据"。

9.1.2　大数据的处理过程

大数据的处理过程主要包括数据采集、数据存储与管理、数据预处理、数据分析及数据可视化。

1. 数据采集

大数据采集是指从传感器、智能设备、在线系统、社交网络和互联网平台等获取数据的过程。数据包括射频识别（radio frequency identification，RFID）数据、传感器数据、用户行为数据、社交网络交互数据及移动互联网数据等。通常，大数据的采集使用以下方式。

1）数据库采集

许多企业会使用传统的关系型数据库（如 MySQL、Oracle 等）来存储数据，除此之外，MongoDB、Redis、HBase 等非关系型的数据库也常用于数据的采集。

2）系统日志采集

日志也是重要的数据来源，日志记录了程序各种执行情况，其中包括硬件运行及用户的业务处理轨迹，根据这些日志文件，可以分析很多相关信息。

3）网络数据采集

借助网络爬虫或网站开放应用编程接口（application programming interface，API）等方式，从网站抓取数据。常用的开发语言有 Python、Java 等，常用的软件有八爪鱼、集搜客等。

4）感知设备采集

感知设备采集是通过传感器、射频识别标签、摄像头等终端自动采集信号、图片或录像来获取数据，如高速路的 ETC 车道通过 RFID 读写器获取通行车辆信息，机场、火车站出入口通过摄像头拍摄等。

2. 数据存储与管理

全球数据量的激增及数据类型的扩展对大数据的存储与管理提出了更高的要求，其存储的成本、兼容性和可扩展性等都是重要的影响因素。因此，催生了新的大数据存储系统，如Hadoop。

Hadoop 就是存储海量数据和分析海量数据的工具，是公认的大数据标准开源软件，是大数据技术中的基石。Hadoop 的核心是 Hadoop 分布式文件系统（Hadoop distributed file system，HDFS）和 MapReduce，这两个核心分别解决了数据存储问题和分布式计算问题。如果需要存储一个 10PB 的文件，并查找含有 Ture 字符串所在的行，那么 HDFS 会将文件切分成多个数据块，并整合多台机器的存储空间进行存储，克服了服务器硬盘大小的限制，而且用户不用考虑数据在哪台机器上，同时 MapReduce 分布式计算可以将大数据量的作业先分片计算，最后汇总输出。总体上，Hadoop 具有低成本、高可靠、高效率、可伸缩等优点。

3. 数据预处理

采集的大数据可能有虚假、不完整、重复等情况，需要对数据进行清洗、规范化及合并等处理，为后期的高质量数据分析提供有效的基础数据。数据预处理的环节主要包括数据清洗、数据集成、数据转换和数据规约。

数据清洗主要有数据格式、编码统一，异常数据及重复数据删除及缺失值补充等。数据集成是指将多个数据源经过关联和聚合等，按照统一格式进行存储。数据转换是指通过数据泛化、规范化等方式将数据转换成适用于数据挖掘的形式，如将工资数据映射到低收入、中等收入和高收入不同层次，对姓名进行姓氏和名字的分割等。数据规约的目的是得到数据集的简化表示，如应用主成分分析压缩原始数据。

4. 数据分析

数据分析是大数据处理的核心环节。针对海量的数据处理任务，分布式计算是主流计算模式，作为 Hadoop 的核心组件，MapReduce 采用"分而治之"的方式将一个复杂问题分解为若干小问题，同时处理这些小问题从而实现对数据的高速并行处理。

数据分析方法主要包括数据统计和数据挖掘，数据统计是利用分布式数据库或者分布式计算集群大数据进行统计和分类汇总等，数据挖掘是指从看似杂乱的数据中提取潜在的、有用的信息的过程，数据挖掘一般没有预先设定好的主题，主要利用人工智能、机器学习、统计学、模式识别等技术进行价值提取，并进行有效预测。

5. 数据可视化

数据可视化是指将前期的分析结果以合适的、便于理解的方式呈现出来，以便用户更直观地看到数据的分布情况、发展趋势等。可视化可利用图表、图像或动画等将大量数据中隐含的规律性信息进行展示，所以数据可视化对大数据可用性和易于理解性至关重要。

实现大数据可视化，可以使用 Python 的可视化库 Matplotlib 及 JavaScript 的可视化库 ECharts 等，还可以使用企业级的大数据可视化工具 Tableau、文本可视化工具 Wordle、3D 立体可视化工具酷屏等。

9.1.3　大数据的应用案例

随着大数据技术的发展，大数据已融入各行各业。工业和信息化部发布的《"十四五"大数据产业发展规划》提出，预计到 2025 年我国大数据产业规模将突破 3 万亿元。下面介绍几个大数据应用案例。

1. 京东慧眼

京东是中国自营式电商中的龙头企业，2021年全年净收入达到9516亿元人民币，活跃用户数增至5.7亿。京东巨大规模运营的幕后离不开信息技术的支持。京东慧眼是基于电商大数据平台的智能决策系统，该系统具有市场分析、用户分析、商品属性分析及消费趋势分析等功能，每一项分析包括大量信息，如用户分析包含用户性别、年龄、体型、活跃程度、购物类型、品牌偏好、促销敏感度、消费信用水平、所属购买群体等。系统通过市场分析，布局货源配置；通过用户分析，推送匹配商品；通过商品属性分析，寻求核心商品特征；通过用户消费的趋势分析，了解用户需求。京东慧眼不仅协助企业产生了巨大的商业价值，也全面有效提升了用户体验。

2. 大数据人脸识别

2019年11月28日，潜逃20年的嫌疑人劳荣枝在厦门某商场被捕，人们在关注案件本身的同时，也惊叹大数据技术的强大力量，本案中，大数据研判系统展示了现代科技的神奇。公共场所的监控摄像头"天眼"会对拍摄到的每个人的多项信息进行采集，与云端的在逃人员数据库进行比对分析，获得相似度，相似度超过设定阈值，从而锁定目标。

基于深度学习的大数据人脸识别是在建立新数据时，通过提供给计算机某个人大量的不同时段、不同角度、不同发型等图片信息，经过计算机大量学习，从繁杂的信息中提取多个相对稳定的特征，如人眼距离、瞳距、眼睛虹膜等，这样一个人就会形成一组特征值。在进行大数据人脸识别时，待查数据与已有大数据进行比较从而得出结论。

大数据人脸识别除了协助警方探案，在寻人寻亲方面也发挥着重要作用。目前该技术已相对成熟，在人脸考核、闸机通行、金融交易、教育领域等方面得到了越来越广泛的应用。

3. 百度地图智慧交通

百度地图智慧交通致力打造时空大数据服务专家，它基于不同的应用场景，面向用户提供了交通出行大数据报告、百度迁徙平台和交通出行大数据平台等开放服务，如图9.1所示。

图9.1　百度地图智慧交通

交通出行大数据报告定期发布 100 个主要城市的交通拥堵、交通安全等数据。百度迁徙平台提供各大城市的人口流入、流出状况，还可以提供迁徙趋势图，显示该地的迁徙规模指数，如可以查询某日迁入西安人口主要来源分布情况。交通出行大数据平台实时更新全国交通拥堵排行及城市交通详情。百度地图智慧交通根据大数据客观反映道路交通情况，为社会公众和相关政府部门、科研院所、高等院校、企事业单位等提供了参考。

9.2　云　计　算

在信息技术行业，"云"不再仅仅表示天空中出现的云朵，"云"与"计算机"结合在一起，形成了一种新的计算机技术，云计算已应用到很多领域，如云存储、云会议、云交通、云教育、云游戏等，对信息技术行业产生了巨大的影响，被称作继个人计算机变革和互联网变革之后的第三次变革。

9.2.1　云计算概述

1. 云计算的概念

自然界的云是停留在大气层上的水滴或冰晶的集合体，云计算也有类似自然界中云的特征，如一般体积较大、可动态伸缩、位置飘忽不定等。2006 年 3 月，电商起家的美国亚马逊（Amazon）公司正式推出了弹性计算云服务，5 个月后，在 2006 年 8 月 9 日的搜索引擎大会上，谷歌首席执行官埃里克·施密特（Eric Schmidt）首次提出了"云计算"（cloud computing）的概念。

云计算是分布式计算的一种，它通过网络"云"将巨大的数据计算处理程序分解成无数个小程序，然后通过多部服务器组成的系统进行处理和分析这些小程序，并将得到的结果返回给用户。通俗地讲，云计算就是一种新型的计算资源获取方式，与传统计算相比，云计算的资源获取从"买"变成了"租"，从而提高了资源的利用率、降低了使用成本。"云"可以看成一个庞大的网络，"云"资源指互联网服务器集群上的资源，包括硬件资源（如服务器、存储器、CPU 等）和软件资源（如应用软件、开发环境等）。用户在本地按需发送请求，互联网中的多个服务器将计算结果返回给用户，从用户角度看，"云"如同自来水一样，可以按需使用，按使用量付费。

2. 云计算的优势

当前，全球众多信息技术巨头竞相抢占云计算市场，这种计算的优势主要体现在以下几个方面。

1）规模超大

"云"具有巨大的资源池，腾讯云的全球服务器数量已超过 100 万台，百度云预计到 2030 年百度智能云服务器将超过 500 万台。

2）虚拟化

虚拟化是云计算的基础。云计算利用软件将资源整合，实现虚拟化管理、调度、分配和应用，"云"资源不是固定有形的实体，具有高度的灵活性，也提高了资源的利用率。

3）可靠性高

"云"使用了数据多副本容错、心跳检测、计算节点同构可互换等措施来保障服务的高可靠性，还在设施层面上采用冗余设计来进一步确保服务的可靠性。

4）通用性强

云计算不针对任何特定的应用，同一片"云"可以同时支撑多个不同的应用运行。

5）高可伸缩性

"云"的资源可动态收放，需求增长时，可轻松增加云容量；需求降低时，资源可及时释放，实现资源的可伸缩的动态配置。

6）按需服务

"云"庞大的资源池可以根据用户的需求提供量化服务及不同层次的服务，客户无须购买服务器、软件或网络设备，只要按需购买这些资源的外包服务。

7）性价比高

"云"自动化管理及高利用率大大降低了数据中心的运营成本，用户不需要较大的支出就能获取高质量的服务。

9.2.2　云计算的服务模式与部署模式

1. 按服务模式分类

云计算按服务模式分为三个层次：基础设施即服务（infrastructure as a service，IaaS）、平台即服务（platform as a service，PaaS）、软件即服务（software as a service，SaaS），如图 9.2 所示。

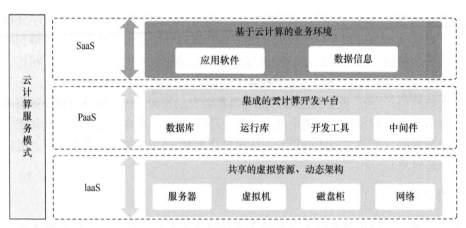

图 9.2　云计算服务模式

1）IaaS

IaaS 处在整个架构的最底层，通过虚拟化技术将基础设施作为计量服务提供给用户，基础设施包括服务器、虚拟机、磁盘柜、网络、负载平衡、操作系统等资源。IaaS 层核心厂商主要有 Amazon AWS、Microsoft Azure、阿里云、华为云和天翼云等。

2）PaaS

Paas 主要面向软件开发者，将开发环境作为一种服务提供，开发者不需要在本地安装开发环境，直接在云端开发、测试软件。PaaS 层核心厂商主要有 Amazon AWS、Microsoft Azure、阿里云、腾讯云等。

3）SaaS

SaaS 通过网络提供软件服务，包括软件的维护、更新等，主要面向企业或个人。SaaS 层核心厂商主要有 Adobe、Salesforce、钉钉、用友、金蝶等。

2. 按部署方式分类

美国国家标准与技术研究院（National Institute of Standards and Technology，NIST）定义了云计算的四种部署模式：公有云、私有云、混合云和社区云。每一种云计算的部署模式都有特定的功能，可以满足用户不同的需求。

1）公有云

公有云一般面向大众提供共享资源服务，用户使用云服务提供商提供的应用程序、存储或其他服务，可能是免费或低成本的，具有规模大、价格低、弹性强等优点。

2）私有云

私有云为单个组织独享，可以由该组织自行管理，也可以委托给第三方托管，具有数据安全、自主可控、支持定制等优点。

3）混合云

混合云是对公有云和私有云的融合及匹配，可以将私有数据存放在私有云中，同时又可以获得公有云的计算资源，具有弹性强、可靠性高、费用低等优点。

4）社区云

社区云又称社群云，规模比公有云小，社区云服务的对象是一群有共同目标和利益需求的企业或组织，具有高适应性、行业性强、社区成员参与度高等优点。

9.2.3　云计算的应用案例

目前，云计算的应用非常广泛，已经渗透到生产生活的方方面面，存储云、医疗云、教育云、金融云、电子政务云等无处不在，下面介绍几个云计算的应用案例。

1. 百度网盘

百度网盘（原名百度云）是北京百度网讯科技有限公司于 2012 年 3 月 23 日推出的一项云存储服务，提供上传、在线下载、离线下载、网盘同步、网盘备份、云解压、视频播放等功能。百度网盘已实现网页端、计算机端和移动应用程序端等多种终端场景的覆盖及互联，并支持多类型文件的备份、分享、查看等功能。自 2012 年正式运营，百度网盘用户数已突破 8 亿，用户存储数据总量已超过 1000 亿 GB，年均增长 60%。在容量上，非会员通过扩容可达 2TB 容量，会员可达 5TB。在下载速度方面，非会员会受限制，超级会员专享极速下载。总体来说，百度网盘具备数据安全、存储空间大、支持多种客户端、可免费使用等优点，吸引了大批用户广泛使用。

2. 金山云办公

金山办公在 2010 年推出了金山快盘，开始了从客户端转向云服务的尝试，2013 年 WPS 全新体验版发布，提供多人、多平台、多文档的轻办公组件，2015 年金山办公推出了"WPS+ 一站式云办公"，2018 年金山文档上线，支持多人实时协作编辑文档，2020 年金山办公协同战略发布，同年，受突发新冠疫情影响，各行各业云端办公需求爆发，金山文档也成为国内用户规模最大的在线文档产品。2021 年，金山办公在公有云上的用户文档数量已经突破 1500 亿份。WPS 云协作是 WPS+云办公最亮眼的特色之一，基于云存储和云计算技术，WPS 云协作可以完全摆脱"本地"，团队成员可共同完成一份文档的编辑，且编辑过程清晰可见，文档也可以实时自动保存，正如有学者说的，"文档生于云，存于云，编辑于云，流动于云"。如今，金山办公正在改变着办公用户的工作习惯，帮助用户提高效率和降低成本。

3. 阿里云助力天猫"双十一"

天猫在每年"双十一"期间，用户访问量和订单量会出现井喷现象，产生全球规模的流量洪峰，大量读写数据的背后离不开阿里云的支撑。2019 年，阿里巴巴首次将"双十一"核心交易系统 100%运行在阿里云上，用公共云支撑全球最大规模的在线交易，阿里云自主研发的神龙服务器为各个环节提供了最强的算力底座，订单创立峰值达到 54.4 万笔/秒，这些订单所产生的数据量相当于 40960 部电影，由此可见云计算的极速处理能力。2020 年，阿里巴巴底层硬核技术升级，首次实现全面云原生化，天猫"双十一"成功扛住了 58.3 万笔/秒的订单，刷新了交易峰值，每万笔峰值交易的成本较四年前下降了 80%。2021 年，天猫"双十一"是首个 100%的云上"双十一"，全部业务运行在阿里云端，统计数据显示，淘宝、天猫、钉钉等"双十一"核心应用程序的消息处理峰值达 60.69 万条/s。2022 年，阿里迎来首个全面深度用云的"双十一"，首次实现三峰叠加，即现货下单、预售尾款支付、退款功能同时开启，通过云的使用应对高并发带来的流量峰值。云平台的协同优化降低了功耗，全面深度用云也让天猫"双十一"变得更经济、更绿色。

中国力量，阿里云

2022 年 6 月 13 日，阿里云宣布推出云基础设施处理器（cloud infrastructure processing unit, CIPU）——新型云数据中心专用处理器，这标志着我国在云计算的基础技术上实现了世界领先。

阿里云创立于 2009 年，目前是全球第三、亚洲第一的云服务科技公司，是我国较早研发云计算的企业，在创立之初，公司就启动了"飞天"云操作系统的研发，并逐步攻坚单一集群设备规模，2013 年 5 月，首次实现单一集群 5000 台服务器的规模。随着技术的不断深耕，如今阿里云已经可以将遍布全球的数百万台服务器连接成一台超级服务器，可以为超大规模的计算场景提供强有力的弹性计算能力。

在十余年的研发中，阿里云发现传统的以 CPU 为核心的数据中心存在巨大的算力损耗，为此，阿里云进行了软硬件协同创新，推出了云数据中心专用处理器，根据测试，以"CIPU+飞天操作系统"为核心的算力，在视频编解码、人工智能推理、大数据、数据库等核心场景中的性价比可以提升 30%，单位算力功耗降低 60%，虚拟化容器启动速度快 350%。

阿里云提出的 CIPU 技术是云计算硬件上的重大突破，打破了传统的信息技术格局，也让世界见证了中国力量，中国云跑出了"加速度"，中国依靠自主研发和科技创新，已经位于云计算领域技术的前列。

9.3　物　联　网

9.3.1　物联网的概念

物联网（internet of things）的概念是在 1999 年提出的，它的定义是把所有物品通过射频识别、红外感应器、全球定位系统、激光扫描器等信息传感设备与互联网连接起来，实现智能化识别、定位、跟踪、监控和管理的一种网络。物联网通过智能感知、识别技术与普适计算、泛在网络的融合应用，被称为继计算机、互联网之后世界信息产业发展的第三次浪潮。简而言之，物联网就是"物物相连的互联网"。物联网被视为互联网的应用拓展，应用创新是物联网发展的核心，以用户体验为核心的创新 2.0 是物联网发展的灵魂。

物联网把新一代信息技术充分运用在各行各业之中，具体的运用实例有：把感应器嵌入和装备到电网、铁路、桥梁、隧道、公路、建筑、供水系统、大坝、油气管道等各种物体中，然后将"物联网"与现有的互联网整合起来，实现人类社会与物理系统的整合，在这个整合的网络中，存在能力超级强大的中心计算机群，能够对整合网络内的人员、机器、设备和基础设施实施实时的管理和控制，在此基础上，人类可以以更加精细和动态的方式管理生产和生活，达到"智慧"状态，提高资源利用率和生产力水平，改善人与自然间的关系。

9.3.2　物联网的体系架构

物联网让物体也拥有了"智慧"，从而实现人与物、物与物之间的沟通，物联网的特征在于感知、互联和智能的叠加。

物联网由三个部分组成：感知层，即以二维码、RFID、传感器为主，实现对"物"的识别；网络层，即通过现有的互联网、广电网络、通信网络等实现数据的传输；应用层，即利用云计算、数据挖掘、中间件等技术实现对物品的自动控制与智能管理等。

物联网体系架构及应用领域如图 9.3 所示。

感知层实现对物理世界的智能感知识别、信息采集处理和自动控制，并通过通信模块将物理实体连接到网络层和应用层。感知层关键技术有 RFID 技术、条形码、传感器技术、无线传感器网络技术、产品电子代码。感知层主要应用于实时监测、感知和采集各种环境或检测对象的信息。

网络层主要实现信息的传递、路由和控制，包括延伸网、接入网和核心网，网络层可依托公众电信网和互联网，也可以依托行业专用通信网络。网络层关键技术有 ZigBee（紫蜂）、WiFi 无线网络、蓝牙技术、全球定位系统（global positioning system，GPS）等 。M2M（machine to machine）技术是所有增强机器设备通信和网络能力的技术的总称。物联网网络层综合使用 IPv6、4G/5G、WiFi 等通信技术，实现有线与无线结合、宽带与窄带结合、感知网与通信网结合，提供更高质量的网络服务。

应用层类似于人类社会的"分工"，包括应用基础设施/中间件和各种物联网应用，应用基础设施/中间件为物联网应用提供信息处理、计算等通用基础服务设施、能力及资源调用接口，以此为基础实现物联网在众多领域的各种应用。SOA 指面向服务的结构（service-oriented architecture），它可以根据需求通过网络对松散耦合的粗粒度应用组件进行分布式部署、组合和使用。应用层关键技术有云计算技术、软件和算法、信息和隐私安全技术、标识和解析技术。应用层进行数据处理，完成跨行业、跨应用、跨系统之间的信息协同共享、互通的能力，包括电力、医疗、银行、交通、环保、物流、工业、农业、城市管理、家居生活等。这正是物联网作为深度信息化网络的重要体现。

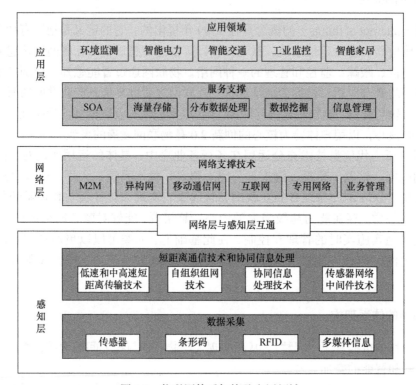

图 9.3　物联网体系架构及应用领域

在各层之间，信息不是单向传递的，也有交互、控制等；所传递的信息多种多样，其中关键是物品的信息，包括在特定应用系统范围内能唯一标识物品的识别码和物品的静态与动态信息。下面介绍几个物联网的典型应用。

9.3.3　物联网的应用案例

1. 北斗卫星导航系统

卫星导航（satellite navigation）是指采用导航卫星对地面、海洋、空中和太空用户进行导航定位的技术。常见的 GPS 导航、北斗卫星导航等均为卫星导航。卫星导航系统由导航卫星、地面台站和用户定位信号接收设备三个部分组成。

位置信息是物联网系统中的一个重要信息，从而使得定位技术成为北斗导航联网感知层中的核心技术。基于精准可靠的定位技术可实现导航、跟踪和测速等应用。

中国北斗卫星导航系统

北斗卫星导航系统（以下简称北斗系统），是中国着眼于国家安全和经济社会发展需要，自主建设运行的全球卫星导航系统，是为全球用户提供全天候、全天时、高精度的定位、导航和授时服务的国家重要时空基础设施。

自北斗系统提供服务以来，已在我国交通运输、农林渔业、水文监测、气象测报、通信授时、电力调度、救灾减灾、公共安全等领域得到广泛应用，服务于国家重要基础设施，产生了显著的经济效益和社会效益。

基于北斗系统的导航服务已被电子商务、移动智能终端制造、位置服务等厂商采用，广泛进入中国大众消费、共享经济和民生领域，应用的新模式、新业态、新经济不断涌现，深刻改变着人们的生产生活方式。

北斗系统秉承"中国的北斗、世界的北斗、一流的北斗"发展理念，与世界各国共享北斗系统建设发展成果，促进全球卫星导航事业蓬勃发展，为服务全球、造福人类贡献中国智慧和力量。北斗系统为经济社会发展提供重要的时空信息保障，是我国实施改革开放40余年来取得的重要成就之一，是新中国成立70多年来重大科技成就之一，是中国贡献给世界的全球公共服务产品。

2. 电子警察

智能交通中非常重要的一个方面就是对交通情况进行实时监测，为驾驶人员和交通管理系统提供及时、全面、准确的交通信息，如拥堵情况、交通事故等。常见的智能交通监测应用包括车流监控系统和电子警察系统。车流监控系统通过车载双向通信 GPS、铺设在道路上的传感器或者监控摄像头等设备，可以实时监控交通车流情况，如图 9.4 所示。

电子警察系统主要通过车载和路旁监控设施来发现违章的行驶车辆，如利用摄像头、雷达、路面等方式来发现超速车辆，并利用图像识别等技术来识别车牌。智能交通监测系统一方面帮助驾驶人员选择最优的路线，避免可能的危险；另一方面也让交通管理系统根据当前的情况智能地对交通进行协调和管理。

图 9.4　电子警察监控屏幕

3. 远程健康监测系统

远程健康监测系统是一个专门适用于中国新型社区医疗模式的服务与老年病人群、心脑血管病人群、慢性病人群的多态多参数监护综合分析评估专家集成系统。患者佩戴多参数监测设备，医生通过健康平台分析系统可对患者进行以高血压病为主的慢性病综合健康分析与评估。

该系统将监护技术进行微型化、网络化、可佩戴移动化，可无限远程化改造，同时结合后台综合性专家分析技术，将医院外多生命参数同步，远程动态监测与综合专家集成分析融为一体，实现了对多慢性病老年病人群的整体状态长时间多维度的跟踪与辨识。

9.4　人　工　智　能

9.4.1　人工智能的概念

人工智能（artificial intelligence，AI），是一个以计算机科学为基础，由计算机、心理学、哲学等多学科交叉融合的交叉学科、新兴学科，研究、开发用于模拟、延伸和扩展人的智能的理论、方法、技术及应用系统。

随着人工智能的不断发展，其定义也不断有新的内涵。人工智能作为计算机科学的一个分支，从知识工程到智能系统，再到深度学习，人工智能的研究也在不断深化：它企图了解智能的实质，并生产出一种新的能以人类智能相似的方式做出反应的智能机器，该领域的研究包括机器人、语言识别、图像识别、自然语言处理和专家系统等。

通俗地讲，现阶段人工智能的目标就是让机器会听、会看、会说，能思考，能自我学习等，它研究如何在计算机中模拟人类的智能，执行人类的智能活动，延伸和扩展人类智能的理论、方法、技术及应用。人工智能从诞生以来，理论和技术日益成熟，应用领域也不断扩大，未来人工智能带来的科技产品，将会是人类智慧的"容器"。

9.4.2　人工智能的研究范畴

1. 自然语言处理

自然语言处理就是指用计算机来处理、理解及运用人类语言，从研究内容来看，自然语言处理包括语法分析、语义分析、篇章理解等，在信息时代，自然语言处理的应用包括机器翻译、手写体和印刷体识别、字符识别、语音识别，以及文语转换、信息检索、信息抽取与过滤、文本分类与句类、舆情分析与观点挖掘等。目前，自然语言处理的研究还包括开发可与人类动态互动的聊天机器人等。从应用角度来看，自然语言处理具有广阔的应用前景。

2. 机器学习

机器学习就是指对计算机的一部分数据进行学习，然后对另一部分数据进行预测或者判断。简单地说，就是让机器去分析数据并找取规律，通过找到的规律对新数据进行处理。计算机机器学习的核心任务是选择某种算法解析数据，从数据中学习然后对新的数据做出决定或者预测。

3. 深度学习

深度学习，简单来说，就是基于深度神经网络的神经网络学习或者说是机器学习。就是让层数较多的多层神经网络通过训练能够运行起来，并演化出一系列新的结构和新的方法的过程，普通的神经网络可能只有几层，深度学习可以达到十几层。学习中的"深度"二字代表了神经网络的层数，现在流行的深度学习网络有卷积神经网络、循环神经网络、深度神经网络等。所以，深度学习网络其实就是一个多层的神经网络。通过深度学习，可以获取大量的样本数据的内在的规律和表示层次，使得机器人能够像人一样具有分析数据规律和学习的能力，可以识别文字、图像和声音等。

4. 专家系统

专家系统是一种在特定领域内具有专家解决问题能力的系统程序，能够有效地运用专家多年积累的经验与专业知识，并模拟专家解决问题时的思维过程，进而解决专家才能解决的问题。其核心是知识库和推理机，两者既相互联系又相互独立。专家系统一般采用交互式系统，拥有良好的人机界面，专家系统是目前人工智能中最活跃、最有成效的一个研究领域，广泛应用于地质勘探、石油化工教学、医疗诊断等多个领域，产生了巨大的社会效益及经济效益。

人工智能作为科技的产物，在我国经过多年的发展，已在安防、金融、客服、零售、医疗健康、广告营销、教育、城市交通、制造、农业等领域实现了商用机规模效应。2022 年 8 月，我国科技部公布了《关于支持建设新一代人工智能示范应用场景的通知》，首批支持建设智慧工厂、自动驾驶等 10 个示范应用场景，进一步推进人工智能与生产生活场景的融合。"人工智能既可以支持人类对星辰大海的探索，也实实在在改善人们的生产生活。"百度首席技术官王海峰认为，人工智能技术在应用中呈现了低门槛、自动化、规模化的趋势，各行业领域将加速拥抱人工智能。

9.4.3 人工智能的应用案例

1. 科大讯飞语音识别

2000 年以前，中文语音产业几乎全部掌握在国外公司手中，国内从事语音技术研究的人才和团队大量流失，形势非常危急。语音如同文字，是民族的象征和文化的基础。在这种背景下，尚在攻读博士学位的刘庆峰和他的几名师弟，带着自主研制的中国第一款"能听会说"的中文计算机软件，组成一个 18 人的班底，创办了科大讯飞公司，开始寻求核心技术到产业应用的全面突破。

经过 20 年不懈努力，2021 年科大讯飞《语音识别方法及系统》发明专利荣获第二十二届中国专利奖金奖。同年 4 月，科大讯飞获中国智能科技最高奖——吴文俊人工智能科技进步奖一等奖。以科大讯飞为中心的人工智能生态已经逐步构建。中国的人工智能已经处于国际第一梯队，以科大讯飞为代表的中国人工智能企业已经在引领技术的发展。科大讯飞官网如图 9.5 所示。

图 9.5 科大讯飞官网

语音识别的原理：通过声音的数字化，计算机能"感知到"声音；通过频谱的计算，计算机能理解声音的音调和音色；声学特征 MFCC（梅尔频率倒谱系数）特征是对频谱的再提炼，计算机可以用便于处理的低维度向量表达出"共振峰"等声音的重要特性后实现声学模型（acoustic model）的识别，再通过建立语言模型（language model）后识别组成意义明确的语句。

语音识别在生活中有很多的实际应用场景：科大讯飞语音输入法、百度旗下的人工智能助手"小度"是一个内置 DuerOS（对话式人工智能操作系统）、家政机器人都采用语音输入的命令操作系统。有了数字化声波的过程就可以利用人工智能技术对输入的声音（音乐）进行分类，如网易云音乐、虾米音乐等都有音乐类型推荐。

2. 聊天机器人 ChatGPT

2022 年 11 月 30 日位于美国旧金山的 OpenAI 公司发布的新款对话式人工智能模型 ChatGPT，即俗称的 GPT，即 Generative Pre-trained Transformer，意为"生成式预训练转换模型"。作为对话式、人工智能的最新成果，ChatGPT 是一种能够创建真实对话的深度学习模型，使用方便快捷，只需向其提出需求，它就能提供回答问题、编写代码、创作文章的功能服务。

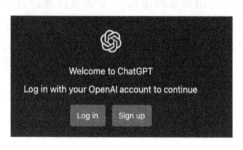

图 9.6　ChatGPT 登录界面

换句话说，ChatGPT 是一款功能非常强大的人工智能聊天机器人，能做很多的事情，而且还具备一定的颠覆性。它具有主动承认错误并听取意见优化答案、质疑不正确的问题，以及支持连续多轮对话的特征。这些功能特征极大提升了对话交互模式下的用户体验。ChatGPT 登录界面如图 9.6 所示。

强大的功能使 ChatGPT 应用于内容创建和客户服务的各个领域，如编写代码、文案、脚本，甚至还能撰写新闻稿件、科研论文和创作诗歌。更令人大跌眼镜的是，据称美国一家大学的学生用 ChatGPT 完成的论文居然得到全班最高分。

正因如此，ChatGPT 的出现是"人工智能+深度学习"模式的范例，被认为是人工智能的里程碑。

深度学习——百度飞桨

1997 年 5 月，IBM 公司的"深蓝"计算机击败了人类世界国际象棋冠军卡斯帕洛夫，标志着人工智能技术开启新的应用浪潮。2016 年 3 月，AlphaGo 与围棋世界冠军、职业九段棋手李世石进行围棋人机大战，以 4∶1 的总比分获胜。2017 年 5 月，在中国乌镇·围棋峰会上，AlphaGo 与排名世界第一的世界围棋冠军柯洁对战，以 3∶0 的总比分获胜。

路径搜索是人机对战游戏软件中的基本问题之一。有效的路径搜索方法可以让角色看起来很真实，使游戏变得更有趣味性。当前，棋类游戏几乎都使用了搜索的方式来完成决策。现代游戏设计中，特别需要研究路径搜索方法。于是延伸出了深度学习算法，目前广泛应用于智能游戏中。

百度公司基于多年的深度学习技术研究和业务应用基础，研究开发了一种基于深度学习的应用框架——飞桨 AI Studio，如图 9.7 所示：它集深度学习核心训练和推理框架、基础模型库、端到端开发套件、丰富的工具组件于一体，是我国企业自主研发、功能完备、开源开放的产业级深度学习平台，可以用来对文本、语音、图像等进行学习和训练。

图 9.7　飞桨 AI Studio 网页

9.5　区　块　链

9.5.1　区块链概述

区块链起源于中本聪的比特币，作为比特币的底层技术，本质上是一个去中心化的数据库，是指通过去中心化和去信任的方式集体维护一个可靠数据库的技术方案。

区块链技术是不依赖第三方、通过自身分布式节点进行网络数据的存储、验证、传递和交流的一种技术方案。因此，有人从金融会计的角度，把区块链技术看成一种分布式开放性去中心化的大型网络记账簿，任何人、任何时间都可以采用相同的技术标准加入自己的信息，延伸区块链，持续满足各种需求带来的数据录入需要。

通俗地说，区块链技术就指一种全民参与记账的方式。所有的系统背后都有一个数据库，你可以把数据库看成一个大账本。那么谁来记这个账本就变得很重要。目前就是谁的系统谁来记账，微信的账本就是腾讯在记，淘宝的账本就是阿里在记。但现在区块链系统中，系统中的每个人都可以有机会参与记账。在一定时间段内如果有任何数据变化，系统中每个人都可以进行记账，系统会评判这段时间内记账最快最好的人，把他记录的内容写到账本，并将这段时间内账本内容发给系统内所有的其他人进行备份。这样系统中的每个人都有一本完整的账本。这种方式，就称它为区块链技术。

区块链技术被认为是互联网发明以来最具颠覆性的技术创新，它依靠密码学和数学巧妙的分布式算法，在无法建立信任关系的互联网上，无须借助任何第三方中心的介入就可以使参与者达成共识，以极低的成本解决了信任与价值的可靠传递难题。

9.5.2　区块链的核心技术

1. 分布式账本

分布式账本是指网上交易记账由分布在不同地方的多个节点共同完成，而且每一个节点记录的都是完整的账目，因此他们都可以参与监督交易合法性，同时也可以共同为其作证，从而避免了单一记账被人控制或者贿赂而记假账的可能性，保证账目数据的安全性。

2. 非对称加密

存储在区块链上的交易信息是公开的，但账户身份信息是高度加密的，只有在数据拥有者授权的情况下才能访问到，从而保证了数据的安全和个人的隐私安全。

3. 共识机制

共识机制就是所有的记账点节点之间如何达成共识去认定一个记录的有效性，这既是认定的手段，也是防止篡改的手段，区块链提出了四种不同的共识机制，适用于不同的应用场景，在效率和安全性之间取得平衡，区块链的共识机制具备少数服从多数以及人人平等的特点。当加入区块链的节点足够多时，这基本上是不可能的，从而杜绝了造假的可能。

4. 数字签名

手写的签名是确认身份，认定责任的重要手段。数字签名是手写签名的升级版本，是通过算法实现类似传统手写签名的功能，在密码学领域，一套数字签名算法一般包括签名和验证两种运算，数据经过签名后非常容易被验证完成完整性，并且不可抵赖。目前，有全球 20 多个国家和地区认可数字签名的法律效力。

从区块链的技术及形成过程看，区块链技术具有以下特征：去中心化、开放性、独立性、安全性、匿名性。

9.5.3　区块链的应用案例

1. 区块链在中国工商银行的应用

商业银行对区块链应用的探索和试验已经囊括了很多方面，如数字票据、数字货币、信息存储、电子交易、内部管理、支付转账等。2017 年是区块链兴起的一年，从那个时候一直到现在，我国的知名国有商业银行中国工商银行就在不断地探索区块链的具体应用，并且也取得了一些比较不错的成果，具体如表 9.1 所示。

表 9.1　区块链在中国工商银行中的具体应用

时间	区块链在中国工商银行中的具体应用
2017 年 1 月	2017 年，参与央行数字货币的发行和以区块链为基础的数字票据交易平台的研究
2017 年 3 月	完成以区块链为基础的金融产品交易平台原型的系统建设（需要注意的是，该系统可以在传统交易模式基础之上，为客户提供点对点的金融资产转移和交易的服务）
2017 年 5 月	正式启动与贵州省贵民投资集团有限责任公司联合打造的脱贫攻坚基金区块链管理平台，将金额为 157 万元的第一笔扶贫资金成功发放到位
2018 年 5 月	发布第一个区块链专利，旨在使用区块链来提升处理和颁发证明的效率，并且防止出现统一文档被重复提交给多个实体的现象

除了中国工商银行，巴克莱银行、招商银行、浙江商业银行等多家知名商业银行也都引入了区块链。可以说，在区块链的助力下，很多商业银行都获得了很多益处，如交易更加安全、业务更加广泛等，而这些也将会成为促进商业银行不断发展的强大动力。

2. 数字资产——"星贝云链"

2017 年 12 月 19 日，腾讯、广东有贝、华夏银行的战略合作发布会"数字资产·智能金融"在广州市万豪酒店召开。在此次大会上，一个名为"星贝云链"的供应链金融服务平台也首次公开亮相。"星贝云链"是国内第一家与银行联合打造的以区块链为基础的供应链金融平台,同时也是国内第一个以大健康产业为基础构建的供应链金融平台。该供应链金融平台的问世,意味着受到广泛关注的供应链金融领域又加入了一股非常强大的新兴力量。

通过"星贝云链"上游供应商将应收账款让给资金方,资金方则需要仔细检查交易的真实性,在区块链的助力下,"星贝云链"抓取了很多非常重要的数据,如第三方物流仓储数据、核心企业 ERP(企业资源计划)直接生成的数据等。"星贝云链"金融逻辑如图 9.8 所示。

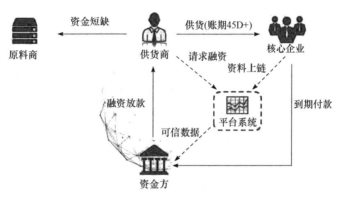

图 9.8　"星贝云链"金融逻辑

因为区块链具有不可篡改、时间戳等特性,所以当资金方有需要时,相关资料和数据都可以被追根溯源和进一步检查,从而缩短对融资款项进行审批的时间。

由此可见,"星贝云链"为供应商和资金方带去了很多便利,其自身也有着非常远大的目标。

3. 阿里巴巴全球购

"数字经济之父"唐·塔普斯科特说过,区块链技术对整个世界都产生了非常重要的影响。利用区块链技术的数据加密特性和点对点互联网络,能够解决物联网应用中的不信任问题,有效保证数据和支付的安全传输并按照标准的交易模式进行计费结算。很多企业都提出了"区块链+物联网",阿里巴巴就是其中一个极具代表性的模范。

2017 年,阿里巴巴联合中兴、中国联通、工业和信息化部,携手打造了一个专门应用于物联网领域的区块链框架。他们与国际电信联盟进行了深入接触,主要目的是利用区块链来解决物联网领域的连接成本过高、过度集中、扩展困难、网络安全漏洞等问题。2016~2018年的这三年时间里,除了上面提到的合作和接触以外,阿里巴巴还为推动区块链的发展做了很多其他方面的努力,例如,在全球供应链领域,基于降低成本、提高效率等方面的考虑,将互联网广泛植入整条供应链的各个环节,打造一条去中心化而且可信赖的全球供应链追溯体系。

9.6　虚　拟　现　实

虚拟现实(VR),也称为灵境技术,是 20 世纪 80 年代提出的。该技术将传感器技术、计算机仿真技术、人类生理学、人工智能技术及心理学等综合为一体,实现了对现实世界的模拟,并使用户得到身临其境的体验。

与虚拟现实技术相关的概念还有增强现实(AR)、元宇宙(metaverse)。增强现实是把虚拟信息与现实世界相融合，它运用三维建模、多媒体技术、实时跟踪及人工智能多种手段，利用计算机生成的文字、图像、三维模型、音乐、视频等虚拟信息来对真实世界进行信息补充，从而实现对现实的"增强"。元宇宙是虚拟现实技术的进一步发展，利用虚拟现实、增强现实技术把虚拟世界和现实世界同步起来，使得真实世界的机构和个人在虚拟空间中拥有数字身份，并在虚拟和现实两个世界中进行虚实互动。

9.6.1　虚拟现实体验的分类

根据体验程度，虚拟现实系统可以分为桌面式虚拟现实系统、沉浸式虚拟现实系统、增强式虚拟现实系统和分布式虚拟现实系统等几类。

桌面式虚拟现实系统一般利用个人计算机的屏幕作为虚拟景象观察窗口，通过鼠标、键盘等实现虚拟世界与现实的交互，这种系统成本较低，用户能够获得部分沉浸体验；沉浸式虚拟现实系统通常配备了专用的数字头盔，可以提供虚拟视觉、听觉和感觉，同时利用位置追踪、数字手套及游戏手柄等设备使用户获得身临其境的感觉；增强式虚拟现实系统不仅能实现对真实世界的模拟和仿真，更能利用该技术增强用户对真实环境的感受；分布式虚拟现实系统把多个用户的虚拟交互环境通过计算机网络技术实现虚拟场景的共享，多个参与者可以对感受到的同一虚拟世界进行观察和交互，从而达到协同工作的目的。

9.6.2　虚拟现实的关键技术

为了提升用户的真实感体验，虚拟现实系统主要采用了如下关键技术。

1. 三维建模技术

虚拟环境一般包括三种，即模仿真实世界的环境、主观设想的环境和模拟真实世界中人类不可见的环境，总体来说它们都建立在真实世界的基础之上，需要用到三维建模技术，也是虚拟现实系统的核心内容之一。通过三维制作软件在虚拟三维空间中构建虚拟的三维模型，包括对真实世界的物体进行数据采集，在数据分析的基础上建立三维的虚拟模型。三维建模通常分为几何建模、物理建模和行为建模。目前的三维建模软件有许多种，广泛分布于机械、制造业等产业。常用的软件有 AutoCAD、UG、Maya、3D Max 等。

2. 三维显示技术

三维显示技术使得画面更立体逼真，让用户有身临其境的感觉，图形图像显示也不再局限于传统的平面显示器，通常要借助特殊的设备，如 3D 眼镜、3D 投影仪等。

3. 三维音频技术

三维音频是指在虚拟环境中用户能够感知音量的大小和音源的方位。立体声效果是靠左右耳在听到不同位置录制的不同声音来实现方向感。三维音频技术根据人耳对声音信号的感知特点，使用信号处理方法对音源到两耳之间的传递函数进行模拟来产生三维虚拟空间声场，从而得到逼真的空间声音效果，目前许多高端的耳机都应用了这一技术。

4. 体感交互技术

体感交互技术是在视觉技术基础之上，在用户肢体动作与虚拟环境交互过程中增加感官刺激，从而获得身临其境的互动体验，体感交互技术使得人机互动更为丰富地呈现出来。相关的设备如微软公司为 Xbox360 配备的 Kinect、操作智能电视和计算机的空中飞鼠。

9.6.3　虚拟现实的应用案例

虚拟现实技术能够逼真地展示虚拟场景，已被广泛应用于影视娱乐、教育、医学、军事等多个领域。下面介绍几个虚拟现实的应用案例。

1. 3D 电影《阿凡达》

2009 年，好莱坞电影《阿凡达》上映，凭借超清渲染的 3D 画面风靡全球，引领了 3D 电影的技术革命，是电影史上具有里程碑的佳作。《阿凡达》的拍摄实现了电影技术上的多个突破，导演詹姆斯·卡梅隆和摄影师文斯·佩斯在索尼的支持下率领团队自主研发了 3D 摄影系统，通过两台摄像机拍摄不同视角的画面，酷似人类的双眼，从而建立最终感官的立体视效；技术团队还专门为《阿凡达》开发了虚拟摄像机，导演通过显示器可以观看到各式虚拟场景，指导演员表演，并可以在第一时间看到最后成片的预览效果；在动作捕捉上，《阿凡达》使用了 100 多部摄像机协同捕捉演员动作捕捉服的标记点，它可以将红外线反射回摄影机，从而形成后期创建动画角色位置与动作的三维空间坐标数据点；另外，该影片首次实现了演员脸部微表情精确捕捉，每个演员的头盔上都安装了一个小摄影机，它距离演员的脸只有 10 厘米左右，用来捕捉演员的面部表演及细微眼球活动，再把这些表情"贴"到纳美人的脸上去，将真人演出影像与计算机动画相结合。时隔 13 年，2022 年上映的《阿凡达 2》实拍角色同计算机图形角色和周围环境的互动更加紧密，并且使用到一套专为水下拍摄准备的水下摄影机、相机以及动作捕捉系统，《阿凡达 2》在裸眼 3D、VR 3D 工具布景、水下虚拟拍摄技术等 3D 电影"黑科技"助力下，给观众带来了极致的视听享受。

2. 虚拟体育公开赛

虚拟体育把传统体育的竞赛内容通过虚拟的、人机交互的形式以及场景仿真等高科技手段呈现出来。2022 年 8 月 5 日，中国首个虚拟体育综合性赛事上海虚拟体育公开赛正式启动，开拓了国内虚拟体育的全新领域。该赛事的主题口号是"无界之竞，一触即发"。组委会在虚拟赛事元年甄选了虚拟赛艇、虚拟赛车、虚拟滑雪、虚拟骑行、虚拟高尔夫五项赛事，这五个项目具有高度户外实景体验，且可视化技术相对成熟。虚拟体育比赛摆脱了特定环境和高门槛的限制，通过数字技术将参赛选手远程链接比赛，并在现场实现同框直播，选手走上模拟器便能深度体会到这些体育运动的魅力，真正打造了"无界之竞"，展示了虚拟体育的便捷性。本次虚拟体育公开赛是新时代科技与传统体育的结合与创新，让传统体育赛事更贴近"Z 世代"，参赛的普通体育玩家还有机会在"云端"与奥运选手同场竞技，感受与众不同的竞赛体验。

3. 虚拟现实红色教育——飞夺泸定桥

飞夺泸定桥，是一场关系到中国革命前途和命运的战役，是党建教育的重要内容之一。依托先进的虚拟现实技术，佩戴 VR 眼镜，就可以穿越到枪林弹雨的战争场景，体验红军战斗的艰辛与壮烈，感受革命先辈的英勇无畏，使红色教育生动、立体、有效。虚拟现实赋能红色场景建设，创新了红色教育的新模式，能够突破时空局限，并且可以循环利用。通过 VR 3D

全景技术，对历史事件进行场景重塑与事件还原，这种沉浸式、全方位、立体化的教育手段，被许多学校、企事业单位、基层组织、党建馆等应用于红色教育中，使体验者产生内心的震撼，促进了红色文化在现代性境遇下的传承与创新。

9.7　拓 展 实 训

9.7.1　影视娱乐大数据查询

艺恩网是艺恩公司旗下娱乐产经门户网站，是中国影视大数据平台。请在艺恩网站查询当前热门电影票房趋势以及电影口碑指数排行情况。

> 提示：打开艺恩网站，单击该网站【首页】|【内容运营】|【电影】文本超链接，打开艺恩娱数页面，单击窗口左侧【行业大盘】，即可在右侧显示当日实时数据及热门电影票房趋势图。单击窗口左侧【宣发舆情】中的【口碑指数】，则打开近期已上映影片的口碑指数榜单。

9.7.2　利用百度云盘存储与共享文件

百度网盘是百度推出的一项云存储服务，存储容量大，操作简单，可申请非会员账号免费使用。如果已申请有百度网盘账号，登录后请完成以下操作：

（1）将本地某文件上传到百度网盘；

（2）采用链接分享的方式，将百度网盘某文件分享给微信好友，有效期为 7 天。

> 提示：
>
> （1）上传文件可以使用两种方法：一是将本地某文件拖至"百度网盘"首页中的【我的文件】窗口中；二是在"百度网盘"首页中的【我的文件】窗口中，单击【上传】按钮，在打开的【请选择文件/文件夹】对话框中选择本地某文件，单击【存入百度网盘】即可。
>
> （2）分享百度网盘某文件时，首先右击该文件，从弹出的快捷菜单中选择【分享】菜单项，在打开的【分享文件】对话框中选择【链接分享】选项卡，有效期选择"7 天"单选按钮。单击【创建链接】按钮，则生成可复制的二维码或链接及提取码，分享给微信好友即可。

习　　题

一、单选选择题

1. 下面属于结构化数据的是（　　）。

A. 图片　　　　　　B. 学号　　　　　　C. 视频　　　　　　D. 音频

2. 将基础设施作为服务的云计算服务模式是（　　）。

A. IaaS　　　　　　B. PaaS　　　　　　C. SaaS　　　　　　D. 以上都是

3. 智能家居通过（　　）技术将家中的各种设备如音/视频设备、照明系统、窗帘控制、网络家电等连接到一起。

   A. 物联网　　　　B. 互联网　　　　　　C. 内联网　　　　D. 社交网

4. 下面哪一项不是人工智能的研究范畴（　　）。

   A. 人工智能模型与理论

   B. 人工智能数学基础、优化理论学习方法

   C. 数据挖掘算法、实际应用案例、数据价值与变现

   D. 机器学习理论、脑科学及类脑智能

5. 虚拟现实技术的英文缩写是（　　）。

A. AR　　　　　　B. VR　　　　　　　C. MR　　　　　D. Meta

二、判断题

1. 大数据是由结构化和非结构化数据组成的。　　　　　　　　　　（　　）

2. 虚拟机可运行操作系统和应用程序。　　　　　　　　　　　　　（　　）

3. 物联网由三个部分组成：感知层、物理层、网络层。　　　　　　（　　）

4. 人工智能是多学科交叉融合的交叉学科。　　　　　　　　　　　（　　）

5. 常见的 GPS 导航、北斗卫星导航等均为卫星导航。　　　　　　 （　　）

6. 区块链就是比特币。　　　　　　　　　　　　　　　　　　　　（　　）

三、填空题

1. 1EB=_____PB_____GB。

2. 云计算的四种部署模式有公有云、_____、_____和_____。

3. 人工智能，是一个以计算机科学为基础，由_____、_____、_____等多学科交叉融合的交叉学科。

4. ChatGPT 中，GPT 英文为 generative pre-trained transformer，意为_____。

5. 区块链技术有以下特征：_____、_____、_____、_____、_____。

6. 根据体验程度，虚拟现实系统可以分为_____虚拟现实系统、_____虚拟现实系统、_____虚拟现实系统和_____虚拟现实系统等几类。

第 10 章　问题求解与 Python 语言

问题求解是人们在日常工作和生活中面对各类问题时所引发的一种积极寻求问题答案的活动过程。随着人类文明的不断进步，人们所遇到的问题也日渐复杂，求解各类问题的方式也从单纯的人工手动计算转向借助各类机械工具进行辅助计算，而计算机的出现大大提高了问题求解过程中的计算效率。计算机程序的发明与普及则迅速拉近了人与计算机的距离，让计算机按照人类的思想去解决实际问题已经成为一种高效的问题求解方法。

本章学习目标

➢ 了解一般问题的求解流程。
➢ 了解计算机问题求解的流程及常见问题类型。
➢ 了解 Python 语言的基础知识。
➢ 了解 Python 的常用语句和问题求解。
➢ 了解解决问题的结构化方法。
➢ 培养学生利用程序设计思维高效解决问题的能力。

10.1　一般问题求解流程

日常生活中会遇到各种各样的问题，如学生社团要举办一次户外活动、小学生要写一篇日记、好朋友要一起计划一次旅游行程等。这些问题类型众多，或简单或复杂，没有最佳的标准答案，但在逐一解决这些问题的过程中，通过不断总结经验，归纳各类问题的解决方法，人们总在尝试找到 种解决各类一般问题的普遍规律，即一般问题求解过程中共同遵循的通用步骤。下面将对一般问题求解的普遍流程进行简要归纳，如图 10.1 所示。

图 10.1　一般问题求解流程

1. 明确问题

遇到各类实际问题时，首先要准确地确定问题，弄清楚问题的目的是什么，问题存在哪些限制条件，很多时候问题解决不好的主要原因就是我们从一开始就没有明确地看懂问题的本质，只有确定了问题的本质才能激发创造性，找到较为适宜的问题解决方法。

2. 分析问题

分析问题的本质和问题所涉及的各方面相关知识，深入了解问题的背景，必要时可以建立问题的描述模型，透彻分析问题的各个部分。例如，前面举例的学生社团举办一次户外活动问题。分析这个问题时我们会发现，需要确定活动的参加人数是多少，活动的举办地点在哪，活动的参加者有什么着装要求，活动的具体举办时间是何时，活动的具体活动项目是什么，活动是否需要租借什么道具，活动是否有饮食要求等诸多问题。只有全面分析问题，才能保证解决方案的万无一失。

3. 方案设计

在全面问题分析的基础上，需要针对性逐一设计细分问题的解决方法，考虑问题要全面细致，方案设计应尽量列出多套解决方案。

4. 方案选择

在评判众多解决方案时，需要制定一个明确的评定标准，依据问题的存在环境、现有条件、限制条件等筛选比较各类方案的优劣，最终选出最佳方案。

5. 解决步骤

在方案选定后，需要给出该方案解决问题的详细步骤，运用现有的知识尽量给出具体、明确的一系列问题解决的步骤和指令，按照这些步骤和指令实施才能实现最终的问题求解。

6. 方案评价

在选定方案执行完成后，要对方案的实际执行情况进行评估。评估时首先要检查方案的执行结果是否正确，是否能令用户满意。若结果不正确或者是无法令用户满意，就需要重新选择解决方案，并避免同类错误再次发生。

10.2　计算机求解问题流程

人类通过独立思考产生了各种问题，由于意识到了问题的存在，便产生了努力去解决问题的主观意愿。当旧的方法和手段都无法解决问题时，人就进入了问题求解的思维状态。面对客观世界的各种问题，古人往往采取手动方法来解决。随着科学技术的进步，机械工具的介入有效提高了人类解决问题的能力。但随着人类探索视野的不断拓展，所遇到的问题也更加复杂，此时简单的手工或者机械方法都难以在短时间内解决问题，计算机就在这样的背景下应运而生。通过计算机的强大处理能力，大量复杂的实际问题得到了高效的解决。下面具体介绍计算机求解问题的主要流程。

10.2.1　计算机求解问题的类型

计算机的诞生大大提高了人类解决问题的能力，现阶段人类主要利用计算机强大的运算能力来解决问题，这类问题主要是算法式问题，算法式问题具体可以细分为三类。

（1）计算型问题：包括数学计算过程的问题。

（2）逻辑型问题：包含关系或者逻辑判断过程的问题。

（3）反复型问题：需要反复执行一组计算型或者逻辑型指令的问题。

计算机解决问题的核心是将现有问题分解为一个个可以执行的具体步骤，然后使用计算机可以识别的语言或者指令描述出这些步骤，并按照自上而下的顺序依次执行。

需要注意的是，现实生活中目前并不是所有问题都可以通过计算机处理就能得到解决。

当遇到一些需要大量知识和经验积累，并且需要进行主观判断和不断尝试的问题时，计算机就很难依照简单的步骤直接解决。这类不能通过一些直观步骤解决的问题称为启发式问题。针对目前计算机解决启发式问题存在困难的情况，人工智能技术成为最有效的解决方案。人工智能技术可以让计算机建立自己的知识库、经验库和语言库，通过不断地自我学习和信息交互提升问题处理能力，最终使其达到人类的智能。

值得一提的是，2022 年 11 月 30 日由人工智能实验室 OpenAI 研发的人工智能聊天机器人 ChatGPT 正在全球快速普及，它能够通过学习和理解人类的语言进行对话，还能根据聊天的上下文内容进行互动，做到像真正人类一样聊天交流，甚至能完成撰写邮件、视频脚本、文案、翻译、代码、医学诊断等复杂任务。可以看出这些任务的难度已经超过了传统的算法式问题。注意启发式问题的解决方法仅作为本章知识的补充，后续讨论的计算机求解问题依然是算法式问题。

10.2.2　计算机求解问题的一般流程

相较于一般问题求解的流程，计算机求解问题有其独特的概念和方法，思维方式和求解流程存在一定差异。但究其本质，计算机进行问题求解就是在计算机能力可行的范围内，通过人的思考获得求解问题的方法，并通过计算机加以计算处理的过程。所以在利用计算机进行问题求解时也保留了一般问题求解的常用方法，图 10.2 为计算机求解问题的一般流程。

图 10.2　计算机求解问题的一般流程

1. 问题描述

遇到一个具体问题时，首先要明确问题，要能够做到对问题的清楚陈述和界定，能够顺利清晰地定义期望达到的结果或者目标。准确无误、完整清晰地理解和描述问题是解决问题重要的第一步。

2. 问题抽象

问题抽象是指对问题进行深层次的分析和理解，了解问题的所有特征。抽象是处理各类复杂问题的基本方法，抽象后的结果应该能反映出问题重要的和本质的特征，同时应忽略掉次要的和非本质的特征。通过抽象的方式可以快速地抓住问题的主要特征，建立简洁明了的客观问题描述模型，降低问题处理难度，这也是计算机求解问题的关键过程。

3. 模型建立

模型是为了透彻理解问题而对问题求解目标、行为等进行的一种抽象描述，是对实际问题的一种总结和简化。问题抽象是建立模型的前提，模型是由实际问题涉及的相关元素组成的，它应该能够清楚地体现问题元素间的关系，反映出实际问题的本质。模型与实际问题从本质上说应该是等价的，只是模型比实际问题更为抽象，模型中各个元素间的关系更加清晰明确。建立模型必须要准确地反映实际问题的所有关键特征和关系，并且要能正确地反映输入、输出关系，为后续计算机求解问题打好基础。

4. 设计与实现

根据建立的模型就可以开始设计计算机解决实际问题的方法和步骤了。实际上，在计算机中，对于解决问题步骤的描述称为算法。同一个实际问题通常可以设计出多种算法，通常会在算法的设计和选择中充分考虑其可行性和实际效率等问题。算法设计完成后需要选择合适的程序设计语言来编写程序，以实现算法中的功能，达到解决实际问题的目的。需要注意的是，在具体程序设计语言选择时也应充分考虑该程序设计语言面对实际问题的可行性和实际效率等问题。

5. 测试与维护

程序编写完成后，就进入程序测试的重要阶段。程序测试就是检查编制好的程序是否能够按照预期的模式顺利运行。程序测试还可细分为程序调试和系统测试两个阶段。程序调试阶段是通过计算机的调试，来确定程序的正确性，调试的最终目的是找到程序的错误并及时纠正，这类错误主要是指程序的语法性错误和逻辑性错误。调试结束后，开始进入整个系统的系统性测试阶段，该阶段主要为检测程序的所有功能是否能够正确实现、程序的可靠性如何等。系统测试可以分为两种：一种是只关心程序输入、输出结果正确性而不关注内部实现的黑盒测试；另一种是关注程序内部逻辑结构实现的白盒测试。

需要注意的是，程序测试完成后是需要定期维护的，程序经过一段时间的使用后，有时需要修改错误进行改正性维护，有时需要提升性能进行适应性维护和完善性维护等。

10.3　Python 程序设计基础知识

前面已经介绍了计算机问题求解的主要步骤，用户利用计算机求解问题的本质就是依据实际问题设计解决问题的程序，并由计算机加载程序自动运算出问题结果的过程。其中程序设计是整个过程的关键，如何进行程序设计也成为计算机解决实际问题的难点。下面以 Python 语言为例，介绍计算机程序语言的基础知识，学习利用简单 Python 语言解决实际问题的基本方法。

Python 语言是由荷兰吉多·范罗苏姆（Guido van Rossum）在 20 世纪 90 年代初设计的一种高级计算机编程语言。Python 语言因其简洁性、易读性和可扩展性，已逐渐成为全球最受欢迎的程序设计语言之一。

10.3.1　Python 语言的基本特征

作为 ABC 语言的继承之作，吉多·范罗苏姆在设计 Python 语言时也从 Unix Shell 和 C 语言中借鉴了很多有用的经验，所以从语法风格上看，Python 语言和这些"前辈"语言有很多相似性。Python 语言在设计之初就秉承着"优雅""明确""简单""开放"等重要设计思想，这些重要思想也成为 Python 语言在全球快速普及的关键原因。下面简单介绍 Python 语言的几个特点。

1. 简单、明确、易读

Python 语言是一种表达简单明了的设计语言，其设计目的专注于问题本身的解决，设计语法简单，入门门槛较低，程序的可读性高，便于新手学习。

2. 免费性和开放性

Python 是一款开放源代码的编程软件。Python 解释器都是可以免费获得和使用的。Python 语言本身也是完全免费的，任何人都可以基于开放的源代码开发自己的 Python 解释器，无须给任何人交专利费用。正是这种开放分享的思想推动了 Python 的快速普及与发展。

3. 可移植性

Python 是一种解释执行的计算机语言，只要各平台提供相应的解释器，Python 就可以在该平台上流畅运行。目前 Python 解释器在主流硬件架构和操作系统上都已获得了支持，绝大多数的 Python 代码都已可以在这些平台上无差别地运行，如 Windows、Linux、UNIX、VxWorks 等。

4. 丰富的库

库决定了 Python 语言的应用领域。目前 Python 在互联网、人工智能、手机应用开发等领域都有各种丰富的库可以使用。Python 语言现在是一种通用开发语言，在各个领域中都得到了广泛的应用。

综上，Python 语言是一种开放源代码、免费的跨平台语言，是一种面向对象的解释型计算机程序设计语言。它的语法简洁清晰，具有丰富和强大的库，同时还有高可移植性等优势，因此越来越受开发者的青睐。

10.3.2　Python 基础语法

Python 语言在使用表达时有严格的书写规范，掌握基本的语法规范，对于正确输入 Python 代码至关重要。为方便日常学习和使用，现将 Python 常用的基本语法规则整理如下。

1. Python 的数据类型

数据是 Python 中的主要操作对象，Python 中的数据类型主要有数字（number）、字符串（string）、列表（list）、元组（tuple）、字典（dictionary）和集合（set）六大类。

2. 标识符

标识符是指程序中某一元素（变量、关键字、函数、类、模块、对象等）的名字。除了关键字的名字是固定的，其他元素都可以根据标识符的命名规则进行命名。标识符的基本命名规则如下：

（1）标识符的第一个字符必须是字母表中的字母（a~z 和 A~Z）或者下划线（_）。

（2）标识符的其他部分应由字母表中的字母（a~z 和 A~Z）、数字（0~9）或下划线（_）组成，如标识符 Banana_14 就包含大小写字母、数字和下划线。

（3）标识符是严格区分大小写的，如 banana_14 和 Banana_14 就是两个不同的标识符。

（4）Python 中的标识符，不能包含空格、@、%及$等特殊字符，因为这些符号在 Python 中有特定意义，不能用来标识符命名。

3. 关键字

在 Python 中有一部分标识符是程序自带的，他们具有特殊含义的名字，称为关键字，或者保留字。关键字就如同我们日常生活中有固定含义的词语一样，它们有自己固定的用法，不能用于其他用途，更不会拿去给别的事物命名。为方便用户记忆和使用关键字，同时为避免误用关键字命名等问题，Python 的标准库提供了一个 keyword 模块，可以输出当前版本的所有关键字。

4. 注释

Python 语言中使用井号（#）或 3 个成对的单引号（'''）或双引号（"""）来表示注释。#后的内容或 3 个单引号（双引号）之间的内容都属于注释内容，程序执行时注释内容会被忽略。注释通常用来增加程序的可读性，帮助他人理解程序意义。

5. 缩进

Python 相较于其他编程语言最大的特点就是使用缩进来表示代码块。缩进的空格数是可变的，但是同一个代码块的所有语句必须包含相同的缩进空格数。对于类定义、函数定义、流程控制语句、异常处理语句等，行尾的冒号和下一行的缩进，表示下一个代码块的开始，而缩进的结束则表示此代码块的结束。

10.3.3　Python 的运算符

Python 作为一款功能全面的编程语言，拥有强大的运算能力。目前 Python 支持的运算包括算术运算、关系（比较）运算、赋值运算、逻辑运算、位运算、成员运算和身份运算等。本章主要介绍算术运算、关系（比较）运算、赋值运算和逻辑运算。

1. 算术运算

Python 中算术运算符的使用与数学运算类似，主要用来表示两个对象间的数学计算，如表 10.1 所示。

表 10.1　算术运算

运算符	功能描述	举例（变量 a=21，b=10，c='hello'）
+	加：两个对象相加	a+b 输出结果 31
-	减：得到负数或一个数去减另一个数	a-b 输出结果 11
*	乘：两数相乘或返回一个重复若干次的字符串	a*b 输出结果 210 c*2 输出结果'hellohello'
/	除：一个数除以另一个数	a/b 输出结果 2.1
%	取模：返回除法的余数	a%b 输出结果 1
**	幂：返回 a 的 b 次幂	a**b 输出结果 21 的 10 次方
//	取整除：返回商的整数部分	a//b 输出结果 2

2. 关系（比较）运算

Python 中的关系（比较）运算符主要用来将两个对象连接起来形成关系表达式，关系表达式输出结果为 True 表示为真，关系表达式输出结果为 False 表示为假，如表 10.2 所示。

表 10.2　关系（比较）运算

运算符	功能描述	举例（变量 a=10，b=20）
==	等于：比较两个对象是否相等	a==b 输出结果 False
! =	不等于：比较两个对象是否不相等	a!=b 输出结果 True
>	大于：返回 a 是否大于 b	a>b 输出结果 False
<	小于：返回 a 是否小于 b	a<b 输出结果 True
>=	大于等于：返回 a 是否大于等于 b	a>=b 输出结果 False
<=	小于等于：返回 a 是否小于等于 b	a<=b 输出结果 True

3. 赋值运算

Python 中的赋值运算主要作用是将某一个值传递给变量。扩展后的赋值运算符有很多，具体作用如表 10.3 所示。

表 10.3　赋值运算

运算符	功能描述	举例（变量 a=10，b=20，c=40）
=	简单的赋值运算符	c=a+b 将 a+b 的运算结果 30 赋值为 c
+=	加法赋值运算符	c+=a 等价于 c=c+a 输出结果 50
-=	减法赋值运算符	c-=a 等价于 c=c-a 输出结果 30
*=	乘法赋值运算符	c*=a 等价于 c=c*a 输出结果 400
/=	除法赋值运算符	c/=a 等价于 c=c/a 输出结果 4
%=	取模赋值运算符	c%=a 等价于 c=c%a 输出结果 0
**=	幂赋值运算符	c**=a 等价于 c=c**a 输出结果 40 的 10 次幂
//=	取整除赋值运算符	c//=a 等价于 c=c//a 输出结果 4

4. 逻辑运算

Python 中的逻辑运算主要作用是对除了常规的整数操作外，对布尔类型数据的独特运算方法。其运算符主要包括与（and）、或（or）和非（not），具体判断规则如表 10.4 所示。

表 10.4　逻辑运算

运算符	逻辑表达式	功能描述	举例（变量 a=True，b=False）
and	a and b	布尔"与"：当 a 和 b 都为 True 时，a and b 为 True，否则为 False	a and b 返回 False

续表

运算符	逻辑表达式	功能描述	举例（变量 a=True，b=False）
or	a or b	布尔"或"：当 a 和 b 都为 False 时，a or b 为 False，否则为 True	a or b 返回 True
not	not a	布尔"非"：当 a 为 True 时，not a 为 False，当 a 为 False 时，not a 为 True	not a 返回 False，not b 返回 True

10.4 Python 常用语句和问题求解

在解决各类问题时使用的任何复杂算法，都可以分解成顺序结构、选择（分支）结构和循环结构三种基本结构，所以要构建一个解决实际问题的程序时，也可以仅以这三种基本结构作为"积木"来搭建，这种搭建方法就是结构化方法。利用 Python 常用语句可以解决三种基本结构问题，而三种基本结构相互组合又可以解决更为复杂的实际问题。

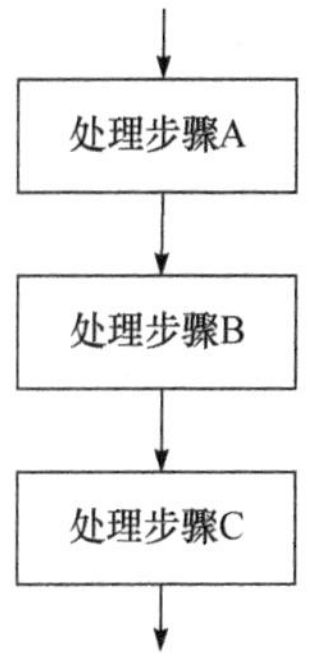

10.4.1 顺序结构问题求解

顺序结构是三种结构中最简单的基本结构，它表示程序中的所有操作都是按照它们出现的先后顺序来执行的，其流程如图 10.3 所示。在此控制结构中先执行处理步骤 A 再执行处理步骤 B，最后执行处理步骤 C。

例 10.1 计算每天走路消耗的卡路里。

```
a = int(input('请输入当天行走的步数：\n'))  #输入步数
b = a*28  #假设每走一步消耗 28 卡路里
print('恭喜你! 今天共消耗卡路里：',b,'（即',b/1000,'千卡）')  #打印输出
```

解析：本题为典型的顺序结构问题，要实现消耗的卡路里，第一步应使用 input 函数获取步数。由于步数将用于计算，用 int 函数将输入的值转化成整数。

第二步假设每走一步消耗 28 卡路里，计算卡路里值后将结果赋值给变量 b。

第三步利用 print 函数实现结果输出。

> 提示：input 函数的主要结构为：<变量>=input（<提示信息字符串>）。其中提示信息字符串也可以省略。input 函数用于从控制台读取用户输入的内容，并将用户输入的内容以字符串类型保存在变量中。
> print 函数可以输出字符串、变量及表达式。本案例输出了 3 个单引号内的字符串，同时还可以输出变量 b 以及表达式 b/1000。

10.4.2 分支结构问题求解

选择结构也称为分支结构，其特点是根据所给条件来决定程序执行的顺序，其流程如图 10.4 所示。在单分支选择结构中，判断条件成立时会执行处理步骤 A，否则不执行任何操作。在双分支选择结构中，判断条件成立时会执行处理步骤 A，否则执行处理步骤 B。

图 10.3 顺序结构流程图

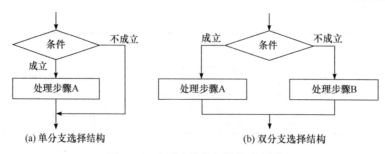

(a) 单分支选择结构　　　　　　　　　　　(b) 双分支选择结构

图 10.4　选择（分支）结构流程图

例 10.2　制作身体指标 BMI 计算器。

```
name = str(input("请输入你的姓名: "))
height = eval(input("请输入你的身高（m）:"))
weight = eval(input("请输入你的体重（kg）:"))
BMI = weight / pow(height, 2)
print("BMI值为: {:.2f}".format(BMI))
if BMI < 18.5:
    print("偏瘦")
elif 18.5 ≤ BMI < 25:
    print("正常")
elif 25 ≤ BMI < 28:
    print("偏胖")
elif 28 ≤ BMI < 32:
    print("肥胖")
else:
    print("严重肥胖! ")
```

解析：本题为典型的选择结构问题，本题首先利用 input 函数输入姓名、身高和体重，然后利用公式计算出 BMI 值，最后使用 if...elif...else 语句完成身体指标的判断并输出结果。

> 提示：
>
> if...elif...else 语句的结构如下：
>
> if <条件>:
>
> <语句块 1>
>
> elif <条件>:
>
> <语句块 2>
>
> ...
>
> else:
>
> <语句块 n>
>
> if...elif...else 语句属于多分支选择结构，如果 if 条件成立，则执行 <语句块 1>；反之则判断 elif 条件成立，则执行 <语句块 2>；...；如果以上条件都不成立，执行 <语句块 n>。注意 if...elif...else 语句始终只能执行一条路径。

10.4.3　循环结构问题求解

循环结构是一种反复执行一个或者多个操作直到满足退出循环条件才终止重复的结构。

其中被反复执行的操作称为该循环结构的循环体。循环结构一般由循环条件和循环体两部分构成。Python 中的循环语句主要分为 for 循环语句和 while 循环语句，其流程分别如图 10.5 和图 10.6 所示。

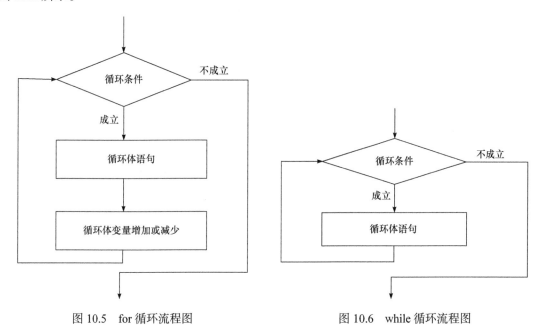

图 10.5　for 循环流程图　　　　　　　图 10.6　while 循环流程图

for 循环语句又称遍历循环语句，其常见结构为：

for <循环变量>in<遍历结构>:

<循环体语句>

在 for 循环语句中，遍历结构包含多个元素，语句执行时，会逐一从遍历结构中取出元素赋值给循环变量，并执行一次循环体语句，直到所有遍历结构的元素都执行一次循环体语句后，结束循环。

while 循环语句又称条件循环语句，其常见结构为：

while<条件表达式>:

<循环体语句>

在 while 循环语句中，首先对循环条件表达式求值，若结果为真，则执行循环体语句，再次判断循环条件表达式；若结果为真，再次执行循环体语句，如此循环，直到循环条件表达式判断为假时，终止循环，执行下一步操作。

例 10.3　猜数字游戏。

```python
import random
PC = random.randint(1, 100)
a = 1
while a:
    ME = int(input("请输入 100 以内的整数"))
    if (ME > PC):
        print("大了")
    elif (ME < PC):
        print("小了")
```

```
else:
    print("恭喜！答对了！")
    a = 0
```

　　解析：本例为典型的循环结构问题。首先，调用 random 库，系统随机产生一个 100 以内的整数，将这个数赋值给变量 PC。然后，设置循环条件 a 为真，进入 while 循环体。用户输入一个数，将输入的数与 PC 进行比较，若输入的数大于 PC，则提示"大了"，重新进入循环体；若输入的数小于 PC，则提示"小了"，重新进入循环体；若输入的数等于 PC，表示用户猜到了，提示"恭喜！答对了！"，将循环条件 a 设置为假，结束循环。

10.4.4　调用第三方库问题求解

　　Python 拥有丰富的模块库，主要分为标准库、自定义库以及第三方库。标准库是随着 Python 安装的时候默认自带的库；自定义库是用户自己编写的代码和函数封装成模块，以方便在编写其他应用程序时调用；第三方库是由一些程序员和企业开发并免费分享给大家使用的，通常能实现某一个大类的功能。目前，Python 语言有超过 12 万个第三方库，覆盖信息技术几乎所有的领域，如数据分析与可视化、网络爬虫、自动化、Web 开发、机器学习等。用户可以通过编写简单的代码直接调用这些模块库，实现复杂的功能，快速解决实际问题。本节介绍如何安装并使用第三方库进行问题求解。

　　1. 安装第三方库

　　系统安装 Python 后，标准库可直接在代码文件中调用，而第三方库需要下载并安装到 Python 的安装目录下。下面以在线安装第三方库 jieba 中文分词库为例，操作步骤如下。

　　（1）按【Win+R】组合键打开"运行"对话框，在对话框中输入"cmd"，单击【确定】按钮，打开命令行窗口。

　　（2）在命令行窗口输入"pip install jieba"命令。命令中的"jieba"是需要安装的模块库的名称，如果需要安装其他库，将"jieba"改为相应的模块库名称即可。

　　（3）按 Enter 键，系统自动进行下载安装，等待一段时间，出现提示文字"Successfully installed"，说明模块库已安装成功。

　　（4）也可以输入"pip list"命令查看所有已安装成功的模块库，出现 jieba 表示已安装成功。

　　2. 模块库的导入

　　要在代码中使用模块库的功能，除了需要安装模块库，还需要在代码中导入模块库。模块库的常用导入方法主要有以下两种。

　　1）import 语句导入法

　　import 语句会导入指定模块库中的所有函数，适用于需要使用指定模块库中大量函数的情况。

　　import 语句导入模块库的基本语法格式如下：

import 模块库名 ［as 别名］

用户导入模块库后，在后续的代码中调用模块库中的函数时，需要在函数名前面加上模块库的名称（或别名）作为前缀。

例 10.4 请将国务院印发的《"健康中国 2030"规划纲要》生成词云文件，如图 10.7所示。

#在 Windows 命令提示符环境下安装第三方模块库

图 10.7 《"健康中国 2030"规划纲要》词云

```
#pip install jieba
#pip install wordcloud
# 导入模块库
import jieba
import wordcloud
```
在网络上查找并复制健康中国 2030 规划纲要文本，将文本保存在 "jkzg2030.txt" 文件中
```
with open("20d_comments.txt",encoding = "utf-8") as f:
    s = f.read( )
print(s)
ls = jieba.lcut(s)   #利用 jieba 库的 lcut 函数生成分词列表
text = ' '.join(ls)   # 将词连接成字符串
stopwords = ["的","是","了"]      #去掉不需要显示的词
wc = wordcloud.WordCloud(font_path = "msyh.ttc",
        width = 1000,
        height = 700,
        background_color = 'white',
        max_words = 30,
        stopwords = s)
```
#利用 wordcloud 库的 WordCloud 函数生成词云

#msyh.ttc 表示计算机本地字体，也可以使用其他字体文件

#wideth、height 设置词云图片的宽和高

#background_color 设置词云图片的背景色

#max_words = 30 显示前 30 个出现频率高的词，可以修改数目
```
wc.generate(text)   #加载词云文本
wc.to_file("健康中国2030.png")     #生成词云并保存为图片
```

2）from 语句导入法

有些模块库的函数特别多，用 import 语句导入整个模块库后会导致程序运行较慢。如果仅需要使用模块中少数的几个函数，可以使用 from 语句在导入模块库时指定要导入的函数。使用该方法导入模块库后，在后续的代码中调用模块库中的函数时，可以直接使用函数名称，无须添加模块库的名称作为前缀。

from 语句导入模块库的基本语法格式如下：

from 模块库名 import 函数名

例 10.5 将体脂率数据用仪表盘的形式展示，保存为网页文件，如图 10.8 所示。

在 Windows 命令提示符环境下
#安装第三方模块库 pyecharts

```
#pip install pyecharts
```

#导入 pyecharts.options 模块库

```
import pyecharts.options as opts
```

#导入 pyecharts.charts 模块库中的 Gauge 函数

```
from pyecharts.charts import Gauge
a = eval(input("请输入你的体脂率(单位百分比):"))
chart = Gauge( )
chart.add(series_name='身体指标', data_
pair=[('体脂率',a)], split_number=10, radius=
'75%', start_angle=225, end_angle=-45, is_
clock_wise=True, title_ label_opts=opts.
GaugeTitleOpts(font_size=30, color= 'red', font_family='Microsoft YaHei'),
detail_label_ opts=opts. GaugeDetailOpts (is_show=False))
    chart.set_global_opts(legend_opts=opts.LegendOpts(is_show=False), tooltip_
opts=opts.TooltipOpts(is_show=True, formatter='{a}<br/>{b}:{c}%'))
    chart.render('体脂率仪表盘.html')
```

图 10.8　体脂率仪表盘图示

善用 Python 库功能，提高学习效率

随着 Python 语言的普及，越来越多的编程爱好者投入 Python 第三方库开发工作中。他们创作的众多第三方库中不乏有许多优秀的作品，其中很多库已经成为人们工作学习中的重要工具，例如，pandas 和 openpyxl 已经成为数据分析领域的"明星库"，它们不但可以高效地解决数量庞大且复杂的 Excel 文件处理问题，还能控制 Excel 实现各类数据报表的自动化分析工作。

"工欲善其事，必先利其器"，作为互联网时代的大学生，借助数据分析手段学习各类学科知识已经成为十分普遍的学习方法。学好 pandas、openpyxl 这类实用 Python 库就可以有效解决大学学习过程中遇到的复杂、繁重的数据分析问题，从而极大地提高广大学子的学习效率。

10.5　拓展实训

10.5.1　猴子吃桃问题

猴子吃桃问题：猴子第一天摘下若干个桃子，当即吃了一半，还不过瘾，又多吃了一个，第二天早上又将剩下的桃子吃掉一半，又多吃了一个。以后每天早上都吃了前一天剩下的一半多一个。到第 10 天早上想再吃时，看见只剩下一个桃子了。求第一天共摘了多少个桃子。

```
X=1
for i in range(9):
    x=(x+1)*2
print(x)
```

提示：
（1）反向思考猴子一共吃了九天桃子就剩下 1 个了，反推第九天桃子应该是（1+1）×2=4 个。
（2）使用遍历结构"for i in range（9）"反推 9 次，重复执行"x=（x+1）*2"便可得到第一天的桃子数。
（3）最后通过 print 函数将结果输出。

10.5.2　爬取 CBA 球队积分榜数据

小王因工作需要，经常需要使用 CBA 球队最新的积分榜数据，如图 10.9 所示。由于数据经常更新，小王需要重复从网站下载数据，工作比较枯燥而且有时候会出错。请你帮小王用 Python 设计一个自动爬取 CBA 球队积分榜数据的程序。

图 10.9　CBA 积分榜数据

提示：
（1）安装并导入第三方模块库 request、lxml。
（2）模拟浏览器登录虎扑网站 CBA 积分榜网页，发送请求，获得网页源代码数据。
（3）利用 xpath 插件获得排名、球队、场次、胜负等数据在网页源代码中的存储位置。
（4）获取排名、球队、场次、胜负等积分榜数据。
（5）保存积分榜数据至文本文件。
（6）参考代码如图 10.10 所示。

```
1    #pip install requests
2    import requests
3    #pip install lxml
4    from lxml import etree
5    #发送地址
6    url = 'https://cba.hupu.com/gamespace/jifen.php'
7    #在网页获取网络headers中Userer-Agent属性值，模拟浏览器登录
8    headers = {'Userer-Agent': 'Mozilla/5.0 (Windows NT 10.0; Win64; x64) AppleWebKit/537.36 (KHTML, like Gecko) \
9              Chrome/99.0.4844.74 Safari/537.36'}
10   #发送请求
11   resp = requests.get(url,headers=headers)
12   #处理结果
13   e = etree.HTML(resp.text)
14   #解析响应数据
15   nos=e.xpath('//table[@class="league-table"]//tr//td[1]//text()')
16   teams=e.xpath('//table[@class="league-table"]//tr//td[2]//a/text()')
17   numbers=e.xpath('//table[@class="league-table"]//tr//td[3]//text()')
18   wins=e.xpath('//table[@class="league-table"]//tr//td[4]//text()')
19   failures=e.xpath('//table[@class="league-table"]//tr//td[5]//text()')
20   #将数据保存至文本文件
21   with open('cba2.txt','w',encoding='utf-8') as f:
22       for no,team,number,win,failure in zip(nos,teams,numbers,wins,failures):
23           f.write(f'排名:{no} 球队:{team} 场次:{number} 胜:{win} 负:{failure}\n')
```

图 10.10　Python 爬虫代码

习　题

一、单项选择题

1. 计算机求解算法式问题的基本类型是（　　）。

A. 计算型问题　　B. 逻辑型问题　　　　C. 反复型问题　　　　D. 以上三者

2. 程序测试可以细分为程序调试和（　　）两个阶段。

A. 白盒测试　　　B. 黑盒测试　　　　　C. 系统测试　　　　　D. 维护调试

3. 书写正确的标识符是（　　）。

A. Text%666　　　B. while　　　　　　C. sum　　　　　　　D. _apple@

4. 下列关于注释说法错误的是（　　）。

A. 注释内容有时会被程序执行

B. 进行注释时可以使用#

C. 进行注释时可以使用三对单引号括住注释内容

D. 进行注释时可以使用三对双引号括住注释内容

5. 下列 Python 中的基本内置函数书写错误的是（　　）。

A. int（x）　　　　B. float（x）　　　　C. Float（x）　　　　D. complex（x,y）

6. 下列 Python 中运算符表述错误的是（　　）。

A. c%=a 等价于 c=c%a　　　　　　B. a**b 表示 a 的 b 次幂

C. c%=a 等价于 c=a%c　　　　　　D. c-=a 等价于 c=c-a

二、判断题

1. Python 是一款开放源代码的编程软件。　　　　　　　　　　　　　（　　）

2. 标识符的第一个字符必须是字母表中的字母或者是下划线。　　　　（　　）

3. 不同版本 Python 的关键字库完全一样。　　　　　　　　　　　　（　　）

4. 当我们在众多解决方案中进行选择时，无须制定一个明确的评定标准。（　　）

5. 基本程序结构包括顺序结构、选择（分支）结构和循环结构。　　　（　　）

6. Python 中的 input 函数是打印输出函数。　　　　　　　　　　　（　　）

7. 编写程序时通常希望能达到高效率运行、高存储占用的最佳状态。　（　　）

8. 计算机目前完全无法解决启发式问题。　　　　　　　　　　　　　（　　）

9. Python 中的数据类型只有数字、字符串、列表三类。　　　　　　（　　）

10. 程序调试的最终目的是找到程序的错误并及时纠正。　　　　　　（　　）

三、填空题

1. 计算机求解问题的流程包括问题描述、问题抽象、_____、设计与实现和_____。

2. 系统的测试可以分为两种：一种是只关心程序输入、输出结果正确性而不关注内部实现的_____；另一种是则是关注程序内部逻辑结构实现的_____。

3. 循环结构一般由循环条件和_____两部分构成。

4. _____结构是一种反复执行一个或者多个操作直到满足退出循环条件才终止重复的结构。

5. 选择结构也称为_____，其特点是根据所给条件来决定程序执行的顺序。

参 考 文 献

陈晴，2019. 计算机应用技术与实践：Windows 10＋Office 2010[M]. 3 版. 北京：中国铁道出版社有限公司.

甘勇，尚展垒，王伟，等，2020. 大学计算机基础实践教程：Windows 10＋Office 2016[M]. 4 版. 北京：人民邮电出版社.

桂小林，2022. 大学计算机：计算思维与新一代信息技术[M]. 北京：人民邮电出版社.

侯冬梅，2014. 计算机应用基础实训教程[M]. 2 版. 北京：中国铁道出版社.

互联网+计算机教育研究院，2020. WPS Office 2016 商务办公全能一本通[M]. 北京：人民邮电出版社.

李凤霞，2020. 大学计算机[M]. 2 版. 北京：高等教育出版社.

李建芳，2020. 多媒体技术及应用案例教程[M]. 2 版. 北京：人民邮电出版社.

李岩松，2019. WPS Office 办公应用：从新手到高手[M]. 北京：清华大学出版社.

刘卉，张研研，2020. 大学计算机应用基础教程：Windows 10＋Office 2016[M]. 北京：清华大学出版社.

刘燕，曹俊，范兴亮，2021. 大学计算机基础实践教程：Windows 7＋WPS Office 2019[M]. 北京：人民邮电出版社.

马玉良，2021. 大学计算机基础：Windows 10＋WPS Office 2019[M]. 北京：人民邮电出版社.

普运伟，2019. 大学计算机计算思维与网络素养[M]. 3 版. 北京：人民邮电出版社.

秦阳，章慧敏，张伟崇，2021. WPS Office 办公应用技巧宝典[M]. 北京：人民邮电出版社.

阮新新，刘杰成，2021. 多媒体技术应用[M]. 北京：北京邮电大学出版社.

史巧硕，柴欣，2015. 大学计算机基础与计算思维[M]. 2 版. 北京：人民邮电出版社.

统信软件技术有限公司，2021. 统信 UOS 操作系统基础与应用教程[M]. 北京：人民邮电出版社.

魏娟丽，王秋茸，2017. 大学计算机基础案例教程[M]. 北京：人民邮电出版社.

谢涛，崔舒宁，张伟，2022. 大学计算机：技术、思维与人工智能[M]. 北京：清华大学出版社.

徐红云，2018. 大学计算机基础教程[M]. 3 版. 北京：清华大学出版社.

杨丽凤，2021. 计算思维与智能计算基础[M]. 北京：人民邮电出版社.

曾陈萍，陈世琼，钟黔川，2021. 大学计算机应用基础：Windows 10＋WPS Office 2019[M]. 北京：人民邮电出版社.

战德臣，2018. 大学计算机：理解和运用计算思维[M]. 北京：人民邮电出版社.